塑料
加工
技术 解惑 系列

塑料测试技术
疑难解答

杨中文　刘西文　编著

 化学工业出版社
·北京·

塑料测试技术是塑料制品生产过程中的重要监控手段和必备技术，也是评判塑料材料与产品是否符合质量标准的必要手段。本书是作者根据多年的实践经验和教学、科研经验，将塑料加工企业常用塑料测试设备、操作技术作为基本内容，采用问答和具体工程实例的形式，以塑料主要性能测试为主线，详细解答了塑料原料分析测试、塑料物理力学性能测试、塑料电性能测试、塑料工艺性能测试、塑料老化性能测试、塑料光学性能测试中的大量疑问与难题。

本书立足生产实际，侧重实用技术及操作技能，内容力求深浅适度，通俗易懂，结合生产实际，可操作性强。本书主要供塑料加工、生产企业一线技术人员和技术工人、技师及管理人员等相关人员学习参考，也可作为企业培训用书。

图书在版编目（CIP）数据

塑料测试技术疑难解答/杨中文，刘西文编著. —北京：化学工业出版社，2016.3
（塑料加工技术解惑系列）
ISBN 978-7-122-26181-6

Ⅰ.①塑… Ⅱ.①杨…②刘… Ⅲ.①塑料制品-测试技术-问题解答 Ⅳ.①TQ320.77-44

中国版本图书馆 CIP 数据核字（2016）第 018262 号

责任编辑：朱　彤　　　　　　　　　　　文字编辑：冯国庆
责任校对：蒋　宇　　　　　　　　　　　装帧设计：王晓宇

出版发行：化学工业出版社（北京市东城区青年湖南街 13 号　邮政编码 100011）
印　　装：大厂聚鑫印刷有限责任公司
787mm×1092mm　1/16　印张 11¾　字数 300 千字　2017 年 8 月北京第 1 版第 1 次印刷

购书咨询：010-64518888（传真：010-64519686）　　售后服务：010-64518899
网　　址：http：//www.cip.com.cn
凡购买本书，如有缺损质量问题，本社销售中心负责调换。

定　　价：55.00 元

前 言

FOREWORD

随着中国经济的高速发展，塑料作为新型合成材料在国计民生中发挥了重要作用，我国塑料工业的技术水平和生产工艺得到很大程度提高。为了满足塑料制品加工、生产企业最新技术发展和现代化企业生产工人的培训要求，进一步巩固和提升塑料制品、加工企业一线操作人员的理论知识水平与实际操作技能，促进塑料加工行业更好、更快发展，化学工业出版社组织编写了这套《塑料加工技术解惑系列》丛书。

本分册《塑料测试技术疑难解答》是该套《塑料加工技术解惑系列》丛书分册之一。塑料测试技术是伴随着塑料加工技术需要而产生与发展起来的一门实用技术，在塑料成型过程中，对塑料原材料的质量、工艺性能及产品质量进行分析测试，可以保障原材料的质量，为塑料制品生产的顺利进行和产品质量提供保证，为科学合理地确定可靠的塑料成型工艺、成型模具及设备提供依据，也为塑料新产品的开发提供技术支撑。新产品的开发是企业持续发展的动力，而新产品的开发离不开塑料测试技术，如新产品的性能指标、新产品的成型加工条件的确定等都需要塑料测试技术的支持。本书对塑料测试过程可能存在的疑难问题进行解答，理论联系实际，希望能够使从事塑料加工的相关人员尽快掌握塑料测试的基本理论知识与塑料测试操作技术，帮助他们提高实际工作能力及技术水平。

本书在编写过程中尽量介绍目前塑料行业正在使用的主流塑料测试设备与技术，对微电子技术及计算机技术在塑料测试设备中的应用也进行了深入介绍。为了让测试技术人员掌握最新的塑料测试设备与技术及标准，尽量编入最新测试设备与测试标准相关内容，做到图文并茂，为学习者提供方便。

本书由杨中文、刘西文主编，参加编写的有汤泱兵、邹国辉、胡学农、杨胜华、胡立新，刘艺苑为本书的编写提供了部分资料，曾亮、刘翼、刘浩为本书的部分内容提供了帮助与支持。在本书的编写过程中，还得到相关企业许多专家的大力支持与帮助，在此谨向他们表示衷心感谢！

塑料测试是一门综合性较强的技术，科学技术的快速进步也推动了塑料测试技术的发展迅速，由于编者水平有限，书中难免有疏漏之处，恳请同行专家及广大读者批评指正。

编者
2016 年 1 月

目 录

CONTENTS

第1章

塑料测试基础知识疑难解答

1.1 塑料测试原材料特性疑难解答

1.1.1 塑料测试常用的原材料有哪些？

塑料测试常用的原材料有塑料用树脂、助剂的分析测试及塑料材料的性能测试。常用塑料用树脂有用于通用塑料生产的聚乙烯、聚丙烯、聚氯乙烯、聚苯乙烯、聚甲基丙烯酸甲酯（有机玻璃）、酚醛树脂、环氧树脂、氨基塑料等，以及用于工程塑料生产的尼龙类塑料、聚碳酸酯、聚甲醛、聚砜、聚苯醚、氟塑料、ABS 等；常用的塑料助剂主要有增塑剂、稳定剂、润滑剂、填料、增强剂、阻燃剂、着色剂、抗静电剂、固化剂、发泡剂等。各种助剂还可再进行分类，每类又有一些品种，如增塑剂分为邻苯二甲酸酯类、磷酸酯类及脂肪酸酯类，邻苯二甲酸酯类主要有邻苯二甲酸二丁酯、邻苯二甲酸二辛酯等；其他类助剂也有类似情况；同一品种树脂根据其使用性能不同还可分为不同品级。显然塑料是由树脂与各种助剂组成的，树脂是塑料的主要成分，有时也称树脂为塑料的基质材料。虽然影响塑料性能的因素相当复杂，但塑料用树脂的性能决定了塑料的基本性能。

1.1.2 通用塑料有哪些性能特点？

通用塑料一般是原料来源丰富，生产量大，应用面广，价格便宜，力学性能一般，成型加工容易，且主要应用于非结构材料的一类塑料，如聚乙烯、聚丙烯、聚氯乙烯、聚苯乙烯、丙烯腈-丁二烯-苯乙烯三元共聚物（ABS）等，此即最常用的五种通用塑料。通用塑料的主要性能特点如下。

① 大多数通用塑料质轻，比强度高，化学稳定性好，不会锈蚀。如塑料的密度大多在 $0.9 \sim 2.3 \text{g/cm}^3$，各种泡沫塑料的密度在 $0.01 \sim 0.05 \text{g/cm}^3$ 之间，在要求减轻自重的用途中塑料质轻这一特点有着特殊重要的意义，如在航天、航空、交通运输工业大量采用塑料材料就是为了减轻自重，从而起到节约能源的作用。塑料的比强度高也是由于其质轻得出的结果，有的塑料的比强度甚至超过合金钢，几种材料的比强度见表 1-1。塑料对酸、碱、盐溶液、蒸汽、水、有机溶剂的稳定性超过了许多金属及合金材料，广泛应用于防腐领域。

表 1-1　几种材料的比强度

材料名称	比强度	材料名称	比强度
玻纤增强环氧树脂	467	聚苯乙烯	40
石棉酚醛塑料	200	低密度聚乙烯	15
增强尼龙	130	高级合金钢	200
尼龙 66	64	铝	23
有机玻璃	42	铸铁	13

② 力学性能范围宽。由于塑料品种繁多并可进行各种改性，即使是通用塑料，其力学性能范围也较宽，从柔软到坚韧、从刚性到脆性，因而塑料具有广泛的应用领域。

③ 具有较好的透明性和耐磨耗性。许多塑料可以制成透明的材料，其中透明性最好的是有机玻璃，在光学领域都有广泛的用途；塑料的耐磨性也很好，如聚氨酯塑料可用作鞋底，具有经久耐用的特点。

④ 绝缘性好，导热性低。塑料广泛用作电缆料及隔热材料，这都是利用其具有绝缘性及导热性低的特点。

⑤ 一般成型性、着色性好，加工成本低。大多数通用塑料的成型加工性能良好，而且容易制成各种鲜艳的颜色，与其他材料相比，其加工成本也不高。

⑥ 大部分塑料耐热性差，热膨胀率大，易燃烧。塑料制品尺寸稳定性差，受热易变形而且容易燃烧，这些缺点限制了塑料材料的使用。

1.1.3　工程塑料有哪些性能特点？

工程塑料是指物理力学性能及热性能比较好的、可以作为结构材料使用的且在较宽温度范围内可承受一定的机械应力和在较苛刻的化学、物理环境中使用的塑料材料。其除具有一般通用塑料的特性外，还具有优异的力学性能、化学性能、电性能、尺寸稳定性、耐热性、耐磨性、耐老化性能等特点。工程塑料还可分为通用工程塑料与特种工程塑料，通用工程塑料是指使用量大、长期使用温度在 100～150℃、可作为结构材料使用的塑料材料，如聚酰胺、聚甲醛、聚碳酸酯、聚苯醚、热塑性聚酯等；特种工程塑料是指使用量较小、价格高、长期使用温度在 150℃ 以上的塑料材料，如聚酰亚胺、聚砜、聚苯硫醚、聚芳醚酮、聚芳酯等。

目前国内通用的是聚碳酸酯、聚甲醛、聚酰胺、热塑料性聚酯、改性聚苯醚五大工程塑料，其各自性能特点如下：

(1) 聚酰胺（PA，俗名：尼龙）由于它独特的低密度、高抗拉强度、耐磨、自润滑性好、冲击韧性优异、具有刚柔兼备的性能而赢得人们的重视，加之其加工简便、效率高、密度小（只有金属的 1/7）、可以加工成各种制品来代替金属，广泛用于汽车及交通运输业。典型的制品有泵叶轮、风扇叶片、阀座、衬套、轴承、各种仪表板、汽车电器仪表、冷热空气调节阀等零部件，每辆汽车消耗尼龙制品达 3.6～4.0kg。聚酰胺在汽车工业的消费比例最大，其次是电子电气。

(2) 聚碳酸酯（PC）既具有类似有色金属的强度，同时又兼备延展性及强韧性，它的冲击强度极高，用铁锤敲击也不能使其破坏，能经受住电视机荧光屏的爆炸。聚碳酸酯的透明度又极好，并可施以任何着色。由于聚碳酸酯的上述优良性能，已被广泛用于各种安全灯罩、信号灯、体育馆、体育场的透明防护板，采光玻璃，高层建筑玻璃、汽车反射镜、挡风玻璃板，飞机座舱玻璃，摩托车驾驶安全帽。用量最大的市场是计算机、办公设备、汽车、替代玻璃和片材，CD 和 DVD 光盘是最有潜力的市场之一。

（3）聚甲醛（POM）　它是一种性能优良的工程塑料，在国外有"夺钢""超钢"之称。POM具有类似金属的硬度、强度和钢性，在很宽的温度和湿度范围内都具有很好的自润滑性、良好的耐疲劳性，并富有弹性，此外它还有较好的耐化学品性。POM以低于其他许多工程塑料的成本，正在替代一些传统上被金属所占领的市场，如替代锌、黄铜、铝和钢制作许多部件，自问世以来，POM已经广泛应用于电子电气、机械、仪表、日用轻工、汽车、建材、农业等领域。在很多新领域的应用，如医疗技术、运动器械等方面，POM也表现出较好的增长态势。

（4）聚对苯二甲酸丁二醇酯（PBT）　它是一种热塑性聚酯，非增强型的PBT与其他热塑性工程塑料相比，加工性能和电性能较好。PBT玻璃化温度低，模具温度在50℃时即可迅速结晶，加工周期短。聚对苯二甲酸丁二醇酯（PBT）被广泛应用于电子、电气和汽车工业中。由于PBT的高绝缘性及耐温性，可用作电视机的回扫变压器、汽车分电盘和点火线圈、办公设备壳体和底座、各种汽车外装部件、空调机风扇、电子炉灶底座、办公设备壳件。

（5）聚苯醚（PPO）　由2,6-二取代基苯酚经氧化偶联聚合而成的热塑性树脂，一般呈土黄色粉末状。常用的是由2,6-二甲基苯酚合成的聚苯醚，具有优良的综合性能，最大的特点是在长期负荷下，具有优良的尺寸稳定性和突出的电绝缘性，使用温度范围广，聚苯醚可在-127～121℃范围内长期使用。具有优良的耐水、耐蒸汽性能，制品具较高的拉伸强度和抗冲强度，抗蠕变性也好。此外，有较好的耐磨性和电性能。主要用于代替不锈钢制造外科医疗器械。在机电工业中可制作齿轮、鼓风机叶片、管道、阀门、螺钉及其他紧固件和连接件等，还用于制作电子、电气工业中的零部件，如线圈骨架及印制电路板等。

1.1.4　塑料助剂分析测试主要有哪些特点？

塑料助剂是指加到塑料用树脂中后能起到改善材料性能或塑料加工性或降低成本的物质，在塑料工业中，为了提高塑料性能、方便成型加工或降低成本，广泛使用各种助剂，主要有增塑剂、热稳定剂、抗氧剂、光稳定剂、阻燃剂、发泡剂、抗静电剂、防霉剂、着色剂、增白剂、填充剂、偶联剂、润滑剂、脱模剂等。由于塑料助剂品种繁多，各类物质性质、状态各异，所以塑料助剂的分析测试具有方法多样性、指标测试专项性及测试标准规范性的特点。其分析测试方法主要有化学分析、仪器分析等定性或定量的分析，通过塑料助剂分析测试主要可以得到助剂质量是否符合标准、解剖塑料配方、塑料制品质量问题追查等。如塑料加工企业常用的塑料全成分分析，既有树脂成分分析，也有助剂成分与含量的分析。所谓塑料全成分分析是将送检塑料样品中的树脂种类、填料、助剂等进行定性、定量分析。塑料树脂种类、填料种类、粒径、助剂种类，都能影响产品的性能和使用寿命。通常是同一种树脂、同一种填料，因为助剂种类的不同，造成产品性能大不相同。对塑料进行全成分分析主要是帮助企业改进生产配方，以提高塑料材料品质及降低生产成本。塑料全成分分析一般分为树脂种类鉴定、填料种类鉴定、助剂种类鉴定等，具体过程如下：树脂种类鉴定主要采用红外-热裂解方法，填料种类鉴定主要采用元素分析-衍射分析方法，助剂种类分析主要采用分离-色谱分析方法，定量分析需要采用化学与现代热分析相结合的方法。

1.1.5　塑料性能的测试主要有哪些特点？

塑料性能测试是材料科学的一部分，它同众多的金属材料和非金属材料检验方法有许多相同之处，但又有许多特有的规定，以记录下测试的真实结果。例如，一些基本的物理量（密度、熔点、导热性、透过性）、力学性能（拉伸、弯曲、冲击）、电学性能（电气强度、电阻率、介电常数)、燃烧性能(氧指数、点着温度、烟密度)、热性能(马丁耐热、热变形温度、维卡软化点)、表面性能(硬度、摩擦、磨耗、光洁度)、光学性能(透过率、雾度、色度)以及塑料特有的加工性能、老化性能等,目前我国已建立了测定塑料性能的标准试验方法。经粗略统计,仅国家通用标准试验方法就有 50 多个。塑料性能测试主要有如下特点:

(1) 应变率高、塑性区大 塑料在常温下一般具有较高的弹性应变率。此值大大高于金属、木材和陶瓷等材料。那些弹性很好的材料,其应变率甚至可以达到 1000%,是一般弹性材料应变率的上千倍。因此,像金属材料测试中用电阻应变片技术来测定应变的办法对塑料材料通常不合适。另外,塑料是一种黏弹材料,有很宽的塑性区,有不少性能检验必须注意到它的存在,而不能像弹性区一样去处理问题。

(2) 温度效应明显 由于塑料的链段结构与活动性能对温度的依赖性极明显,往往在温度改变十几摄氏度或几十摄氏度时就明显地出现性能的巨大变化,硬如玻璃的材料马上变成柔软如橡胶。因此,塑料不同于金属和陶瓷材料,在室温上下的波动不会对性能行为带来明显改变。

(3) 时间效应明显 塑料的黏弹性行为使其受力后的蠕变现象和应力松弛现象都较严重,这是由于分子链在外力作用下逐渐发生了构象和位移的变化造成的。另外,在日光、气雾作用下,处在不受力状态中的塑料均会发生不同程度的老化现象,致使很多性能发生变化。以上这些现象不只是在使用场合要充分考虑到它们的影响,就是在许多测试方法中也不能忽略它们给测定结果带来的影响,从而使塑料测试工作在许多方面都较一般材料更显复杂。

(4) 形变速率影响明显 在静拉伸下表现出具有很好弹性的材料,在高速拉伸时会明显地表现出脆性,即断裂强度增大,断裂伸长率减小,且断裂面也明显地从柔性呈现为脆性破坏,这也是由于高分子材料内分子链的结构和外力作用下的滑动机理决定的,这种形变速率的影响远远大于一般金属材料。

(5) 测定数据易显分散 由于组成塑料材料的高分子物质的分子量具有多分散性、链段结构各异,因此,对于制备试样的条件、规定试样尺寸的大小、一组试样的数量和结果数据的取舍等都必须有明确规定,否则无法进行比较。即使这样,一组力学冲击性能的试样,其单个值之间的差异也可以达到 100%。出现这种情况,除了人为的偶然误差之外,确实是它们内部差异的反映。

塑料的结构和性能特点,以及由此而在性能测试中表现出的一般规律,在塑料性能检验中规定的各种条件是必需的,应该尽可能的科学和合理。只有严格遵守,才能获得比较可靠和能够进行比较的数据。

1.2 塑料测试标准及其使用疑难问题解答

1.2.1 塑料测试使用的标准有哪些?

塑料测试的标准化为塑料材料测试结果的比较与交流提供了坚实的基础。塑料工业是一个新兴产业,产品的应用领域不断扩大,质量指标要求不断提高,所以塑料技术标准更新很快,塑料工业常用及参考的标准有国际标准、国家标准、行业标准、地方标准及企业标准。根据塑料工业的发展,塑料测试需要全世界统一的标准,但由于各国情况不同,国际标准也没有完全得到全球各国的使用,不过各国逐步使用国际标准是发展趋势。如在世界范围内采用同一套测试标准,则有如下的好处。

（1）长期成本节约　跨国公司可以避免重复测试和减少进行测试方法的比较所浪费的时间及消耗的精力，从而降低长期经营的成本。

（2）增加进入国际市场的机会　全球统一测试议定书的采用，相当于"在全球与用户说同一种语言"，这样就大大地便于进入国际市场，这在以前是不可能做到的。

（3）便于在全球范围内采购原材料　在目前全球生产制造环境不断扩大的情况下，采用一套广为接受的测试标准则便于按全球统一规定来采购原材料，不论生产者或需求者，在世界任何一个地方均可如此。

（4）提高数据的一致性　树脂供应商在出原材料性能数据时，采用更加严格、一致和统一的方法论，目前广泛使用的数据存在的变化大的问题将会减少。

（5）改进交流沟通　有了可比较的数据，塑料制品生产者和树脂供应商之间在世界范围的交流沟通可大大改善。与此同时，跨国公司在全世界的各生产点之间的内部交流也将得到改进。

1.2.2　国际标准化组织（ISO）塑料技术委员会组成及工作有哪些?

国际标准由国际标准化组织颁布，国际标准化组织简称 ISO，是世界性国际标准学会（ISO 成员团体）的联合国机构，成立于 1946 年，秘书处总部设在日内瓦，是标准领域最重要的组织，到 2009 年为止有成员组织 89 个（我国于 1978 年参加了 ISO 塑料技术委员会 ISO/TC61），200 多个技术委员会（TC），700 多个分技术委员会（SC），2020 个工作组（WG），从 1972 年正式颁布国际标准以来（1972 年以前称为国际推荐标准），共颁布了 10000 多个国际标准，其中 ISO/TC61 颁布了 500 余项。目前 ISO/TC61 即国际标准塑料技术委员会共分为 10 个分会（SC），它们是：

SC1　术语；

SC2　力学性能；

SC4　燃烧性能；

SC5　物理化学性能；

SC6　抗老化、抗化学及环境性能；

SC9　热塑性塑料；

SC10　泡沫塑料；

SC11　制品；

SC12　热固性塑料；

SC13　纤维增强塑料。

每个分委员会都设有若干个工作组，各设一名负责人分管技术委员会某一方面的工作，如 SC9/热塑性塑料分会有 15 个工作组，它们是：

WG6　聚烯烃；

WG7　聚苯乙烯（PS）；

WG8　聚酰胺（PA）；

WG14　分散体；

WG15　聚碳酸酯（PC）；

WG17　聚酯（PET）；

WG18　试样制备；

WG19　聚甲基丙烯酸酯；

WG20　聚氯乙烯（PVC）；

WG21　聚甲醛（POM）；

WG22　酚醛树脂（PF）；

WG23　乙烯醇聚合物和共聚物；

WG24　聚亚苯基醚；

WG25　聚酮；

WG26　热塑性弹性体。

工作小组由各国专家组成，其中有一名负责组织的专家，通过专家们的工作来颁布国际标准，其基本过程为由工作小组专家起草，先在本组内及分委员会审查得到一份标准"建议草案"，将"建议草案"文件提交技术委员会全体委员，让他们通过表决，通过后再在下一次技术委员会会议上投票评定，提出意见与建议，由工作小组考虑，如达成一致意见，则修订本作为国际标准草案再送至国际标准所有成员国，并在下次会议上对所提意见或建议进行研究，如在全体会议上通过，终审修订稿送至国际标准中央秘书处（日内瓦），由 ISO 理事会批准作为国际标准出版颁布。

国际标准号由顺序号及批准或修订年份组成，前面冠以"ISO"。在标准中带 R 者为推荐标准，TR 为技术报告，如下所示。

ISO 294-5 2001　塑料　热塑性材料试样的注塑射　第 5 部分：研究各向异性用标准样品的制备。

ISO/TR 4137—1978　塑料　交替弯曲的弹性模量的测定。

在国际标准中，带"＊"者表示由国际标准化组织认可的某一成员国提供的国家标准或对现行国际标准的修订版本。如 ISO 2888—2006＊，此外，ISO 推荐的标准，其成员国组织可以认可通过，也可以否决，凡认可的国家，将根据国情，以 ISO 标准作为最高标准。

1.2.3　我国塑料行业国家标准是如何制定的？

我国国家标准由国务院标准化行政主管部门（国家标准化管理委员会，隶属国家质检总局）编制计划，组织草拟，统一审批、编号、发布，统一管理全国的标准化工作。国家标准分为强制性国家标准（代号 GB）和推荐性国家标准（代号 GB/T），强制国家标准主要包括涉及保障安全和人员身体健康、保护环境的国家强制控制的通用实验、检验方法与涉及技术衔接的通用技术语言等，一般通过规定技术的术语、符号、代号等来进行表述与表达，其他则为推荐性国家标准。我国国家标准序号由国家标准代号、国家标准发布的顺序号及发布的年号构成，如 GB 3778—2003、GB/T 7141—2008。

与国际标准化组织相似，我国标准化组织下设技术委员会，各技术委员会下设分技术委员会，有关塑料标准的技术委员会情况见表 1-2，全国塑料标准化技术委员会各分技术委员会情况见表 1-3。

表 1-2　有关塑料标准的技术委员会情况

编号	委员会名称	秘书处
TC15	全国塑料标准化技术委员会	晨光化工研究院
TC48	全国塑料制品标准化技术委员会	北京工商大学塑料加工应用研究所
TC39	纤维增强塑料标准技术委员会	北京玻璃钢研究所

表 1-3　全国塑料标准化技术委员会分技术委员会情况

编号	分技术委员会名称	秘书处
SC1	石化树脂产品分会	北京燕山石油化工股份有限公司树脂应用所
SC2	物理力学方法分会	成都有机硅研究中心

编号	分技术委员会名称	秘书处
SC3	化学方法分会	上海合成树脂研究所
SC4	通用方法和产品分技术分会	晨光化工研究院
SC5	老化方法分技术委员会	广州合成材料研究院
SC6	机械工业塑料制品分会	上海材料研究所
SC7	聚氯乙烯树脂产品分会	锦西化工研究院有限公司

国家标准中除我国标准外，还有美国标准 ANSI、德国标准 DIN、英国标准 BS、日本标准 JIS、法国标准 NF 等。另外需提到的是美国材料协会标准（ASTM），该标准在全球塑料行业有较大影响，也是美国国家标准的来源之一。

在我国进行塑料性能测试，如没有特别要求，一般均采用中国国家标准，所以本书提到的标准一般指我国国家标准。

1.2.4　我国塑料行业的行业标准、地方标准、企业标准是如何制定的？

（1）行业标准　对于没有国家标准，而又需要在我国塑料行业（主要是轻工、化工）范围内确立统一的技术要求，这就需要制定塑料行业标准。塑料行业标准由国家塑料行业管理协会编制计划、组织草拟、审批、编号并报国务院行政主管部门备案。中国曾制定原轻工部部颁（现轻工总会）标准（QB）及原化学工业部部颁标准（HG）。

行业标准也分为强制性行业标准和推荐性行业标准两类。在标准代号后加"T"者为推荐性标准。

（2）地方标准　对既没有国家标准，也没有行业标准，但又需要在省、市、自治区范围内统一的塑料产品的安全、卫生、质量要求，可以制定地方标准，目的是为了方便新产品的鉴定与管理。地方标准由省、市、自治区人民政府标准化行政主管部门编制计划，组织草拟、统一审批、编号、发布，并报国务院标准化行政主管部门和国家塑料行业管理协会备案。它在相应的国家标准和行业标准实施后，自行废止。

地方标准以"DB"为代号，加上省（市、区）代号，如福建省1997年制定了可降解塑料的标准，其标准号为 DBHJ 012—1997，前两个字母表示地方标准，第三和第四个字母表示省（市、区），012 为地方标准顺序代号，1997 表示该地方标准于1997年颁布。

（3）企业标准　企业生产的产品在没有相应的国家标准、行业标准及地方标准时，如新产品开始通过试生产后进入正式生产前，由于是新开发产品，往往没有相应的标准，此时企业就应该制定其生产标准，即企业标准。企业标准是组织产品生产的依据，也是企业与客户进行商业活动合同的依据。企业制定产品标准后要求报省、市、自治区人民政府标准化行政主管部门备案。另外，有的产品虽已有国家标准，但企业为了强化质量管理，保证产品的合格率，企业制定了比国家标准及其他国内标准要求更高的企业标准，在企业内部使用。

企业标准的代号为"Q"，如湖南某塑料加工企业新开发的服装面料特种压延薄膜投入生产时没有相应的标准，企业制定标准号为 ZSQ/J02—2009，ZS 为企业名称代号，Q 表示是企业标准，J02 为标准序号，2009 表示是2009年颁布执行。

1.2.5　什么是塑料测试"统一全球测试议定书"？

塑料测试"统一全球测试议定书"是为了测试得到真正可进行比较的数据，采用统一的标准、统一的试样、标准模具，对每一类树脂均特别制定精确严格的试样制作条件和统一的测试条件，此即"统一全球测试议定书"。也就是说，在进行塑料测试时必须采用相同的、具有重现性的条件。如果仅简单地列举有关的试样几何尺寸、制样、测试条件与方法步骤，要想得到真实的可比较性数据是不充分的。直到现在，由于缺乏塑料统一测试议定书，因此成为各国之间进行交流的障碍。很幸运的是，通过国际合作专门制定了三个国际标准，即 ISO 10350-1、ISO 11403-1、ISO 11403-2，这三个国际标准的执行可以起到议定书作用，例如 ISO 10350-1 如其他 ISO 测试标准一样，设定了专门测试方法步骤和条件，从而形成了塑料单点数据的测试和报告的框架。当与相关的 ISO 材料试验标准一起使用时，它对试样几何尺寸、模具设计、试样制备条件和测试条件均制定了严格的准则。ISO 10350-1 对每一个测试都清楚地指明该用哪一种试样和如何制备该试样。比如：测 ABS 树脂的拉伸模量，ISO 10350-1 专门规定要用厚度为 4mm 的试样，按 ISO 3167 规定，多用途试样要用带 ISO 294-1 规定的浇口的对称模具来制备，制备的工艺条件按 ISO 2580-2 规定的 ABS 成型工艺进行，按 ISO 527-2 规定的测试方法步骤，规定的测试速度为 1mm/min。用这样全面的方法所得的最终结果，减少了与测试有关的变量，测试所得的结果可信高，重复试验可得到相近数据，即测试结果重复性好，尤其重要的是测试数据具有可比性。

为了在制品设计中使用表示塑料对时间和温度依赖的数据，以补充上述单点数据的不足，已制定了类似上述 ISO 10350 的标准，它论及可比较的多点数据的检测与分析。该标准包括三部分：第一部分 ISO 11403-1，论述力学性能；第二部分 ISO 11403-2 涉及热性能和加工性能；第三部分 ISO 11403-3，重点在于环境对性能的影响。与上述单点数据标准的 ISO 10350-1 相似，多点数据 ISO 11403-1 标准和 ISO 11403-2 也规定了试样的类型，应如何进行测试，并提供了为获取多点数据技术上的框架，形成了"统一全球测试议定书"。

1.3 塑料测试试样的制备疑难问题解答

1.3.1 塑料测试试样制备有哪些方法？

塑料试样是测试的对象，包括取样与制样。取样即是在原料中取一定量的料进行分析测试；制样即是将塑料原料通过适当的方法将其制备为试样。试样制备的方法如下。

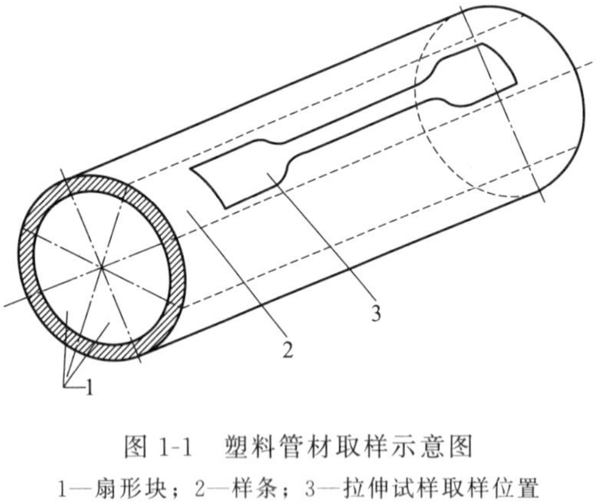

(1) 直接从塑料制品上截取试样 直接从塑料制品上截取样品时应根据制品相应的标准规定或按制品提供者的要求进行。如在管材上取拉伸试样时纵向应与管的轴线平行，沿管圆周进行取样，这样可以考核管圆周方向的均匀性，如图 1-1 所示。根据管材大小不同分别取不同的样条，塑料管材直径与取样条数关系见表 1-4，再将样条通过机械加工（冲裁、铣削）制成试样。

图 1-1 塑料管材取样示意图
1—扇形块；2—样条；3—拉伸试样取样位置

表 1-4 塑料管材直径与取样条数关系

管径 D/mm	$15 \leqslant D < 75$	$75 \leqslant D < 280$	$280 \leqslant D < 450$	$\geqslant 450$
样条数/条	3	5	6	8

塑料薄膜的取样要按纵向与横向分别进行，对其不同方向的性能分别进行测试，原因是

塑料薄膜生产时由于大分子纵横取向程度不一致会导致其纵横性能相关较大，所以要沿纵横两个方向分别取样进行测试，采用的方法一般是冲裁法，所用设备如图1-2和图1-3所示。该法是利用成型刀直接从塑料制品（如薄膜、片材等）上裁取试样，也可以从经过加工的塑料制品的平面上取样，制得的试样常用于力学性能、燃烧性能、电性能等多项性能的测试，具体尺寸形状按相关测试标准要求进行。

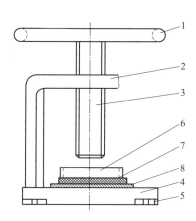

图1-2 塑料片、膜冲样机示意图
1—手轮；2—机体；3—螺杆；4—机座；
5—固定脚；6—裁刀；7—试样片；8—垫板

图1-3 塑料片、膜冲样机图

（2）直接从树脂取样 如对树脂的相关性能进行分析测试，则要求直接从树脂包装中进行取样，其他助剂也要求如此。这种直接取样方法按国家标准GB 2574—2008《塑料树脂取样方法》进行，首先确定样本大小，然后选定抽样单位，最后进行取样。

（3）直接注射成型标准试样 直接注射成型标准试样主要是用于热塑性塑料和热塑性聚合物基复合材料测试试样成型，采用标准试样模进行注射成型制作标准试样。注射机成型标准试样图如图1-4所示。由于注射成型工艺条件、模具结构、注塑机控制精确度都影响熔体流动，从而对试样微观结构形态有重要影响，尤其是成型工艺条件和模具结构对塑料试样性能影响很大。因此必须使用统一规定的模具结构，并在实验报告中标明材

图1-4 注射机成型标准试样图

料注射成型工艺条件，保证试样的微观结构和性能的基本一致。

（4）间接从压制板材上切取试样 热塑性塑料压缩模塑试样制备：热塑性塑料压缩模塑试样制备参照国家标准GB/T 9352—2008规定进行。压塑试样制备在模压机上进行，要求模压机加热时模温温差≤±2℃，冷却时模温温差≤±4℃，模压机合模力≥10MPa。

模具结构形式有溢料式和不溢料式模具两种，分别如图1-5和图1-6所示。溢料式模具适用于制备与片料厚度相似或具有可比性的低内应力的试样，不溢料式模具适用于制备表面坚固平整、内部没有空隙的试样。

热固性模塑料压塑试样制备：热固性模塑料压塑试样制备参照国家标准GB/T 5471—2008规定进行。

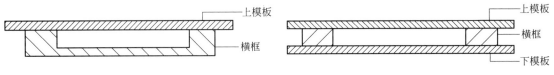

图 1-5　溢料式模具结构示意图

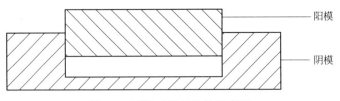

图 1-6　不溢式模具结构示意图

① 原料　酚醛、氨基热固性模塑料的粉、粒料或预锭件。

② 设备　最好选用有两种闭模速度的塑料液压机，如图 1-7 所示。快速闭模（如 150～300mm/s），可避免模塑料在闭模前开始固化；慢速闭模（如 5mm/s），可防止空气或气体包入材料中。

图 1-7　塑料液压机（平板硫化机）

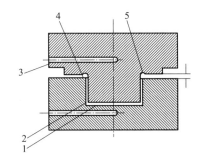

图 1-8　全压式单模腔模具结构示意图
1—模腔；2—边缘斜度小于 3°；3—测温孔；
4—间隙不大于 0.1mm；5—空腔

试样模具可以是单模腔或多模腔、全压式或半全压式结构。如图 1-8 所示为全压式单模腔模具结构示意图。模具应设有顶出销或活动底模，便于脱模。模具工作表面应具有规定的粗糙度，并镀铬。

两块试样定型板由金属板制成，其面积与试样相同，用于试样脱模后的冷却定型。

1.3.2　如何进行热塑性塑料压缩模塑试样制备？

热塑性塑料压缩模塑试样的具体操作步骤如下。

（1）原料　可用粒料或片状料。根据原料有关标准或材料提供者说明选择是否干燥以及干燥条件。

（2）预成型　通常用物料直接模塑的方法能得到平整均匀的料片。如果物料需要均化时，可用双辊塑炼均化原料。为了不使树脂降解，塑炼时物料在熔融状态停留的时间不要超过 5min。预成型片需在干燥密封的容器内贮存。

（3）模塑　将压板或模具的温度调节到有关标准规定的模塑温度。当温度恒定后，将称量过的材料（粒料或预成型片）放入模具中。使用粒料时，应将粒料在模具型腔内铺平，材料的量要足以熔融并充满模腔。对溢料式模具允许有约 10% 的损失；对不溢料式模具允许有约 3% 的损失。然后将模具置于模压机的下压板上，闭合压板，在接触压力（压机刚好闭合时不使材料流动的最高压力）下对材料预热 5min，然后施加全压（足够使材料成型并把多余的材料挤出的压力）2min，随即冷却。在预热和热压期间，温度波动允许在 ±5℃ 内。对于厚度为 2mm 的试片，标准的预热时间是 5min。对较厚的模塑件预热时间应相应延长。

（4）冷却　对于某些热塑性塑料，冷却速率影响其最终性能，标准中规定了四种冷却方法（表 1-5）。冷却方法应根据材料的有关标准来选取，若无标准或约定，可使用方法 B。

表 1-5　热塑性塑料压制成型试样冷却方法

冷却方法	平均冷却速率/(℃/min)	冷却速率/(℃/h)	备注
A	10±5	—	—
B	15±5	—	—
C	60±30	—	急冷
D	—	5.0±0.5	缓冷

（5）从压塑片材上截取试样　当塑性塑料压塑片材成型冷却后，选取表面无缺陷的片材，应用专门的制样机械（如万能制样机，如图 1-9 和图 1-10 所示）或冲压加工，从片材中心部分（离模片周边宽 20mm 的区域）制取试样。试样几何形状按照测试的相应标准规定选取。

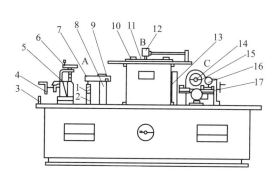

图 1-9　万能制样机示意图

1—圆柱铣刀；2—主轴；3，5—支架；4，6—手轮；
7—顶尖体；8—支柱；9—锁紧螺母；10—把手；
11—切断台；12—防尘罩；13—皮带罩；14—安全罩；
15—缺口铣切夹片；16—百分表；17—夹紧手轮
A—铣哑铃形及平面部分；B—切断部分；C—铣缺口部分

图 1-10　万能制样机

1.3.3　如何进行热固性塑料压缩模塑试样制备？

热固性塑料压缩模塑试样制备步骤如下。

① 按表 1-6 和塑料材料的特征温度及相关标准，确定模具温度、预热和压制时间、冷却方式。

模塑压力（表压）p_0 与模塑料承受压力 p 关系如下。

$$p = \frac{F \times 10^{-6}}{S} \qquad F = p_0 S_p \times 10^4$$

式中　p——模塑料承受压力，MPa，由塑料性质决定，可从塑料相关手册中查得；

F——压机施加压力，N；

S——模腔投影总面积，cm^2；

p_0——液压油压力，MPa；

S_p——活塞头面积，cm^2。

由上述两个公式可求出模塑压力（表压）p_0。

② 调节模塑温度，恒定温度，温差不超过±2℃。

③ 用点温计测量模腔温度。

④ 按试样体积称取所需的模塑料量。

模塑料量＝试样体积×模制件密度（由生产者提供）＋损耗（损耗由以前的实验确定）

⑤ 模塑料需预热，按要求进行预热。

⑥ 装料。例如粉料、粒料或预锭件加入模腔，合模，必要时排气。

⑦ 加压。当压力达到规定值时，开动计时装置。

⑧ 固化结束，卸压，脱模，立即取出试样并置于试样定形板上冷却。

⑨ 检查模制件是否符合要求（充模情况、外观等）。

未经预热的材料，允许开模排气，对于程序控制的压机，排气操作自动进行。经过预热的材料一般不需排气，除非产品标准中有规定，但必须在实验报告中说明。

⑩ 从压塑片材上截取试样参照 ISO 2818—1980 标准进行。

表 1-6　常见热固性塑料模塑条件

项目与条件	模塑料种类				
	酚醛模塑料		氨基模塑料		
	细粒	粗粒	脲醛	通用三聚氰胺-甲醛	食品级三聚氰胺-甲醛
干燥	如试样需进行电性能测试则需要				
预压锭	允许		允许	允许	允许
高频预热	可以，并能改进性能，缩短固化时间				
排气	允许		允许	允许	允许
模塑温度/℃	160±2		150±2	150±2	160±2
压力/MPa	25～40	40～60	20～40	20～40	20～40
固化时间/(min/mm)	1		0.5～1.0		

1.3.4　试样制备条件对试样性能测试结果有何影响？

试样制备条件对性能测试的结果影响很复杂，如模具结构、成型温度、成型压力、冷却速率及模具内试料的分布等有很大关系。例如，用烧结法成型的聚四氟乙烯树脂，其力学性能除受预成型时压力的影响外，还明显受烧结温度的影响，如图 1-11 所示，不同烧结温度的聚四氟乙烯就有差异很大的应力-应变曲线。如图 1-12 所示是聚碳酸酯成型温度对力学性能的影响。如图 1-13 所示是聚苯乙烯成型温度（包括料筒前段温度和后段温度）及成型压力对静弯曲强度影响的关系图。

塑料在高温、高压下成型还必须考虑冷却问题。由于冷却速率过快，会使试样内部存在不同程度的内应力，从而影响性能。因此有些塑料在成型后要进行热处理来消除内应力，图 1-14 表示了聚碳酸酯热处理后时间对力学性能的影响。

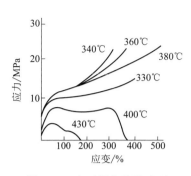

图 1-11　在不同烧结温度下
聚四氟乙烯的应力-应变曲线

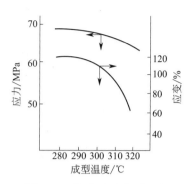

图 1-12　聚碳酸酯成型温度
对力学性能的影响

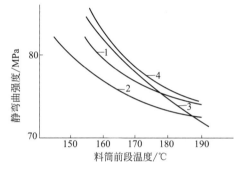

图 1-13　聚苯乙烯成型温度及成型压力
对静弯曲强度影响的关系图

1—后段温度 150℃，压力 5.6MPa；2—后段温度 160℃，
压力 5.6MPa；3—后段温度 180℃，压力 5.6MPa；
4—后段温度 180℃，压力 3.6MPa

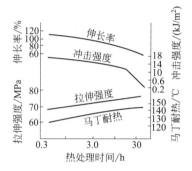

图 1-14　聚碳酸酯热处理时间对力学
性能的影响（处理温度为 110℃）

如果用来制样的物料内含有水分、溶剂及其他易挥发物质，当它在料筒或模具内受热时就会产生一些气态物质。当它们无法逃逸时，就会在试样内部形成气泡；如果模具设计不当，如浇口、流道太小等，也会产生各种缺陷。由此我们可知制样条件对试样性能测试的结果影响比较复杂，许多问题要具体问题具体分析，在制样时要保持制样条件稳定，以期得到可靠的测试结果。

1.3.5　什么是塑料测试试样的尺寸效应？

塑料测试试样的尺寸效应是由试样自身的微观缺陷和微观结构不同性所引起的。微观缺陷指的是材料或试样在制备或加工过程中，受到热、力或其他因素的作用而产生的显微隙缝（特别在表面处是试样最容易损伤的地方），微观结构不同性指的是结构上存在的缺陷或不均匀性（具有力学性质、取向结构、分子量不相同的微区域）。从微观缺陷的观点出发，可以得出如下结论。

① 在同一材料试样中，存在大量的各种形式和程度不同的致命缺陷。

② 最大的"致命"缺陷决定了试样的结果，就强度来说，它就是最"致命"缺陷的定量表征，即试样的强度取决于试样强度最低处。

③ 试样体积越大，或表面积越大，存在"致命"严重缺陷的概率就越大。因此，从理论上来讲，大试样的测试结果要比小试样的结果低。

从结构缺陷来看，假定试样没有明显的缺陷（微隙缝），然而由于结构上的不均匀性和不完善性，当试样加载荷时，纵然宏观上材料有均匀的应力状态，而实际上对结构微体积来说应力状态仍是不同的，在试样局部微区域应力集中产生过应力。所以，强度的大小还取决于受过应力的部分。

尺寸效应除上述原因外，还应考虑到塑料热导性能小的特点。在进行长期的动态测试中（如疲劳试验），厚试样的内热比薄试样更难散发，导致试样内部温度增高，产生物理态的变化。在实际测试中，试样的大小对测试结果的影响有相互抵消的现象，还会经常遇到小试样结果比大试样结果低的现象。这可能是由于小试样具有较大的比表面，试样制备加工时造成小试样表面"损伤"的单位面积比率要比大试样的多得多的缘故。

由上可知，试样尺寸对测试结果是有影响的。它对力学性能测试的影响尤为显著。为得到可比或重复性好的结果，应保证试样形状和尺寸的一致性。

1.4 塑料测试试样状态调节疑难问题解答

1.4.1 什么是塑料试样的状态调节？

由于测试环境对塑料试样测试结果有较大的影响，所以在对试样进行性能测试时必须对试样进行状态调节。所谓试样的状态调节是为了保障测试结果的准确性，将试样保持在测试标准状态下一段时间，当试样暴露在规定的状态调节环境或温度中，那么试样与状态调节环境或温度之间即可达到可再现的温度和/或含湿量平衡的状态。即为使样品或试样达到温度和湿度的平衡状态所进行的一种或多种操作，这样一个过程就称为塑料试样的状态调节。我国塑料试样状态调节由国家标准 GB/T 2918—1998 确定，该标准提出了各种塑料及各类试样在相当于实验室平均环境条件的恒定环境条件下进行状态调节和试验的规范，但没有包括用于某些特殊试验或材料或模拟某特定气候条件的专用环境，具体过程是状态调节周期应在材料的相关标准中规定，当在相应标准中未规定状态调节周期时，应进行如下操作：对于标准环境 23℃/50% 和 27℃/65%，不少于 88h；或对于 18～28℃ 的室温，不少于 4h。

1.4.2 为什么要对塑料试样进行状态调节？

这是因为塑料测试与环境条件关系密切，塑料测试结果与外界条件对它的影响也有较大关系，其中主要的是环境温度和湿度以及试样放置时间等。这些因素能引起塑料分子量、分子构型、物理态（分子链的运动）的变化，又能影响到应力是否存在等。在湿度较大的环境中，某些塑料材料将吸收水分，而水分子在其内部会起到增塑的作用，从而影响该材料的刚性和韧性。例如，图 1-15 和图 1-16 分别表示了一些材料的拉伸强度和缺口冲击强度的变化情况。

环境温度对测试结果的影响是显而易见的。表 1-7 和表 1-8 分别列出了聚氯乙烯和酚醛压塑粉在不同环境温度下测得电性能的差异。

表 1-7 不同温度对聚氯乙烯性能的影响

电性能	温 度/℃							
	5	10	16	20	25	30	40	50
$\rho_V/\Omega \cdot cm$	1.72×10^{13}	1.34×10^{13}	8.30×10^{12}	3.66×10^{12}	2.05×10^{12}	9.33×10^{11}	3.96×10^{11}	1.51×10^{11}
ε	5.98	6.42	6.90	7.84	12.6	8.90	10.2	11.2
$tan\delta$	0.1047	0.1078	0.1104	0.1135	0.1142	0.1218	0.1569	0.2304

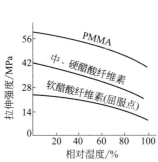

图 1-15　相对湿度对热塑性塑料拉伸强度的影响

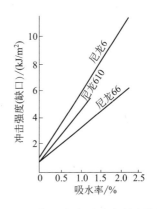

图 1-16　尼龙吸水率对冲击强度的影响

表 1-8　不同温度对酚醛压塑粉性能的影响

电性能	温　度/℃								
	5	10	16	20	25	30	40	45	50
ρ_S/Ω			3.36×10^{12}	2.49×10^{12}	1.61×10^{12}	8.51×10^{11}	3.45×10^{11}	1.10×10^{11}	
$\rho_V/\Omega\cdot cm$	3.58×10^{12}	2.64×10^{12}	1.62×10^{12}	9.90×10^{11}	6.31×10^{11}	2.98×10^{11}			3.54×10^{10}
ε	5.93	6.08	6.23	6.50	6.99	7.28	9.27		
$\tan\delta$	0.1006	0.1080	0.1765	0.2640	0.2634	0.2890	0.4068		

　　刚制备好的试样会把制样过程中的残余应力遗留在内，为了使其达到平衡状态，也要求有一定的放置时间。有的材料甚至还要进行退火处理，否则，也将对测试结果带来不可忽视的影响。从表 1-9 中可看到聚氯乙烯试样在未处理和处理后所测结果的差别。

表 1-9　聚氯乙烯试样在未处理和处理后所测结果的差别

材料方向			纵向	横向
速度/(mm/min)			5.5	5.5
温度/℃			18	17
试样处理情况	未处理	$\sigma_未$/MPa	58.9	54.1
		标准误差	1.0	1.3
	处理	$\sigma_未$/MPa	60.2	56.8
		标准误差	0.26	0.57
	处理效应	$\sigma_处-\sigma_未$/MPa	1.3	2.7
		$(\sigma_处-\sigma_未)/\sigma_处\times100\%$	2.2%	5%

　　所以，为了得到重复性好的测试结果，就必须在测试前对试样进行温度和湿度的状态调节，并且在相同的温度和湿度条件下进行测试试验。

1.4.3　对塑料试样进行状态调节的装置有哪些？

　　对塑料试样进行状态调节的装置主要如下。

　　(1) 空调实验室　布置一个空调实验室，首先要选择功率合理、性能稳定的空调机；其次要做好房间墙体的绝热保温。门要小，窗要少，要避免阳光直射。室内风循环系统应注意有合理的流向，使室内温度分布均匀，避免出现涡流区域。同时要克服由于气流的直线流动使室内工作人员有不舒适的感觉。如图 1-17 所示是一种常用的气体循环路线的设计方案，可供参考。

　　这种风循环系统的进风口设在天花板正中央，使恒温恒湿气体由上至下水平放射状流。回风口设在墙角下方，这种设计，气流柔和，室内温度和湿度分布均匀，效果较好。

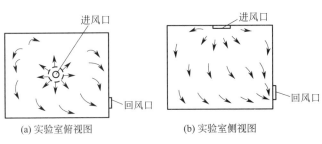

(a)实验室俯视图　　　　　　　　(b)实验室侧视图

图 1-17　空调实验室气体循环路线图

图 1-18　典型恒温恒湿箱

（2）恒温恒湿箱　由于塑料所需状态调节时间比较长，所以在考虑对试样进行状态调节时就不必使用空调实验室，以避免不必要的能源等方面的浪费。这时比较理想的办法是采用自动控制的恒温恒湿箱。它体积小，能耗低，达到平衡条件快，是比较合用的设备，典型恒温恒湿箱如图 1-18 所示。

（3）简易恒温恒湿装置　对于设备比较简陋的检验部门，可以采用简易的恒湿装置来完成试样的状态调节。它由一个自制的气密性箱体构成，在箱内底层盛一盘标准饱和盐溶液，把整个箱体放在恒温环境中，即可达到恒温恒湿的调节要求。饱和盐溶液温度及湿度关系见表 1-10。

表 1-10　饱和盐溶液温度及湿度关系

温　度/℃	湿　度/%	
	$Na_2ClO_7 \cdot 2H_2O$	$Mg(NO_3)_2 \cdot 6H_2O$
20	55.2	54.9
25	53.8	53.4
30	52.5	52.0

在状态调节中应注意的问题是在对塑料试样进行状态调节操作时，应将试样分散放置在标准环境中，使其表面尽可能暴露在环境里，标准环境应该是均匀而稳定的，温度和湿度的上下波动不得超过所规定的范围。从状态调节到进行试验的过程应是连续的过程，要避免试样在这个过程的某一环节离开标准环境。

1.4.4　塑料试样进行测试时，对环境的温度、湿度有何要求？

由于环境的温度与湿度对测试结果有不同程度的影响，所以在进行塑料试样性能测试时必须控制好环境的温度与湿度，否则得出的结果不准确，无法进行比较。一般来说，热塑性材料比热固性材料的性能对温度与湿度更敏感。热塑性材料中，耐热性低的要比耐热性高的更敏感。如图 1-19 所示是聚氯乙烯的拉伸强度和伸长率的测定曲线。由图可见，室温由 10℃升至 30℃时，拉伸强度值大约会下降 15%，可见温度在塑料性能测试过程中是不能忽视的。因此，除了对试样有必要进行状态调节外，测试环境的伸长率与温度的关系标准化也是不容忽视的。当然，这两个环境一般是一样的，但是也有不完全一样的，这些都会在具体的试验方法里有所交代。至于测试环境的标准化，则往往

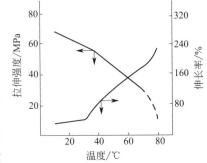

图 1-19　聚氯乙烯的拉伸强度和伸长率的测定曲线

只能用建立空调实验室的方法来解决。众所周知，我国过去曾采用过 20℃ 作为标准环境温度，后来又规定把 25℃ 作为标准环境温度，而现在则规定把 23℃ 作为标准环境温度。其理由是和国际标准统一，便于国际交流。

1.4.5 塑料加工企业如何对常用塑料产品进行状态调节？

塑料加工企业一般是按如下步骤进行塑料产品进行状态调节的。

① 品保员到生产线抽取检测样品，并送到检测室报检。

② 检测员接收报检单并将检测样品送到注塑车间，由注塑员对样品进行烘烤及注射成型。

③ 样条注塑完成后注塑员将样条送到检测室，并填写《箱放置样条一览表》与检测员交接样条，按表 1-11 条件放入恒温恒湿箱中进行温、湿度平衡处理。检测员根据不同产品的试样处理方法，采取相应的状态调节时间，试样状态调节完成后根据《产品检验作业指导书》进行测试。

表 1-11　我国标准要求的塑料试样状态调节条件

状态调节级别	标准代号	温度/℃	相对湿度/%	气压/kPa
一般要求	23/50	23±2	50±10	86~106
		27±2	65±10	
严格要求	27/65	23±1	50±5	86~106
		27±1	65±5	

注：标准代号 23/50 表示"温度 23℃/相对湿度 50%"。

方法 A：见表 1-12。

表 1-12　方法 A

材料类型	PP	PC①	ABS	SAN	PBT/PET	PS	PPO②	PA③
环境条件	23℃±2℃,50%±10%							23℃±2℃
调节时间	24h	4h 或 24h	16h					24h

① PC 测试力学性能调节时间为 4h，测试电性能调节时间为 24h。

② 若 PPO/PA 合金干态，模塑条件为 23℃±2℃ 条件下放置 48h。

③ 若 PA 干态，模塑条件为含湿量≤0.2%。

方法 B：样条注塑完成后放入 45℃ 试验箱中恒温 24h→冲击样条铣缺口→试样放入温度 23℃±2℃、湿度 50%±10% 的生化箱保持 24h→测试。

方法 C：样条注塑完成后→放入温度 23℃±2℃、湿度 50%±10% 的生化箱保持 96h┬→测试拉伸性能、弯曲性能、HDT。└→冲击样条铣缺口→在 23℃±2℃、50%±10% 的生化箱中放置 48h→测试 Izod 冲击强度。

方法 D：样条注塑完成后放入 45℃ 试验箱中恒温 0.5h→冲击样条铣缺口→试样放入温度 23℃±2℃、湿度 50%±10% 的生化箱保持 0.5h→测试。

1.5　塑料测试数据处理疑难问题解答

1.5.1　什么是测量误差？

测量误差是测量结果减去被测量的真值所得的差值，简称误差。测量是为了确定被测对象的量值而进行的实验过程。测量方法可分为下列几种。

① 直接比较测量法，将被测的量直接与已知真值的同类量相比较的测量方法。

② 微差测量法，将被测的量与其量值只有微小差别的同类已知量相比较并测出这两个量值间的差值的一种测量方法。

③ 零差测量法，用平衡法确定被测量值的测量方法，需要调整一个或几个（或已知其值的）并与被测量值有已知平衡关系的量。

④ 组合测量法，直接或间接测量一定数目的被测量值的不同组合，求解这些不同组合来确定这些量值的一种测量方法。

⑤ 内插测量法，根据不同量值之间的相关法则和该量的两个已知值，来确定位于该两个已知值间的待测量值的一种方法。

⑥ 计量器具的示值法，由计量器具指示的被测量值。

在塑料测试实验中，最常用的是计量器具的示值法。用这种方法进行测量时可能存在器具误差（器具本身所具有的误差）、调整误差（测量前未能将计量器具或被测件调整在正确位置或状态所造成的误差）、观测误差、读数误差、视差和估读误差。因此，测量结果与被测量真值之间存在差值，即测量误差。

测量误差可以用绝对误差或相对误差来表示，绝对误差等于测量结果减去被测量的真值，相对误差等于绝对误差除以被测量的真值。

有时为了便于分析测量结果，将偏离测量规定条件时或由于测量方法所引入的因素，并按照某确定规律引起的误差称为系统误差；将在实际测量条件下多次测量同一量值时，误差的绝对值和符号以不可预定方式变化着的误差，称为随机误差。理论上对已定系统误差可用修正值来消除。测量结果中的系统误差大小的程度可用测量的正确度表示。用测量的精密度即在一定条件下进行多次测量时，所得测量结果彼此之间的符合程度来表示测量结果中的随机误差大小的程度，也用正态分布描述随机误差及其概率的分布情况。

1.5.2 什么是测试结果的有效数字与存疑数字？

塑料测试过程中实际能测试到的数字称为有效数字，它一方面反映了数量的大小；另一方面也反映了测量的精密程度。能够测量到的是包括最后一位估计的、不确定的数字。人们把通过直读获得的准确数字叫做可靠数字；把通过估读得到的那部分数字叫做存疑数字。把测量结果中能够反映被测量大小的带有一位存疑数字的全部数字叫做有效数字。数据记录时，人们记录的数据和实验结果真值一致的数据位便是有效数字。

1.5.3 在数据处理中如何进行有效位数的保留？

由于测量过程中会出现有效位数不相同的情况，则在进行数据处理过程中如何保留测试结果的有效位数就成为必须考虑的问题，关于测试结果有效位数的保留主要有如下规则。

① 四舍六入五成双（尾留双），被修约数≤4 则舍弃，被修约数≥6 则进位，若是 5 将有两种情况：若前面是奇数则进位为偶数；若前面是偶数则舍弃，若 5 后面还有不为 0 的数，则不管前面数字奇偶一律进位。

② 加减法是以小数点后位数最少的为准先修约后加减，结果位数也按小数点后位数最少的计算。

③ 乘除法的结果保留位数应与有效数字位数最少者相同。

④ 乘方或开方的结果其有效数字位数不变。

⑤ 对数计算的规则是对数尾数的位数应与真数的有效数字位数相同。

⑥ 表示分析结果的精密度和准确度时，误差和偏差等只取一位或两位有效数字。

⑦ 计算中涉及常数以及非测量值，如自然数、分数时，不考虑其有效数字的位数，视为准确数值。

⑧ 为提高计算的准确性，在计算过程中可暂时多保留一位有效数字，计算完后再修约。运用电子计算器运算时，要对其运算结果进行修约，保留适当的位数，不可将显示的全部数字作为结果。

⑨ 若数据进行乘除运算时，第一位数字大于或等于8，其有效数字位数可多算一位。

1.5.4　塑料测试过程中产生误差的原因有哪些?

在塑料测试过程中产生误差的原因比较多，根据测量误差的来源，测量误差归纳起来有如下几个方面。

(1) 测量环境误差　任何测量都有一定的环境条件，如温度、湿度、大气压、机械振动、电源波动、电磁干扰等。测量时，由于实际的环境条件与所使用的测量装置要求的环境条件不一致，就会产生测量误差，这种测量误差就是测量环境误差。

(2) 测量装置误差　对测量中所使用的测量装置的性能指标有一定的要求。由于实际测量所使用的测量装置的性能指标达不到要求，或安装、调整、接线不符合要求，或使用不当，或因内部噪声、元器件老化等使测量装置的性能劣化等，都会引起测量误差，这种测量误差就是测量装置误差。

(3) 测量方法误差　由于测量方法的不合理或不完善，测量所依据的理论不严密等，也会产生测量误差，这种测量误差就是测量方法误差。例如，用电压表测量电压时，由于没有正确地估计电压表的内阻而引起的误差；用近似公式、经验公式或简化的电路模型作为测量依据而引起的误差；通过测量圆的半径来计算其周长，因所用圆周率 π 为近似值而引起的误差，都是测量方法误差。

(4) 测量人员误差　由于测量操作人员的操作经验、知识水平、素质条件的差异，操作人员的责任感不强、操作不规范和疏忽大意等原因，也会产生测量误差，这种测量误差就是测量人员误差。

1.5.5　误差表示的方法有哪些?

误差常用的表示方法有三种：绝对误差、相对误差和引用误差。

(1) 绝对误差　绝对误差 Δ 的定义为被测量的测量值 x 与真值 L 之差，即

$$\Delta = x - L \tag{1-1}$$

绝对误差具有与被测量相同的单位。其值可为正，也可为负。由于被测量的真值 L 往往无法得到，因此常用实际值 A 来代替真值，因此有

$$\Delta = x - A \tag{1-2}$$

在用校准仪表和对测量结果进行修正时，常常使用的是修正值。修正值用来对测量值进行修正。修正值 C 定义为

$$C = A - x = -\Delta \tag{1-3}$$

修正值为绝对误差的负值。测量值加上修正值等于实际值，即 $x + C = A$。通过修正使测量结果得到更准确的数值。

采用绝对误差来表示测量误差往往不能很确切地表明测量质量的好坏。例如，温度测量的绝对误差 $\delta = \pm 1^{\circ}\mathrm{C}$，如果用于人的体温测量，这是不允许的；但如果用于炼钢炉的钢水温度测量，就是非常理想的情况了。

（2）相对误差 相对误差 δ 的定义为绝对误差 Δ 与真值 L 的比值，用百分数来表示，即

$$\delta = \frac{\Delta}{L} \times 100\% \qquad (1\text{-}4)$$

由于实际测量中真值无法得到，因此可用实际值 A 或测得值 x 代替真值 L 来计算相对误差。

用实际值 A 代替真值 L 来计算的相对误差称为实际相对误差，用 δ_A 来表示，即

$$\delta_A = \frac{\Delta}{A} \times 100\% \qquad (1\text{-}5)$$

用测得值 x 代替真值 L 来计算的相对误差称为示值相对误差，用 δ_x 来表示，即

$$\delta_x = \frac{\Delta}{x} \times 100\% \qquad (1\text{-}6)$$

在实际应用中，因测得值与实际值相差很小，即 $A \approx x$，故 $\delta_A \approx \delta_x$，一般 δ_A 与 δ_x 不加以区别。

采用相对误差来表示测量误差能够较确切地表明测量的精确程度。

（3）引用误差 绝对误差和相对误差仅能表明某个测量点的误差。实际的测量装置往往可以在一个测量范围内使用，为了表明测量装置的精确程度而引入了引用误差。

引用误差定义为绝对误差 Δ 与测量装置的量程 B 的比值，用百分数来表示，即

$$\gamma = \frac{\Delta}{B} \times 100\% \qquad (1\text{-}7)$$

测量装置的量程 B 是指测量装置测量范围上限 $x_{\max}$ 与测量范围下限 $x_{\min}$ 之差，即

$$B = x_{\max} - x_{\min}$$

引用误差实际上是采用相对误差形式来表示测量装置所具有的测量精确程度。

测量装置在测量范围内的最大引用误差，称为引用误差限 γ_m，它等于测量装置测量范围内最大的绝对误差 $\Delta_{\max}$ 与量程 B 之比的绝对值，即

$$\gamma_m = \left| \frac{\Delta_{\max}}{B} \right| \times 100\% \qquad (1\text{-}8)$$

测量装置应保证在规定的使用条件下其引用误差限不超过某个规定值，这个规定值称为仪表的允许误差。允许误差能够很好地表征测量装置的测量精确程度，它是测量装置最主要的质量指标之一。

1.5.6 测量误差有哪些类型？

测量误差产生的原因较多，根据研究目的的不同，通常将测量误差可按不同的角度进行分类。

（1）系统误差、随机误差和粗大误差 根据测量误差的性质和表现形式，可将误差分为系统误差、随机误差和粗大误差。

① 系统误差 在相同的条件下，对同一被测量进行多次重复测量时，所出现的数值大小和符号都保持不变的误差，或者在条件改变时，按某一确定规律变化的误差，称为系统误差。系统误差的主要特性是规律性。

② 随机误差 在相同的条件下，对同一被测量进行多次重复测量时，所出现的数值大小和符号都以不可预知的方式变化的误差，称为随机误差。随机误差的主要特性是随机性。

③ 粗大误差 明显地偏离被测量真值的测量值所对应的误差，称为粗大误差。

在实际测量中，系统误差和随机误差之间不存在明显的界限，两者在一定条件下可以相互转化。对某项具体误差，在一定条件下为随机误差，而在另一条件下可为系统误差，反之亦然。

　　（2）基本误差和附加误差　任何测量装置都有一个正常的使用环境要求，这就是测量装置的规定使用条件。根据测量装置实际工作的条件，可将测量所产生的误差分为基本误差和附加误差。

　　① 基本误差　测量装置在规定使用条件下工作时所产生的误差，称为基本误差。

　　② 附加误差　在实际工作中，由于外界条件变动，使测量装置不在规定使用条件下工作，这将产生额外的误差，这个额外的误差称为附加误差。

　　（3）静态误差和动态误差　根据被测量随时间变化的速度，可将误差分为静态误差和动态误差。

　　① 静态误差　在测量过程中，被测量稳定不变，所产生的误差称为静态误差。

　　② 动态误差　在测量过程中，被测量随时间发生变化，所产生的误差称为动态误差。

　　在实际的测量过程中，被测量往往是在不断地变化的。当被测量随时间的变化很缓慢时，这时所产生的误差也可认为是静态误差。

1.5.7　什么是塑料测试的精度？

　　为了定性地描述塑料测试结果与真值的接近程度和各个测量值分布的密集程度，引入了测量的精度。测量的精度包含了准确度、精密度和精确度这三个概念。

　　（1）测量的准确度　测量的准确度表征了测量值和被测量真值的接近程度。准确度越高则表征测量值越接近真值。准确度反映了测量结果中系统误差的大小程度，准确度越高，则表示系统误差越小。

　　（2）测量的精密度　测量的精密度表征了多次重复对同一被测量进行测量时，各个测量值分布的密集程度。精密度越高则表征各测量值彼此越接近，即越密集。精密度反映了测量结果中随机误差的大小程度，精密度越高，则表示随机误差越小。

　　（3）测量的精确度　测量的精确度是准确度和精密度的综合，精确度高则表征了准确度和精密度都高。精确度反映了系统误差和随机误差对测量结果的综合影响，精确度高，则测量结果中系统误差和随机误差都小。

　　对于具体的测量，精密度高的准确度不一定高；准确度高的，精密度也不一定高；但是精确度高的，精密度和准确度都高。

　　下面以图1-20所示的射击打靶的结果作为例子来加深对准确度、精密度和精确度的理解。在图1-20中每个点代表弹着点，

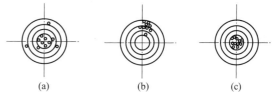

图1-20　准确度、精密度和精确度示意图

相当于测量值；圆心位置代表靶心，相当于被测量真值。图1-20(a)中的弹着点分散，但比较接近靶心，相当于测量值分散性大，但比较接近被测量真值，表明随机误差大，精密度低，系统误差小，准确度高。图1-20(b)中的弹着点密集，但偏离靶心较大，相当于测量值密集，但偏离被测量真值较大，表明随机误差小，测量精密度高，系统误差大，准确度低。图1-20(c)中的弹着点密集且比较接近靶心，相当于测量值密集且比较接近被测量真值，表明系统误差和随机误差都小，精确度高。

　　在应用准确度、精密度和精确度时，应注意：它们都是定性的概念，不能用数值作定量表示。

1.6 塑料测试影响因素疑难问题解答

1.6.1 影响塑料拉伸强度测试有哪些因素?

影响塑料试验结果的因素很多,有其内在的原因(例如,塑料本身的分子量大小及分布、结构和取向程度、内部缺陷等),也有其外在的因素(例如试样制备过程、试验环境温度、加载的速率等)。从测试角度来说,主要考虑与试验结果准确程度有关的因素。也就是在综合考虑上述两方面的原因后来规定一些测试条件,以便尽可能地使测试结果一致和重复。相反,如果不加以合理考虑,严格控制,那么必然会造成结果的不一致和不可重复,给分析和取用这些数据带来麻烦。

塑料拉伸试验是用标准的试样,在规定的标准化状态下测试塑料的拉伸性能。标准化状态包括试样制备、试样状态调节、试验环境、试验条件等,所以影响塑料拉伸强度的主要因素有试样制备、试样状态调节情况、测试环境与条件等。塑料属于黏弹性材料,具有应变率高、塑性区大、温度效应明显、时间效应明显的特点,并存在蠕变和应力松弛,所有这些都会在拉伸测试时反映出来。

一般拉伸速率的影响表现为拉伸速率低、强度低、断裂伸长率大。而高速拉伸时,塑料呈现脆性行为。由于不同塑料对速率的敏感性不同,通常,硬而脆的塑料对速率敏感,所以采用较低的拉伸速率。韧性塑料对速率敏感性小,可采用较高的拉伸速度。

1.6.2 塑料冲击强度测试的主要影响因素有哪些?

冲击性能试验是在冲击负荷下测定材料的冲击强度。冲击强度用来评价材料抵抗冲击的能力,即判断材料的脆性或韧性程度。因此,冲击强度也称为冲击韧性。塑性材料的冲击韧性在工程应用上是一项重要的性能指标,它反映不同材料抵抗高速冲击而致破坏的能力。塑料冲击性能是指塑料材料在高速冲击下表现出来的韧性或抵抗断裂的能力。目前常用的有模拟实际冲击过程的两种冲击试验方法,其中被广泛用于对产品质量进行控制与监督的是摆锤式冲击试验方法,包括悬臂梁(lzod)、简支梁(Charty)冲击试验。

摆锤式冲击试验中试样分有缺口和无缺口两种形式。试样有无缺口对测试结果的影响是很大的,在检测报告中必须注明,这一点对无产品标准样品的检测更为重要。同时,缺口的锐利程度对测试结果的影响很大。"无缺口冲击强度"反映裂纹引发前瞬间试样延性变形吸收的能量及裂纹进一步扩展所吸收的能量,"缺口冲击强度"反映的是材料瞬间抵抗裂纹扩展的能力。

(1)缺口影响 在冲击试样中间部位加工缺口,其目的是使应力集中和在缺口根部增加应变速率,这样使许多材料在标准试验温度和通常的速率下,产生脆性断裂,避免有些韧性较大的材料出现"冲不断"现象(标准中规定没有冲断的试验结果做无效处理)。

不同大小的缺口,它们的应力集中是不等的,从而使缺口破坏所需的能量不等,这样就会得出不同的测试结果,其中缺口尖端的曲率半径对结果的影响尤为明显。采用不同加工方法加工的试样,缺口对冲击强度有很大影响。一次注塑的缺口试样冲击强度较高,二次加工成型的缺口试样冲击强度低,而且经过铣床加工的试样冲击强度最低。所以,采用不同加工方法的缺口试样,测试的冲击强度数值不可比。不但缺口加工方法影响冲击测试结果,缺口的尺寸也影响测试结果,如图 1-21 所示。

从图 1-21 可以看出:塑料冲击强度与缺口尺寸不是简单的线性关系。尽管试样的尺寸参与了测试结果的计算，仍然使同种材料因试样缺口尺寸不同而得出不同的结果；另外不同材料对缺口的敏感度不同。比如，尼龙和PVC对缺口的敏感度要比高冲击性ABS合成材料大得多。

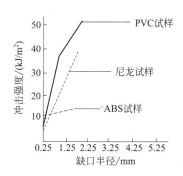

图1-21 缺口尺寸对冲击
强度测试结果

通常冲击强度测试的试样缺口形式，首选A型缺口。试样的缺口可以在铣床、刨床或专用缺口加工机床上加工。对于各向异性材料应分别按平行和垂直板材的特征方向分别切取试样。对于各向异性材料，通常冲击平行于板面的试样侧面。

（2）温度影响 塑料是由大小不一的高分子链所组成的，在结构上与其他材料有根本的差异。这些大分子链是运动的，对温度的依赖性十分明显，运动程度越大，材料的韧性越大，这是因为随大分子链的运动程度增强，使应力集中减小，许多能量由于很大的力学衰减而以热的形式逸散，从而增大了破坏所需的能量。在20℃左右，温度的影响最为明显，这与塑料材料产品标准中规定的标准环境温度为23℃±2℃是相符的。

由于冲击试验是一种高速破坏试验，对试验的温度有很强的敏感性。无论是悬臂梁冲击还是简支梁冲击试验，其冲击试验值都随温度降低而降低，这是因为随着温度下降，材料从韧性转变为脆性状态。通常韧、脆转变温度范围较窄，因此，冲击试验时温度的影响不可忽视。

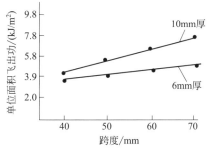

图1-22 聚甲基丙烯酸甲酯飞出功与
试验跨度和试样厚度的关系

（3）湿度影响 有些吸湿性强的材料，在干燥和吸湿状态下，冲击强度数值明显不同。相同温度下，吸湿越多，冲击强度越高。因此，试样加工和放置时要严格控制湿度。

（4）飞出功影响 图1-22显示飞出功的影响结果。飞出功与试样的韧性并无关系，但有时却占冲击能量很大比例。如PMMA标准试样测试时断裂飞出功可以占断裂能量的50%左右，酚醛可以占40%左右。所以，测试吸收能量小的脆性材料时要注意修正，ISO R180和ASTM D 256对此有明确规定。

1.6.3 影响塑料弯曲强度测试的主要因素有哪些？

塑料的弯曲强度与其他力学试验一样，其大小与温度有关，通常弯曲强度与温度的关系和拉伸试样相同。由于弯曲试验上半部分受压，下半部分受拉，所以压头对试验有影响。上压头半径太小，容易在试样表面产生明显压痕，造成压头与试样之间形成面接触；上压头半径太大，则对于大跨度就会增加剪切影响，产生剪切断裂。图1-23反映了温度对弯曲强度试验的影响。

对于厚度小于1mm的试样不做弯曲试验，厚度大于50mm的板材，则应单面加工到50mm，而且加工面朝向上压头，这样可以接近和消除加工影响。而对于各向异性材料应沿纵横方向取样，使试样的负荷方向与材料实际使用时所受弯曲负荷方向一致。

1.6.4 影响塑料硬度测试的因素有哪些？

硬度常被人们作为合成材料的"抗刮性和耐磨性"的标准。其实硬度本身不是一个单纯

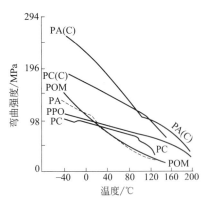

图 1-23　温度对弯曲强度试验的影响

的确定的物理量，而是由材料的弹性、塑性、韧性等一系列力学性能组成的综合性指标。硬度值的大小不仅取决于该材料的本身，也取决于测量条件和测量方法。

邵尔 A 硬度值是由压针压入试样的深度来测定的，因此试样的厚度直接影响试验结果。试样厚度越小其硬度值就越大，随着试样厚度的逐渐增大，其硬度值也随之逐渐变小。原因是，当压针压入试样，试样受到压力后变形，受压的部分变薄，对于过薄的试样，此时部分压力直接施加于试台上，因而压入试样的深度减小，硬度值增大。所以在 GB/T 531—1999 中规定了进行邵尔硬度试验的样品厚度为 6mm。

另外还有一些因素也将影响到试验结果的准确性，比如压针棱角磨损，压针压入时没有与被测试样试验面垂直等。

1.6.5　影响塑料测试结果的主要因素有哪些?

影响塑料测试结果的因素很多，如前所述，有内在的原因，如塑料本身的分子量大小及分布、结晶和取向程度、内部缺陷等，也有外部的因素，如试样的制备过程、试验环境的温度、加载的速率等，从测试角度来说，主要考虑与试验结果准确度有关的因素，主要有原材料、制样和测试条件三个方面因素。

(1) 原材料因素　塑料通常由树脂和添加剂组成，塑料的基本性能随树脂和添加剂品种、牌号及其用量而异。树脂品种、牌号代表了一定的树脂合成工艺路线、分子量大小及分布、支化度、大分子链结构、共聚、添加剂品种和用量等信息，因此不同牌号的树脂，甚至不同厂家生产的同一牌号树脂，其性能可能有较大差异。加之，为了便于加工和改善材料的性价比，需加入各种添加剂，最终所得高分子材料的某些性能明显优于树脂。而添加剂的品级、生产工艺、包装储存等情况对添加剂在塑料中的功效有显著影响，故在塑料测试实验结果中，有必要注明所用原材料牌号、品级、生产厂家、组成配比等原材料信息。

(2) 制样因素　在塑料分析测试实验中所用的实验试样的几何形态有粉状、粒状、板、片、膜、丝和条棒等，有些甚至是液状，如聚氯乙烯增塑剂大多是液态。对于固态塑料，制备实验试样的方法、条件和设备均会通过试样的受热历史、受力历史、分散状态差异，影响实验试样的加工性、微观结构及宏观性能。

因此，塑料测试实验需按一定的实验约定或根据一定的测试标准所规定的方法和条件制备标准测试试样，并注明制备试样所用的方法、条件、设备型号、器具等。例如，挤出成型硬制品用 PVC 混合粉料，可直接从生产厂家购进，也可自己配制，无论以何种方式得到粉状试样，都必须在实验报告中注明混合方法（高速热混合、高速热混合＋低速冷混合或捏合）、设备型号、混合时间和温度、包装储存时间环境。又如测试高密度聚乙烯拉伸强度试样，可从板材、片、棒或制品上直接裁取，也可直接用注射等方法成型。用前一种方法得到试样的测试结果不仅与成型板材、片、棒或制品的模具结构、成型机器及成型温度、成型压力、冷却速率等工艺有关，而且还与裁取试样所用器具、裁取速度、试样整修等有关。而用后一种方法获取试样，影响测试结果的因素相对简单、较少。

另外，试样的几何尺寸也会明显影响实验结果。试样几何尺寸的影响又称尺寸效应。故在塑料测试实验报告中，尤其是测定所列举的性能项目，需注明试样尺寸或测试标准。从理论上讲，大试样的强度结果会比小试样结果低。

由于试样在制备过程中总会产生一些内应力，为了避免这种残余应力对测试结果的影响，在测试实验之前，可根据塑料性质，选择性地对试样进行退火处理。退火处理条件取决于塑料性质、组成、成型过程及结构，原则上退火温度比材料的玻璃化温度高 5～10℃，退火过程中试样不能发生变形，退火效果很大程度上由退火时间决定。

（3）测试条件因素　测试环境条件包括测试温度、湿度、试样的状态和变形速率以及测试设备状况等。测试温度和湿度对测试结果的影响程度取决于所测性能项目和试样材料。一般而言，热塑性塑料比热固性塑料更敏感，耐热性低的比耐热性高的更敏感。由此看来，测试温度、湿度标准化很有必要。

同理，试样的环境状态也应标准化。当试样制备之后，测试之前，均应进行状态调节。目前国内外各类标准对标准状态调节的条件规定都相同。在温度 23℃，相对湿度 50%，气压 8^6～10^6 kPa 条件下，放置 24h。

对于某些比较特殊的材料如聚酰胺和玻纤增强的热塑性塑料的力学性能受吸湿影响，需进行特殊状态调节。由于塑料材料属于黏弹性材料，具有明显的形变滞后、应力松弛、蠕变、绝缘等现象，因此试样的变形速率对测定塑料材料对外界响应性能结果有极大的影响。各类相关性能测试标准均已按材料类别、性能类别做了规定，测试操作时必须按规定条件进行，以保证实验数据结果的重复性和可比性。

1.7　塑料测试安全疑难问题解答

1.7.1　塑料测试实验室常见消防安全措施有哪些？

塑料测试实验室由于有时需要使用易燃易爆的化学药品，所以要特别注意实验室的消防安全，主要有如下措施来防止出现火灾。

① 严格控制实验室内存放易燃易爆化学物品的量，实验室不能作为库存房用，大量的化学危险物品应存放在化学品专用库房，实验室内仅存放能满足实验所用的少量试剂。

② 室内地面应为不发生火花地面，电气线路、开关电气设备均应达到相应的防爆要求，还可以安装相应的浓度监测与报警装置。

③ 实验应规定操作人员必要时着防静电服装，消除人体静电的危害。

④ 实验室应禁止吸烟，动用明火应检查明火与可燃物的间距，采取相应措施确保安全。

⑤ 实验室应配置相应种类和数量的灭火器、灭火毯和一定数量的砂子。

实验室采取了以上的消防安全技术措施后，要加强日常的安全管理，实验室工作人员一定要严格遵守规章制度和操作规程，只有如此，人的不安全行为和物的不安全状态才能得到有效控制，能有效地预防实验室火灾爆炸事故的发生。

1.7.2　如何进行塑料测试实验室危险化学品的管理？

塑料测试实验室要制定科学的危险化学品管理制度并严格执行，做到如下要求。

① 要遵循既有利于使用，又要保证安全的原则，管好用好危险化学药品，加强安全教育。

② 化学药品必须根据化学性质分类存放，易燃、易爆、剧毒、强腐蚀品不得混放。化学药品要存放在专用柜内，有存放专用柜的储藏室；有阴凉、通风、防潮、避光等条件；有防火防盗安全设施。

③ 所有药品必须有明显的标志。对字迹不清的标签要及时更换，对过期失效和没有标

签的药品不准使用，并要进行妥善处理。

④ 试验药剂容器都要有标签，对分装的药品在容器标签上要注明名称、规格、浓度；无标签或标签无法辨认的试剂都要当成危险物品重新鉴别后小心处理，不可随便乱扔，以免引起严重后果。实验室中摆放的药品如长期不用，应放到药品储藏室，统一管理。

⑤ 化学药品盛装容器应封闭，防止漏气、潮解。见光容易起变化的化学药品应装在深色的玻璃容器或避光的容器里，对化学药品包装和药品质量要定期检查。

⑥ 要加强对火源的管理。化学药品储藏室周围及内部严禁火源；实验室的火源要远离易燃、易爆物品，有火源时，不能离人。

⑦ 储存的易燃易爆物品应避光、防火和防电等，实验室存放的易燃易爆物品，要确定合理的储存量，不许过量且包装容器应密封性好。易燃易爆试剂应贮于铁柜（壁厚1mm以上）中，柜子的顶部都有通风口。遇水能分解或燃烧、爆炸的药品，钾、钠、三氯化磷、五氯化磷、发烟硫酸、硫黄等不准与水接触，不准放置于潮湿的地方贮存。

⑧ 危险物品的采购和提运按公安部门和交通运输部门的有关规定办理。剧毒、放射性物体及其他危险物品，要单独存放，由双人双锁专人管理。存放剧毒物品的药品柜应坚固、保险，要健全严格的领取使用登记。

⑨ 要经常检查危险化学品，防止因变质、分解造成自燃、自爆事故。对剧毒物品的容器、变质料、废渣及废水等应予以妥善处理。

⑩ 不外借药品，特殊需要借药品时，必须经过相关程序后才能借邮化学药品。

⑪ 取用化学试剂的器皿必须分开，每种试剂用一件器皿，实验过程中不得混用。

⑫ 使用有机溶剂和挥发性强的试剂的操作应在通风良好的地方或在通风橱内进行。任何情况下，都不允许用明火直接加热有机溶剂。

⑬ 凡使用强酸、强碱等化学试剂时，应按规定要求操作和贮存。

1.7.3　塑料测试实验室如何进行易燃易爆化学品的贮存？

化学危险品的贮存方式分为三种：隔离贮存、隔开贮存、分离贮存。各类危险品不得与禁忌物料混合贮存；贮存化学危险品的建筑物、区域内严禁吸烟和使用明火。实验室应该只保存满足日常使用量的化学品。不得贮存过量的化学品，遵循用多少领多少的原则，无特殊情况，不得贮存超过一周的用量。贮存化学危险品的实验室必须安装通风装置。爆炸物品不准和其他类物品同贮。所有化学品都应有清晰的标识或标签，互不兼容的化学品应分类存放，防止相互作用而发生爆炸和/或火灾。易燃易爆试剂要求贮存于阴凉、通风、干燥处，防止日晒，并应隔绝火、热、电源，还应做好防水工作。与酸类、氧化性试剂必须隔离存放。易燃液体试剂应存放在阴凉、通风处，避免日晒，应隔绝火、热、电源，并且与易燃易爆试剂、氧化性试剂、酸类等隔离。氧化性试剂应存放在阴凉、干燥、通风处，防止日晒、受潮，要远离酸类、可燃物、硫黄、硝化棉、金属粉等还原物质。腐蚀性试剂应存放在清洁、阴凉、干燥、通风处，防止日晒，与氧化剂、易燃易爆性试剂隔离，酸性腐蚀性试剂与碱性腐蚀性试剂、有机腐蚀性试剂与无机腐蚀性试剂也应隔离。

应选用抗腐蚀材料（如耐酸水泥或陶瓷）制成的料架。低温存放试剂需要低温存放才不致聚合、变质或发生其他事故，存放温度应在10℃以下。剧毒化学试剂应存放在阴凉、通风、干燥处，与酸类隔离存放。实行全程监控管理，严防丢失。坚持五双制度，即双人收发、双人记账、双人双锁、双人运输、双人使用。用多少买多少，用多少领多少，正确、及时地做好领用和实验使用记录。

第2章

塑料原料分析疑难解答

2.1 树脂水分含量测定疑难解答

2.1.1 为什么要对树脂的水分含量进行测定？

水分含量是影响诸如聚酰胺（PA）和聚碳酸酯（PC）等树脂的加工工艺、产品外观和产品特性的一个重要因素。在注塑过程中，如果使用水分含量过多的塑料粒子进行生产，则会产生一些加工问题，并最终影响成品质量，如表面有水纹甚至开裂或制品有气泡，以及抗冲击性能和拉伸强度等力学性能降低等。因此，水分含量的控制对于生产高质量的塑料产品是至关重要的，通过树脂水分含量的测定，可以掌握树脂中的水分含量。如水分含量过大，必须对树脂进行进一步的干燥，使塑料原材料的水分含量控制在工艺要求以内，以确保生产的顺利进行及产品的质量达到要求。

2.1.2 目前对树脂进行水分含量测试的方法有哪些？

目前对塑料用树脂进行水分含量测定的方法主要有三种，即干燥恒重法、汽化测压法及卡尔-费休尔试剂滴定法。

（1）干燥恒重法　干燥恒重法是将试样放在一定温度下干燥到恒重，根据试样干燥前后的质量变化，计算水分含量。优点是操作简便，不需要复杂的仪器，但在使用中有一定的局限性。对于可能存在易挥发单体的树脂，加热时单体同水分一起挥发，导致水分含量偏高，对于有氢键存在的聚合物和致密聚合物，水分不易逸出，导致水分含量偏低。

（2）汽化测压法　汽化测压法也是利用水分的挥发性，在一个专门设计的真空系统中加热试样，试样内部和表面的水蒸发出来，使系统压力增高。由系统压力的增加，求得试样的含水量。本法的局限性与干燥恒重法类似，而且系统要密封，加热温度、时间等对试验结果都有影响。

（3）卡尔-费休尔试剂滴定法　卡尔-费休尔试剂滴定法是用来测量物质水分含量通用的方法，其操作可按国家标准 GB/T 606—2003 执行。其原理是卡尔-费休尔试剂（碘、二氧化硫、吡啶和甲醇或乙二醇甲醚组成的溶液）能与样品中的水定量反应，反应式如下。

$$H_2O+I_2+SO_2+3C_5H_5N \longrightarrow 2C_5H_5N \cdot HI+C_5H_5N \cdot SO_3$$
$$C_5H_5N \cdot SO_3+ROH \longrightarrow C_5H_5NH \cdot OSO_2 \cdot OR$$

卡尔-费休尔试剂中含有分子碘而呈深褐色，当含有水的试剂或样品加入后，由于化学反应，生成甲基硫酸化合物（$RNSO_4R$）而使溶液变成黄色，由此可用目测法判断终点，即由浅黄色变成橙色。但是目测法误差较大，而且在测定有颜色的物质时会遇到麻烦。国家标准大都规定用"永停法"来判定卡氏反应的终点，其原理为：在反应溶液中插入双铂电极，在两电极之间加上一个固定的电压，若溶剂中有水存在时，则溶液中不会有电对存在，溶液不导电，当反应到达终点时，溶液中存在 I_2 和 I^- 电对，即：$2I^- \Longrightarrow I_2 + 2e$。

因此，溶液的导电性会突然增大，在设有外加电压的双铂电极之间的电流值突然增大，并且稳定在事先设定一个阈值上面，即可判断滴定终点，机器便会自动停止滴定，从而通过消耗卡尔-费休尔试剂的体积计算出样品的含水量。

利用卡尔-费休尔试剂滴定法测定塑料用树脂中的水分含量又分为直接法与间接法两种方式。直接法就是将树脂试样溶于适当的溶剂中，用卡尔-费休尔试剂直接滴定其中的水分，适用于测定酚醛树脂、丙烯酸树脂、聚酰胺和聚醚多元醇等聚高分子中水分含量的测定。间接法是先以一定的方式使水从聚合物中分离出来，然后再用卡尔-费休尔试剂滴定分离出来的水。此法适用于测定坚实树脂中的水分含量。

对于不溶性树脂来说，直接法只能测定吸附于树脂表面的水分，间接法可测出总含水量。因此，间接法是测定各种塑料用树脂中水分的通用方法。

2.1.3 何谓卡尔-费休尔试剂？典型的滴定装置组成情况如何？

卡尔-费休尔试剂是指量取 670mL 甲醇（或乙二醇甲醚），于 1000mL 干燥的磨口棕色瓶中，加入 85g 碘，盖紧瓶塞，振摇至碘全部溶解，加入 270mL 吡啶，摇匀，于冰水浴中冷却，缓慢通入二氧化硫，使增加的质量约为 65g，盖紧瓶塞，摇匀，于暗处放置 24h 以上。值得注意的是要在使用前标定卡尔-费休尔试剂的滴定度。含有活泼羰基的样品水分测定应使用用乙二醇甲醚配制的卡尔-费休尔试剂。

目前市场上有其他配方的卡尔-费休尔试剂出售，其中也包括不含吡啶的卡尔·费休尔试剂，使用者可依据样品性质选用，但应注意，选用后的测定结果应与按本标准规定配制的卡尔-费休尔试剂测定结果一致，如不一致，应以按本标准配制的卡尔-费休尔试剂测定结果为准。卡尔-费休尔试剂滴定装置如图 2-1 所示。

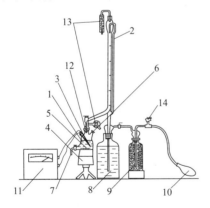

图 2-1　卡尔-费休尔试剂滴定装置

1—反应瓶；2—自动滴定管（分度值为 0.05mL）；3—铂电极；
4—电磁搅拌器；5—搅拌子；6—进样口；7—废液排放口；
8—试剂贮瓶；9—干燥塔；10—压力球；11—终点电测装置；
12—磨口接头；13—硅胶干燥管；14—螺旋夹

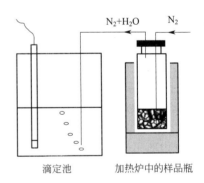

图 2-2　卡氏炉的原理

2.1.4 如何测定聚氯乙烯糊树脂水分含量？

由于糊树脂本身不溶于大多数溶剂，水分含量测定存在一定困难，对于卡尔-费休尔水分测定方法而言，糊树脂不溶于甲醇，不能直接与卡尔-费休尔试剂反应，不能测得水分含量，但可以用卡尔-费休尔水分测定仪与卡氏炉联用方法测定糊树脂中的水分含量。把糊树脂样品放入样品瓶，用封口工具密封后放入加热孔内，干燥载气（空气或氮气）通过刺穿密封盖隔膜的双筒针头进入样品瓶内，然后携带样品水分通过针头导入测定池内进行卡氏测定。

卡氏炉的原理如图 2-2 所示。

具体测试条件与步骤如下。

测试条件：根据经验，卡氏炉加热温度选择在 130℃ 为宜，载气流速一般约 20mL/min，测定时间在 200～300s 之间。

（1）测定仪器示值漂移　由于卡尔-费休尔水分测定仪测量系统是一个动态平衡的测定过程，因此示值漂移对测量结果有一定影响，测定 300s 内的漂移值，在水分分析结果中扣除。开启仪器，使其处于动态平衡状态，用秒表计时，每 10s 读取 1 个漂移值，取所有数据的平均值作为示值漂移值，输入水分测定仪测定参数中。

（2）标定卡尔-费休尔试剂滴定度　用纯水做标样，标定卡尔-费休尔试剂滴定度，再以纯水做样品，测定纯度在 99% 以上，即可进行测定。

（3）测定　用样品称量瓶称取 PVC 约 1g，精确至 0.1mg，用压盖器密封，放入卡氏炉样品加热孔，压下针头，开始测定，300s 后读取水分含量结果。

2.1.5　如何对醋酸纤维素的水分含量进行测定？

醋酸纤维素的水分含量可采用干燥恒重法进行测定。

（1）方法原理　在 105℃ 的恒温烘箱中干燥试样，然后称量，由试样的质量损失计算其含水量。

（2）方法要点　在已恒重的衡量瓶中，称取约 5g 试样，置于 105℃±2℃ 的恒温烘箱中干燥 3h，取出冷却后称量，由干燥前后的质量损失计算出含水量。

（3）结果计算　含水量的计划按照下式计算。

$$X = \frac{m_1 - m_2}{m_1} \times 100\% \tag{2-1}$$

式中　X——试样含水量，%；

m_1——干燥前试样的质量，g；

m_2——干燥后试样的质量，g。

2.1.6　如何对聚酰胺树脂水分含量进行测定？

聚酰胺树脂水分含量的测定采用汽化测压法，也可用卡尔-费休尔试剂滴定法。

（1）汽化测压法　如前所述，汽化测压法的原理是将树脂（或塑料材料）样品置于密闭的真空系统中，系统加热温度恒定在高于该系统压力下水的沸点的某一温度下，树脂中的水受热汽化使容器系统压力升高；其压力升高值通过一个准确压力计（经参比物校正）计量，即测出该样品的含水量。其测试装置示意图如图 2-3 所示。

测试步骤如下。

选择压力计内指示剂：压力计内所用指示剂一般应选用密度、挥发性和热膨胀系数小，与水不发生作用且稳定性好的油状液体。本实验采用液体石蜡作指示剂，测量精度较高，可考虑适当减小压力计的 U 形管管径。

标定仪器常数 K：K 值的大小与参比物的特性、测定条件和测试仪器的灵敏度有直接

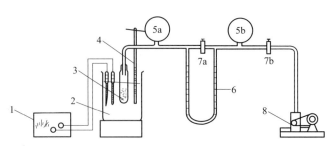

图 2-3　汽化测压法水分测定装置示意图
1—实验综合控制仪；2—油浴；3—树脂（或塑料）试样；4—温度计；
5a，5b—缓冲瓶；6—U 形管；7a，7b—阀门；8—真空泵

关系。可用的参比物除纯水外还可用胆矾（$CuSO_4 \cdot 5H_2O$）等，本实验采用不等量纯水来测定气压差，通过计算法或作图求法得 K，其标定步骤如下。

① 将一组（4 个以上）玻璃毛细管洗净烘干，在酒精喷灯上先封闭管的一端，依次编号、称重（准确至 0.0001g），随后用注射器在毛细管中分别注入不等量（0.001~0.01g）的蒸馏水，细心地熔封管的另一端。再分别称量已封装的毛细管，计算出各管中蒸馏水的质量（准确至 0.0001g）。

② 在 U 形管压力计内装入一定量的液体石蜡，把一个已装水封端的毛细管和一小铁块同时装入磨口玻管中，按图 2-3 接入实验装置系统。

③ 检查系统密封状况，首先观测各器件是否连接良好并及时调整至工作状态，然后开启管道上的阀 7a，启动真空泵，再缓慢开启阀 7b。当真空表的液位差约 133.3Pa（1mmHg）时，关闭阀 7b，停止抽真空且随即关闭阀 7a（此时 U 形管内两液面应稳定在同一水平上）。

④ 将实验综合控制仪（即控温加热电压调节器）的两个传感器插头分别插入该仪器"控制 Rt"和"显示 Rt"插座，同时将传感器插入油浴缸的 50mm 深处，且把带插头的电源线一端插入该仪器的"电源插座"，另一端与 50Hz、220V 电源接通。再把"温度调节"旋钮调到预定的控温刻度上（使用时详见该仪器说明书），加热油浴至实验温度±1℃。

⑤ 在已加热的玻璃管外用一个磁铁吸起管内的小铁块，让它下落击碎装水的毛细管。瞬间，释放出的汽化压力将使压力计内两液面出现高度差。恒温 20min（油浴温度应控制在实验温度±1℃），待液位稳定后记录下液位差值 Δh_1。开启三通阀排空，最后截断电源。

⑥ 再将另一个已装水封端的毛细管和同一铁块装入玻璃管中，重复上述操作过程，测得另一液位差值 Δh_2。依此类推，可测得各对应的液位差值 Δh_3，分别记录填入表 2-1 中按 K_i 计算式计算出各对应的 K_i 值，再求其算术平均值 K（g/mm）。利用仪器特性曲线的斜率也可得到仪器常数 K。

表 2-1　标定仪器常数 K 实验记录

项目 \ 序号	1	2	3	4
蒸馏水的质量 w_i/g				
液位差值 Δh_i/mm				
仪器常数 K_i/(g/mm)				

⑦ 标定完毕后，把小铁块放回装置系统（缓冲瓶）中，以减小测试样品时的实验误差。

聚酰胺含水量的测定：在天平上称取 1~2g 聚酰胺（其量随试料不同而异，准确至

0.0001g）试样，加入玻璃管中，按图 2-3 接入实验装置系统。在与标定仪器常数 K 相同的操作步骤下检查系统密闭情况，备好加热控温部件，用大于该系统压力下水的沸点、小于试样熔点的温度加热玻璃管，使玻璃管内试样所含水分被蒸出。让其恒温 20min，待 U 形管内液位差稳定后，读取其差值 Δh。然后，打开三通阀，解除真空，切断电源，实验完毕。

计算法求 K_i。

$$K_i = \frac{W_i}{\Delta h_i} \tag{2-2}$$

式中　K_i——每次测样计算出的仪器常数，g/mm；

　　　W_i——每次所测液位差值，mm。

试样含水量 X。

$$X = \frac{K \Delta h}{W} \times 100\% \tag{2-3}$$

式中　X——试样水分百分含量，%；

　　　K——仪器常数的平均值，g/mm；

　　Δh——液位差值，mm；

　　　W——试样质量，g。

同批样品的含水量重复测定 3 次以上，取其算术平均值作为结果，保留四位有效数字。

（2）卡尔-费休尔法测聚酰胺含水量

方法原理：用无水甲醇抽提试样中的水分，再用卡尔-费休尔试剂测定抽出来的水分。

方法要点。

① 仔细干燥仪器。

② 在磨口玻璃塞的锥形瓶中，准确称取试样，用自动装料移液管加入 50mL 无水甲醇，同时做空白试验。

③ 回流煮沸 3h，放置 45min，冷却到室温，用卡尔-费休尔试剂进行滴定。

结果计算：聚酰胺的含水量按下式进行计算。

$$W = \frac{(V_1 - V_2)T}{m} \times 100\% \tag{2-4}$$

式中　W——含水量，%；

　　　V_1——滴定试样用卡尔-费休尔试剂的体积，mL；

　　　V_2——滴定空白用卡尔-费休尔试剂的体积，mL；

　　　T——卡尔-费休尔试剂的水当量，g H_2O/mL 试剂；

　　　m——试样量，g。

2.1.7　如何对离子交换树脂的水分含量进行测定？

离子交换树脂的水分含量测定可采用干燥恒重法。

（1）方法原理　将吸收了平衡水量的离子交换树脂样品，用离心法除去树脂颗粒外部水分后，称取一定量的试样，用烘干法除去颗粒内部水分，由质量的减少计算树脂的含水量。

（2）方法要点

① 取适当样品并进行转型处理。

② 将处理好的样品用离心机脱水。

③ 在已经恒重的称量瓶中称取适量试样，在 105℃±3℃ 的烘箱中烘 2h，取出冷却后称量。

（3）结果计算　离子交换树脂的含水量按下式计算。

$$X = \frac{m_3 - m_1}{m_2 - m_1} \times 100\%$$ （2-5）

式中　m_1——称量瓶质量，g；

　　　m_2——烘前称量瓶加试样质量，g；

　　　m_3——烘后称量瓶加试样质量，g。

（4）方法精度　同一实验室内允许差为 0.29%，不同实验室间允许差为 1.09%。

2.2　塑料用树脂粒度测定疑难解答

2.2.1　什么是树脂的粒度及粒度分布？

树脂的粒度是指其颗粒的大小，通常球体树脂颗粒的粒度用直径大小表示，立方体颗粒的粒度用边长表示。对于粒度有三个重要指标。

（1）D_{50}　一个样品的累计粒度分布百分数达到 50% 时所对应的粒径。它的物理意义是粒径大于它的颗粒占 50%，小于它的颗粒也占 50%，D_{50} 也叫中径或中值粒径。D_{50} 常用来表示粉体的平均粒度。

（2）D_{97}　一个样品的累计粒度分布数达到 97% 时所对应的粒径。它的物理意义是粒径小于它的颗粒占 97%。D_{97} 常用来表示粉体粗端的粒度指标。其他如 D_{16}、D_{90} 等参数的定义与物理意义与 D_{97} 相似。

（3）比表面积　单位重量的颗粒的表面积之和。比表面积的单位为 m²/kg 或 cm²/g。比表面积与粒度有一定的关系，粒度越细，比表面积越大，但这种关系并不一定是正比关系。

粒径分布是指不同粒径范围内所含粒子的个数或质量，即在某一粒子群中，不同粒径的粒子所占比例，也称为粒子的分散度。以粒子的个数所占的比例表示时，称为个数分布；以粒子表面积表示时，称为表面积分布；以粒子质量表示时，称为质量分布。粒径范围粒度指定粒径范围（小于上限粒径至大于和等于下限粒径）内试样颗粒的体积占全部试样颗粒体积的体积分数。其中上限粒径是指大于指定上限粒径试样颗粒的体积占全部试样颗粒体积的体积分数，下限粒径是指小于指定下限粒径试样颗粒的体积占全部试样颗粒体积的体积分数。有效粒径是指试样颗粒按直径由大至小排列至排完 90% 体积的颗粒，规定其中最小颗粒的直径为有效粒径，用符号 D_{90} 表示（单位：mm）。

2.2.2　如何测定离子交换树脂的粒度？

离子交换树脂的粒度测定由 GB/T 5758—2001 规定，该标准规定了湿态离子交换树脂粒度、有效粒径和均一系数的测定方法，适用于湿真密度大于 1g/mL 球状离子交换树脂的粒度、有效粒径和均一系数的测定。还规定了干态离子交换器浮床用白球粒度、有效粒径和均一系数的测定方法，适用于浮动床离子交换器浮床用白球的粒度测定。其测试原理是取和指定粒径范围上、下限粒径相应的筛子进行筛分，两档筛子之间试样体积占全部试样颗粒体积的百分数，此即表示范围粒度；取和指定粒径范围下限粒径相应的筛子进行筛分，筛下试样的体积占全部试样颗粒体积的体积分数即为下限粒度。如果取和指定粒径范围粒径相应的筛子进行筛分，筛上试样体积占全部试样颗粒体积的体积分数代表上限粒度。用一组孔径由大至小的试验筛筛分试样，用筛上树脂体积分数和相应的孔径画出曲线，从曲线上查出对应筛上树脂体积分数为40%和90%的孔径，可以用来计算有效粒径和均一系数。

（1）测试用试剂

① 纯水：电导率小于$5\mu S/cm$（25℃）。

② 盐酸溶液$[c(HCl)=1mol/L]$：量取84mL化学纯盐酸，稀释至1000mL。

③ 氯化钠溶液$[c(NaCl)=1mol/L]$：称取59g化学纯氯化钠，加入少量纯水溶解后稀释至1000mL。

④ 氢氧化钠溶液$[c(NaOH)=1mol/L]$：称取40g化学纯氢氧化钠，加入少量纯水溶解后稀释至1000mL。

（2）仪器

① 处理装置如图2-4所示。

② 试验筛：$\phi200mm\times50mm$，筛孔孔径为1.40mm、1.25mm、1.00mm、0.900mm、0.800mm、0.710mm、0.630mm、0.500mm、0.450mm、0.400mm、0.315mm，质量符合GB/T 6003.1的要求。

③ 筛分漏斗：如图2-5所示，材质为有机玻璃，筛分漏斗内表面应光滑，不会阻碍树脂颗粒下降。

④ 玻璃管：内径约8mm，长度为200～400mm。

⑤ 量筒：5mL、10mL、25mL、50mL、100mL、250mL。

⑥ 搪瓷盘或塑料盘：450mm×500 mm。

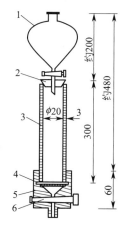

图2-4 处理装置（单位：mm）

1—分液漏斗；2—橡胶塞；3—有机玻璃交换柱；
4—橡胶垫圈；5—滤板；6—旋塞

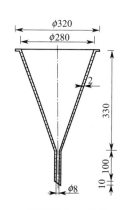

图2-5 筛分漏斗（单位：mm）

（3）湿态筛分 取样方法按GB/T 5475的规定进行操作，对样品进行处理，对于钠型强酸性阳离子交换树脂、氯型强碱性阴离子交换树样品可以不预处理。弱型离子交换树脂预处理条件见表2-2。

表2-2 弱型离子交换树脂预处理条件

树脂类别	弱酸树脂	弱碱树脂
树脂形态	原样	
样品量	250mL	
处理溶液及量	1mol/L HCl 500mL	1mol/L NaOH 500mL
流量	约10mL/min	
水洗及终点	以约10mL/min的流量洗至中性	

将经上述处理的样品置于 500mL 广口瓶中，样品上应有 2～3cm 的纯水。

测定范围粒度的筛分操作程序：将玻璃管缓慢地插至广口瓶底部，取出样品，置于预先放有少量纯水的 100mL 量筒中，树脂层中应无气泡，墩实，直至树脂体积恒定在 100mL 为止。架设好筛分漏斗（图 2-5），放入适量的水（筛分弱酸性阳离子交换树脂用纯水，筛分其他树脂可用自来水，水面应低于筛框上沿约 1cm）。取和上限粒径相应孔径的筛子，放入上述漏斗中。用水将 100mL 量筒中的样品转到筛子中；连续上下左右移动筛子，使树脂在水中运动，操作中要防止树脂从筛子上缘漂出，筛子不应离开水面，连续操作约 5min；若筛网网孔基本上被树脂颗粒堵塞，则应停止筛分，在清网后继续筛分。在筛分过程中应经常清网，清网时，从水中取出筛子，并将其翻过来置于一个搪瓷盆中；用细水流反复冲洗筛网，将筛网中堵塞的树脂颗粒基本冲净；冲下来的树脂继续筛分。

按上述过程重复操作，当筛网网孔基本上没被堵塞或在搪瓷盆中用清网后的筛子筛分，筛下树脂颗粒少于 50 粒，则可判断筛分干净，否则继续重复操作，直至筛分干净。待漏斗中树脂全部沉降后，从漏斗底部将树脂收集至合适的量筒中，树脂层中应无气泡，墩实后读出筛下树脂体积数，记作 V_1。取和下限粒径相应孔径的筛子，按上述要求重复操作，记录量筒树脂体积数，记作 V_2。测定下限粒度的筛分操作程序：按标准量取 100mL 样品并按要求架设好漏斗；取和下限粒径相应孔径的筛子，按要求进行操作，记录量筒树脂体积数，记作 V_3。

测定上限粒度的筛分操作程序：样品的量取及漏斗的架设：按标准量取 100mL 样品并按要求架设好筛分漏斗；取和上限粒径相应孔径的筛子，按要求进行操作，记录量筒树脂体积数，记作 V_4。

测定有效粒径和均一系数的筛分操作程序：按标准量取 100mL 样品并按要求架设好漏斗；根据样品颗粒大小估计筛子孔径，第一个筛子孔径应能使 90% 的样品通过，接着用孔径小一档的筛子筛分，直至最后一档筛子筛下收集到的树脂体积小于 5mL 为止。一般情况下，每个样品要经五档筛子筛分，每档筛子的筛分操作方法按标准要求进行操作，直至筛下收集到的树脂体积小于 5mL 为止。

(4) 干态筛分 取样方法按 GB/T 5475 进行操作。

筛分操作程序：将样品置于 100mL 量筒中，敲实，直至样品体积恒定在 100mL 为止。取和上限粒径相应孔径的筛子，在搪瓷盆（A 盘）中筛分上述 100mL 样品。前后左右移动筛子，操作中要防止样品从筛子上缘跳出；若筛网网孔基本被样品颗粒堵塞，则应停止筛分，将筛子上的样品置于另一个搪瓷盆（B 盘）中，并将该筛子反过来用刷子将网孔中的样品颗粒清扫至 B 盘中。当网孔基本清扫干净后，再在 A 盘中继续筛分 B 盘中的样品。若筛网网孔基本没被堵塞或在另一个搪瓷盆（C 盘）中用清网后的筛子筛分，筛下样品颗粒少于 50 粒，可判断筛分干净；否则应继续筛分，直至筛分干净。将 A 盘中筛下样品收集在量筒中，墩实，直至样品体积恒定，读取体积，记作 V_5。取和下限粒径相应孔径的筛子按标准指示方法筛分上述筛下样品。筛分结束后，读取体积，记作 V_6。

(5) 结果表示

① 范围粒度按下式计算。

$$P_0 = \frac{V_2 - V_1}{100} \times 100\% \tag{2-6}$$

式中　P_0——范围粒度；

　　　V_1——第一次筛分筛下试样的体积，mL；

　　　V_2——第二次筛分筛下试样的体积，mL。

② 下限粒度按下式计算。

$$P_1 = \frac{V_3}{100} \times 100\% \qquad (2\text{-}7)$$

式中　P_1——下限粒度；

　　　V_3——筛下试样的体积，mL。

③ 上限粒度按下式计算。

$$P_2 = \frac{100 - V_4}{100} \times 100\% \qquad (2\text{-}8)$$

式中　P_2——上限粒度；

　　　V_4——筛下试样的体积，mL。

④ 有效粒径和均一系数的表示：以试样体积（100mL）减去筛下树脂体积作为该档筛子筛上树脂的体积，并以筛上树脂体积分数为横坐标，以筛孔孔径为纵坐标画出粒径分布曲线。

查出筛上树脂体积分数为 90% 处的筛孔孔径，即为有效粒径 D_{90}（mm）。

查出筛上树脂体积分数为 40% 处的筛孔孔径，即为 D_{40}（mm），并用 D_{40} 和 D_{90} 之比来表示均一系数，见下式。

$$K = \frac{D_{40}}{D_{90}} \times 100\% \qquad (2\text{-}9)$$

式中　K——均一系数。

⑤ 干样范围粒度按下式计算。

$$P_0 = \frac{V_5 - V_6}{100} \times 100\% \qquad (2\text{-}10)$$

式中　P_0——范围粒度；

　　　V_5——第一次筛分筛下试样的体积，mL；

　　　V_6——第二次筛分筛下试样的体积，mL。

2.2.3　如何测定聚氯乙烯树脂的粒度？

聚氯乙烯树脂的粒度有多种测定方法，悬浮法聚氯乙烯树脂的粒度可用沉降分析法，其他方法有筛析法、显微镜法、图像分析法等，下面以沉降分析法来介绍聚氯乙烯的粒度及粒度分布。

（1）沉降分析法测试原理　沉降分析法是在适当的介质中使颗粒进行沉降，再根据沉降速率测定颗粒大小的方法，除了利用重力场进行沉降外，还可利用离心力场测定更细的物料的粒度。该法的理论依据是众所周知的斯托克斯公式，即球形颗粒在液体中沉降时，其沉降速率 v 由下式表示。

$$v = \frac{(\rho_1 - \rho_2)g}{18\eta} X^2 \qquad (2\text{-}11)$$

式中　v——颗粒的沉降速率；

　　　X——球形颗粒的直径；

　　　ρ_1——粉料的密度；

　　　ρ_2——液体介质的密度；

　　　η——液体介质的黏度；

　　　g——重力加速度。

由此得到的直径由下式表示。

$$X = \left[\frac{18\eta\upsilon}{(\rho_1 - \rho_2)g} \right]^{\frac{1}{2}} \tag{2-12}$$

X 称为斯托克斯直径。实际上它是与试样颗粒具有相同沉降速度的球体的直径，因此，用沉降法测得的粒径有时也称为有效直径，颗粒形状不规则时要取适当的形状系数进行修正。

（2）仪器工作原理　沉降分析法采用的仪器为沉降天平。它由天平装置、沉降部分、光电放大装置及自动记录四部分组成。分度值每步 2mg，颗粒沉降天平原理示意图如图 2-6 所示。

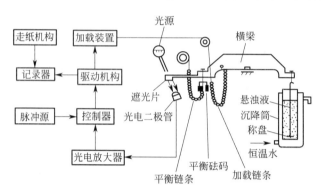

图 2-6　颗粒沉降天平原理示意图

当天平开启并调好平衡后，随着悬浮液中的颗粒沉积于秤盘中，天平衡量产生倾斜，固定在横梁上的遮光片随之产生偏移，当秤盘中层架质量为 2mg 时，遮光片的偏移是使光电二极管受到一定量的光照，经光电放大器放大后，控制器输出一个电脉冲，驱动机构（步进电机）转动一步带动记录器和加载装置动作，使记录笔向右画出一格，加载链条下降一定的长度，使横梁恢复平衡状态，遮断光路。当在称量盘上再沉积 2mg 时，上述过程再循环一次。由于事先已选好记录纸移动速率，随着颗粒不断沉积，记录笔就在记录纸上画出一条阶梯状的曲线即沉降曲线，对该曲线进行分析和计算，便可得出试样的颗粒大小分布情况。记录纸的移动通过变速器进行调节，以满足测试的要求。

（3）测试步骤

① 沉积天平的校核　调整称量盘平衡，根据测试要求，在沉降筒内放入一定高度的液体介质，挂好称量盘，将记录笔复零并开启天平，用加平衡砝码和旋转天平上方的微调旋钮使天平平衡，可从指示表头上的指针位置确定。

校核并调整分度值：当天平调整平衡后，按下"工作"按钮，在挂钩上放置 2mg 的小砝码，记录笔可移动一步。

走纸速度的校核：用计时秒表校核仪器所标出的走纸速度。

最后沉积量的测定：最后沉积量是指试样最终真正能沉积到称量盘上的重量，必须从称量试样中扣除不能沉积到称量盘上的试样重量，它包括称量盘与沉降筒内壁之间悬浮液中的颗粒、称量盘与沉降筒底之间悬浮液中的颗粒。最后沉积量是作为计算颗粒百分组成时的基准，需准确测定。测定方法是：称取一定重量（W）的试样，倒入加有分散剂的沉降液体中，分散后全部转移到沉降筒中，放入称量盘，再注入沉降液体到规定高度，然后将称量盘上下提拉 10～15 次，待悬浮液均匀一致后，将称量盘挂到天平的挂钩上，悬浮液中大小不同的颗粒各自以不同的沉降速度沉降，待颗粒基本沉降完毕后，将称量盘上方的悬浮液吸出、过滤。烘干称重（g_1）；将沉积在称量盘上的颗粒烘干称重（g_2）；将称量盘下的悬浮液吸出、过滤、烘干、称重（g_3）。

$$W = g_1 + g_2 + g_3 \tag{2-13}$$

最后沉积量 E（mg）应为：

$$E = g_1 + g_2 = W - g_3 \tag{2-14}$$

采用不同细度、不同密度的试样，重复试验多次，算出其平均值。

最后沉积量也可待颗粒全部沉降完毕后，记录笔横向移动的距离即为最后沉积量。若颗粒很细，沉降时间很长，也可在颗粒大部分沉积后将天平关闭，经过若干小时或几个小时后再开启天平，记录笔最后横向移动的距离即为最后沉降量，此法可做辅助校核用。

最后沉积量 E 与相应记录纸上的长度 E' 之间的关系为

$$E' = E \frac{\rho_1 - \rho_2}{\rho_1} \times \frac{S}{m} \tag{2-15}$$

式中　ρ_1——试样的密度，g/cm³；

　　　ρ_2——液体介质的密度，g/cm³；

　　　S——记录笔移动一步的距离，0.064cm；

　　　m——记录笔移动一步的增量，2mg。

② 试样的制备　试样的干燥：将试样放入烘箱烘干，烘箱的温度应根据试样的性质而定，一般取 80℃左右，保温 4h，然后将试样取出放入干燥器冷却至室温。

试样量的确定：根据记录纸宽度和记录笔同步移动一次的长度以及记录笔每移动一次所增加的重量，同时考虑到液体中的浮力来计算。

普通沉积天平，记录纸宽度为 160mm，记录笔移动一次为 0.64mm，增重 2mg，共 500mg；考虑液体中的浮力后试样量 W（mg）用下式表示。

$$W = \frac{500\rho_1}{\rho_1 - \rho_2} \tag{2-16}$$

沉降液与分散剂的选择：为了很好地测定颗粒大小和分布，要选择适当的沉降液体，即介质溶液应不与试样起化学反应，也不能溶解及产生凝结、结晶等现象。最常用的沉降液是蒸馏水，分析密度小的极小颗粒，可选用黏度小且不易挥发的液体如甲醇、无水煤油等；分析密度大的粗颗粒，可选用黏度大的甘油及其水溶液。

为使试样在沉降中能充分地分散，常常在沉降液中加入一定数量的分散剂。用水和水溶液作为沉降液的常用六偏磷酸钠、磷酸钠作为分散剂，其含量为 0.1%～0.2%。

制备悬浮液：将称量好的试样倒入小烧杯中，用机械搅拌器分散，对于某些分散不理想的悬浮液，则应先用超声波分散，然后采用机械搅拌器分散，最后倒入沉降筒（用沉降液冲洗烧杯、防止颗粒残留），并加沉降液至规定的高度。

恒温：若试样颗粒很细或温度变化很大，可将沉降筒外套与恒温器连接，待沉降筒内悬浮液恒温 30min 后，再进行测试，恒温器的温度一般为 20℃。使用蒸发快或黏度低的沉降液时，宜用低温，相反情况时宜用高温。

③ 具体测试操作步骤

a. 沉降时间的计算。根据实验要求，计算大小不同颗粒所需的沉降时间。颗粒的沉降时间按下式计算。

$$t_x = \frac{141^2 \eta}{\rho_1 - \rho_2} \times \frac{H}{x^2} \tag{2-17}$$

式中 t_x ——颗粒直径为 x 的沉降时间，min；

η ——在实验温度时液体介质的黏度，Pa·s；

ρ_1 ——试样的密度，g/cm³；

ρ_2 ——液体介质的密度，g/cm³；

H ——沉降高度，cm；

x ——非圆性颗粒的当量直径，μm。

b. 接通电源，在稳定的电源电压下保持15min，使记录笔尖对准记录纸左边零点。根据计算的沉降时间选择合适的记录纸速率。

c. 用称量盘在沉降筒内上下移动10～15次，边移动边转动，使悬浮液均匀一致。

d. 迅速将称量盘挂在天平的挂钩上，立即开启天平，仪器开始工作，自动记录并绘制出沉降曲线。

e. 测试操作结束后，关闭天平，切断电源，使记录笔回到记录纸的左边零点，取下记录纸。

2.2.4 如何测定聚四氟乙烯树脂的粒度？

聚四氟乙烯树脂粒度测定可用 GB 7137—1986 国家标准，分为湿筛法与干筛法。多数采用湿筛法，该标准适用于悬浮或分散法聚合的聚四氟乙烯树脂粒度的测定，以平均粒径表示。为测定聚四氟乙烯树脂的粒径大小，采用一组筛子进行分级过筛，在分级过筛时用95%的乙醇喷淋，使所有的结团树脂破碎，并防止筛孔的阻塞。干筛法的原理是聚四氟乙烯分散树脂的粒径大小是用一组筛子进行分级过筛测定的。分级过筛采用机械震动的方法，在规定时间里使树脂分级。

(1) 仪器和装备 筛子、天平、通风柜及过筛与喷淋装置。过筛和喷淋装置必须安装在通风柜内或有适当排风的地方。喷淋装置如图2-7所示。

(2) 测试过程

① 根据待测树脂的类型及粒径，从表2-3中选择一组匹配的推荐筛子，按表2-2所列顺序自上而下排列，从表2-4中选择取样量。

② 把已称量的试样放在最上层的筛子内。

③ 用流量为6mL/min±0.5mL/min、95%乙醇喷淋1.0min±0.2min（如溢出也可分2～

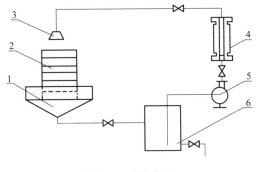

图2-7 喷淋装置

1—接收器；2—分析筛组；3—喷淋头；4—流量计；5—泵；6—容器

3次完成）。喷头高度与筛子顶端相平，移动喷头作圆周形喷淋，使所有结团树脂破碎，并冲洗筛子边缘上的树脂。

表2-3 各类聚四氟乙烯树脂所匹配的推荐筛子

筛子孔径 /μm(目数)	树脂型号					
	TFE SM 031	PTFE DE141 PTFE DE241 PTFE DE341 （湿法）	PTFE SM021	PTFE SM042 PTFE SM043 PTFE SM052 PTFE SM053	PTFE SM042 PTFE SE043	PTFE DE141 PTFE DE241 PTFE DE341 （干法）
1440(14)				○		○
1000(18)	○			○	○	○
900(20)	○					

续表

筛子孔径/μm(目数)	树脂型号					
	TFE SM 031	PTFE DE141 PTFE DE241 PTFE DE341 (湿法)	PTFE SM021	PTFE SM042 PTFE SM043 PTFE SM052 PTFE SM053	PTFE SM042 PTFE SE043	PTFE DE141 PTFE DE241 PTFE DE341 (干法)
710(26)		○		○	○	○
500(35)		○		○	○	○
450(40)		○				
355(50)	○			○	○	○
315(55)		○				
250(65)	○			○		○
180(85)	○			○	○	○
154(100)	○					
125(120)	○				○	
90(180)	○		○			
76(200)			○			
65(220)	○		○			
55(280)			○			
45(320)		○①	○			
38.5(400)			○		○	

① 此筛作过滤树脂用，不计量。

注："○"表示各类型的聚四氟乙烯树脂过筛时适用的筛孔直径大小或目数，下同。

表 2-4　各类聚四氟乙烯树脂的取样量

取样量/g	树脂型号					
	PTFE SM031	PTFE DE141 PTFE DE241 PTFE DE341 (湿法)	PTFE SM021	PTFE SM042 PTFE SM043 PTFE SM052 PTFE SM053	PPFE SE042 PTFE SE043	PTFE DE141 PTFE DE241 PTFE DE341 (干法)
10.0±0.1			○			
50.0±0.1	○	○		○	○	○

④ 取下最上端的筛子，放在通风柜内干燥。

⑤ 重复③和④所规定的试验步骤，直到全部筛子都经过喷淋（分散树脂测定时，45μm 筛子不必喷淋，不计量）。将所有筛子在 90℃的烘箱内干燥 30min，然后取出冷却到室温，将每个筛子上的树脂轻轻拍倒在已称量的纸上，称准至 0.1g。

⑥ 记录每个筛子上树脂的质量。

⑦ 用筛孔为 38.5μm 的筛子过滤循环使用的浓度为 95% 的乙醇，防止树脂进入循环液中，最后将 95% 的乙醇放入容器内沉淀，取清液备用。

（3）测试结果的计算

① 按下式计算筛子上树脂的质量分数 Q_i。

$$Q_i = \frac{m_i}{M} \times 100\% \tag{2-18}$$

式中　Q_i——筛子上树脂的质量分数，%；

m_i——筛子上树脂的质量，g；

M——试样质量，g。

② 依次计算各筛子上树脂的质量分数。

③ 按下式计算各筛子上树脂的累积分数。

$$C_i = \sum_{i=1}^{n} Q_i \qquad (2\text{-}19)$$

式中 C_i——筛上树脂累积分数，%；

　　　n——筛子个数。

④ 在对数坐标纸上绘出筛孔大小和累积分数的对应点，作最佳直线，读出累积 60% 时对应粒子直径 D_{50}，如图 2-8 所示。

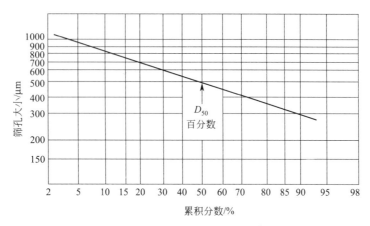

图 2-8 累积百分数与筛孔大小关系

⑤ 计算平均粒径。

2.2.5 如何测定塑料用粉状填料的粒度？

粉状填料粒度及其分布是其重要性能之一，对填料在塑料中的分散性及填充塑料的加工工艺性均有重要的影响，凡采用粉体原料作填料来制备塑料材料，必须对粉体粒度及其分布进行测定。粉体粒度的测试方法有许多种，如筛分析、显微镜法、沉降法和激光法等。激光法是用途最广泛的一种方法。它具有测试速度快、操作方便、重复性好、测试范围宽等优点，是现代粒度测量的主要方法之一。

激光粒度测试是利用颗粒对激光产生衍射和散射的现象来测量颗粒群的粒度分布的，其基本原理为：激光经过透镜组扩束成具有一定直径的平行光，照射到测量样品池中的颗粒悬浮液时，产生衍射，经傅氏（傅里叶）透镜的聚焦作用，在透镜的后焦平面位置设有一个多元光电探测器，能将颗粒群衍射的光通量接收下来，经光-电转换信号和模数转换，送至计算机处理，根据夫琅禾费衍射原理关于任意角度下衍射光强度与颗粒直径的公式，进行复杂的计算，并运用最小二乘法原理处理数据，最后得到颗粒群的粒度分布。

（1）仪器设备

① 制样 超声清洗器、烧杯、玻璃棒、蒸馏水、六偏磷酸钠。

② 测量 Easysizer 20 激光粒度仪、微型计算机、打印机。

（2）测试过程

① 测试准备 仪器及用品准备：a. 仔细检查 Easysizer 20 激光粒度仪、微型计算机、打印机等，看它们是否连接好，放置仪器的工作台是否牢固，并将仪器周围的杂物清理干净；b. 向超声波分散器分散池中加大约 250mL 的水；c. 准备好样品池、蒸馏水、取样勺、取样器等实验用品，装好打印纸。

取样与悬浮液的配置：Easysizer 20 激光粒度仪是通过对少量样品进行粒度分布测定来表征大量粉体粒度分布的。因此要求所测的样品具有充分的代表性。取样一般分三个步骤：大量粉体（千克数量级）→实验室样品（克数量级）→测试样品（毫克数量级）。

从大堆粉体中取实验室样品应遵循的原则：尽量从粉体包装之前的料流中多点取样；在容器中取样，应使用取样器，选择多点并在每点的不同深度取样。每次取完样后都应把取样器具清洗干净，禁止用不洁净的取样器具取样。

样品的缩分方法如下。

勺取法：用小勺多点（至少四点）取样。每次取样都应使进入小勺中的样品全部倒进烧杯或循环池中，不得抖出一部分，保留一部分。

圆锥四分法：将试样堆成圆锥体，用薄板沿轴线将其垂直切成相等的四份，将对角的两份混合再堆成圆锥体，再用薄板沿轴线将其垂直切成相等的四份，如此循环，直到其中一份的量符合需要（一般在 1g 左右）为止。

分样器法：将实验试样全部倒入分样器中，经过分样器均分后取出其中一份，如这一份的量还多，应再倒入分样器中进行缩分，直到其中一份（或几份）的量满足要求为止。

配制悬浮液的方法如下。

介质：Easysizer 20 激光粒度仪进行粒度测试前要先将样品与某液体混合配制成悬浮液，用于配制悬浮液的液体叫做介质。介质的作用是使样品呈均匀的、分散的、易于输送的状态。对介质的一般要求是：a. 不使样品发生溶解、膨胀、絮凝、团聚等物理变化；b. 不与样品发生化学反应；c. 对样品的表面应具有良好的润湿作用；d. 透明、纯净、无杂质。可选作介质的液体很多，最常用的有蒸馏水和乙醇。特殊样品可以选用其他有机溶剂做介质。

分散剂：分散剂是指加入到介质中少量的、能使介质表面张力显著降低，从而使颗粒表面得到良好润湿作用的物质。不同的样品需要用不同的分散剂。常用的分散剂有焦磷酸钠、六偏磷酸钠等。分散剂的作用有两个方面：其一，加快"团粒"分解为单体颗粒的速率；其二，延缓和阻止单个颗粒重新团聚成"团粒"。分散剂的用量为沉降介质重量的 2‰～5‰。使用时可将分散剂按上述比例先加到介质中，待充分溶解后即可使用。用有机系列介质（如乙醇）时，一般不用加分散剂，因为多数有机溶剂本身具有分散剂作用，此外还因为一些有机溶剂不能使分散剂溶解。

悬浮液浓度：将加有分散剂的介质（约 80mL）倒入烧杯中，然后加入缩分得到的实验样品，并进行充分搅拌，放到超声波分散器中进行分散，如图 2-9 所示。此时加入样品的量只需粗略控制，80mL 介质加入 1/5～1/3 勺即可。通常是样品越细，所用的量越少；样品越粗，所用的量越多。测量同样规格的样品时，要大致找出一个比较合适的样品和介质的比例，这样每次测试该样品时就可以按相同的规程操作了。

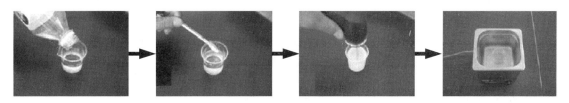

图 2-9　悬浮液的配制与分散

分散时间：将装有配好的悬浮液的烧杯放到超声波分散器中，打开电源开关就开始进行超声波分散处理。由于样品的种类、粒度以及其他特性的差异，不同种类、不同粒度颗粒的表面能、静电、黏结等特性都不同，所以要使样品得到充分分散，不同种类的样品以及同一种类不同粒度的样品，超声波分散时间也往往不同。表 2-5 列出不同种类和不同粒度的样品所需要的分散时间。

表 2-5　不同种类和不同粒度的样品所需要的分散时间　　　　单位：min

粒度 $D_{50}/\mu m$	滑石、高岭土、石墨	碳酸钙、锆英砂等	铝粉等金属粉	其他
>20	1～2	1～2	1～2	1～2
20～10	3～5	2～3	2～3	2～3
10～5	5～8	2～3	2～3	2～3
5～2	8～12	3～5	3～5	3～8
2～1	12～15	5～7	5～7	8～12
<1	15～20	7～10	7～10	12～15

② 测试步骤　首先打开计算机及 Easysizer 20 激光粒度仪，预热半小时（此时，可进行样品准备）。再打开水池边的水龙头，打开桌面分析软件。依次点击编辑-进样器-进水-系统对中。点击"配置-新建测量参数"，输入相应数据。再点击"测量-选择测量参数"、点击"新建"（桌面上将出一个模板）、点击"自动"，然后根据仪器的相应提示操作，系统将根据用户设定的测量参数自动完成测量过程中所有的操作。最后数据导出到 Excel 中，以及使用拷屏键将计算机屏幕上的粒度分布图进行拷屏操作，再粘贴到 Excel 表中。

测量单元预热：如果是重新测量（即开机后已经测过样品），则此步骤可免。只有第一次开机，或关机超过半小时再重新开机，才需预热。

打开本仪器测量单元的电源，一般要等半小时以后，激光功率才能稳定。如果环境温度较低，等待时间还要延长。

判断激光功率是否达到稳定的依据是背景光能分布的零环高度（参考下一步，系统对中）是否稳定。

在等待激光功率稳定期间，操作者可以做一些测试前的其他准备工作，或其他事。

系统对中：所谓系统对中，就是把激光束的中心与环形光电探测器的中心调成一致。本仪器具有自动对中功能。

正常情况下，零环高度调到最高时应在 30～60 之间。零环高，其他环也相应较高；零环低，其他环也相应较低（参考刚交货时的相对高度）。如果零环下降，其他环反而升高，或者零环调到最高时，高度不高于 30，说明仪器处于不正常状态。

自动测量：当启动该功能时，系统将根据用户设定的测量参数自动完成测量过程中所有的操作，包括清洗、进水、对中、背景、进样、浓度调整、分析、保存、打印等。

③ 测量结果的真实性确认　对于一个新样品，得到测试结果后，不应马上向外报告结果，因为初次测得的结果未必是真实的。在测量过程中，很多因素会使测量结果失真，例如分散不良、悬浮液中有气泡、测量窗口玻璃结露、粗颗粒沉降、取样的代表性不佳等。以下介绍测量结果可靠性的判断方法、造成测量失真的原因、现象及排除方法。

重复性是粒度测量结果可信性的重要指标：测量结果的重复性又称为再现性，是指仪器对同一待测粉末材料进行多次测量所得结果之间的相对误差。这里的多次测量分两种情况：其一，同一次取样，反复测量；其二，多次取样，多次测量。第二种情况测得的结果反应的重复性是全面的，第一种情况不能反映取样的代表性所引起的重复性问题。

影响重复性的因素可分为三大类：一是仪器本身的性能，是由仪器的质量决定的，与操作无关；二是样品的特性，如分布宽度、密度、分散性等；三是操作。后两类因素有时相互交叉，相互影响，以下将详细讨论。

粒度测量的重复性一般要用三个测量值的重复性来描述，它们是平均粒径（体积平均粒径或 D_{50}）、上限粒径（如 D_{90}、D_{95}）和下限粒径（如 D_{10}、D_7）。

在本仪器中，重复性是用被考察特征粒径的相对标准偏差来定义的。

利用本仪器软件的统计报告格式，可自动计算测量值的均方差和相对均方差。

分散不良是影响测量结果可信性的常见原因，影响样品分散效果的主要因素有以下四个。

a. 样品颗粒的团聚性　团聚性与颗粒本身的表面物理特性有关，也与颗粒的粗细有关。一般来说，颗粒越小，则团聚性越强，越不容易分散。

b. 悬浮液的选择　不同材料的样品往往要用不同的悬浮液。悬浮液合适与否可以从液体能否浸润颗粒表面观察出来。如果能够浸润，则样品投入盛有悬浮液的量杯后，会很快下沉；否则就会有相当一部分浮在液面上；浮在液面上的比例越少，说明浸润越好，即悬浮液越恰当。值得注意的是悬浮液不能溶解颗粒，或与颗粒发生化学反应。用上述肉眼观察的方法看，认为是合适的悬浮液，有可能会与颗粒发生化学反应或溶解颗粒。是否发生了化学反应或溶解，一是从颗粒和液体的化学性质来判断；二是颗粒大小超过 $1\mu m$ 时用显微观察混合液的方法来判断（取一滴混合液涂在载玻片上，在显微镜下应可观察到颗粒，如果观察不到颗粒，或看到颗粒的边缘正逐步模糊，则说明颗粒已被溶解，或正在发生化学反应）。

c. 分散剂的使用　分散剂是用来增进颗粒在悬浮液中的分散效果的。当有样品颗粒漂浮在悬浮液表面时，加进合适的分散剂后，浮在上面的颗粒会明显减少。

d. 超声振荡　一般情况下，悬浮液和样品颗粒混合成的混合液要在超声波清洗机内做超声振荡。超声波要有足够的功率，超声时间也要适当。

分散是否良好可以通过显微镜观察混合液判断。如果混合液中的颗粒有两个或更多粘连的情况，则说明分散不好。有时从测量的重复性也可反映出分散效果，考察不同次取样测量的重复性时，分散不良的样品的测量结果往往是不稳定的。

气泡的影响：由于在测量中使用了液体，因此容易产生气泡。气泡同液体中的颗粒一样，也要散射光，所以会干扰测量。

气泡的产生有以下原因：a. 盖上静态样品池上盖时气泡没有排干净；b. 第一次使用循环进样器，或循环系统内的液体被完全排空后再次使用时循环系统内的空气没完全排出；c. 循环进样器的循环速率太高，以致产生强烈的漩涡，空气被卷进液体，产生气泡；d. 分散剂中含有发泡剂，循环进样器循环时产生气泡；e. 由两种液体（如乙醇和水）混合而成的悬浮液在循环进样器内循环时可能产生气泡。

原因 a 产生的气泡，用肉眼仔细观察静态样品池的窗口就可发现。以下主要讨论后三种原因产生的气泡，它们都是在循环进样器中产生的。

原因 b 产生的气泡，一般都比较大，用肉眼仔细观察循环进样器的测量窗口也可发现。从背景光能分布上也能看出来：背景光能比正常情况强，且不稳定。只要让它多循环一会儿就会消失。

原因 c 产生的气泡也可通过肉眼观察测量窗口的方法观察到。从背景光能分布上看，循环速率的快慢对其有明显的影响。如在高速挡有气泡，就将仪器调到较低的挡位运行。

含有发泡剂的分散剂只能在静态样品池中使用，不能在循环进样器中使用，否则会产生大量的气泡。当悬浮液和发泡剂混合但未经搅拌时，不会产生气泡。循环进样器开始循环之后，气泡逐渐增多，一定时间之后达到顶峰。原因 e 产生的气泡现象与原因 d 相似。在情况比较严重时，可以看到悬浮液由透明变成白色，同时背景光能会明显增高。对这两种原因产生的少量气泡，可以这样观察：

步骤 1，把循环速率设为最低速，仪器处于背景测量状态；

步骤 2，启动循环，循环正常（约 3s）后，进行背景采样；

步骤 3，背景采样结束（屏幕上的光能分布表下方的"背景测量"按钮变成"样品分析"）后，将循环速率调到较高挡，观察样品光能分布。

如果观察到的光能分布是稳定、光滑的，说明有气泡，看到的光能实际就是气泡散射的光能。

测量窗口玻璃结露：当实验室温度较低（比如低于 10℃），同时湿度又较高（例如高于 90%）时，进样器的测量窗口插入测量单元后，玻璃上会逐渐产生一层雾。这是由于玻璃表面的温度明显低于测量单元内部温度的缘故。雾滴如同沾在玻璃表面上的尘埃颗粒，将光散射，从而干扰样品的粒度测量。

当测量窗口刚插入测量单元时，玻璃表面还没有雾滴。雾滴是缓慢产生的，也会自动消失。因此，在背景测量状态下，会看到背景光能逐步变高，然后又渐渐恢复正常。当背景光能明显高于正常状态时，抽出测量窗口，会看到玻璃上有一层水雾。

显然，当有水雾时不能进行背景或样品测量。必须等水雾散尽才行。水雾会自动散去，而且静态样品池比循环进样器散得快。当窗口结的雾达到最多时，从测量单元内抽出窗口，可加快水雾散去的速率。

用循环进样器测量样品时，要求投入加样槽的所有样品颗粒都有相同的机会参与循环过程，以保证测量的代表性。然而在实际测量中，粗颗粒（例如粒径大于 $60\mu m$ 的颗粒）容易在管路系统中沉淀下来，在样品数据采样时测不到它们，从而使测量结果偏小。因此，在测量样品时，要尽量避免粗颗粒沉降。当有粗颗粒沉降发生时，循环的时间越长，测得的粒度越小。避免粗颗粒沉降或减少沉降对测量可信性的影响的方法有如下几种：在不卷起气泡的前提下，尽量提高循环速率；选用黏度较高的悬浮液。如果确实无法避免沉降，则在保证颗粒已在悬浮液内混合均匀的前提下，尽量缩短投进样品至数据采集的时间间隔。

当样品中的最大粒与最小粒之比大于 15，或 $(D_{90}\sim D_{10})/D_{50}>1.5$ 时，就可以认为样品是宽分布的。一般来说，样品的粒度分布越宽，测量的重复性就越差。为提高宽分布样品的测量重复性，可采用如下几种方法：适当提高测量时的样品浓度；延长采样的持续时间。值得注意的是由于激光功率不可避免地会随时间漂移，因此采样持续时间越长，激光功率不稳带来的影响就越大。为此测量宽分布样品时，应让测量单元预热的时间尽量长一点儿，使激光功率更加稳定。多次取样测量，取多次测量的平均值并做好数据记录，最后得到测试结果并写出测试报告。

2.3 塑料热稳定性测定疑难解答

2.3.1 如何测定塑料材料的尺寸稳定性？

尺寸稳定性是指塑料材料在使用或存放过程中尺寸稳定的性能，由于塑料在加工过程中，长链大分子被拉伸冻结，当分子的活化能提高后，使链段有某种程度的卷曲，从而使材料的尺寸发生某种程度的变化，通常用尺寸变化率表示，也称为尺寸收缩率。

尺寸变化率是指规定尺寸的试样在规定的温度，以规定的方式放置在规定的支撑上，经过规定的时间，然后将试样冷却到室温，试样纵向与横向尺寸变化的百分率。试样经过状态调节，测量试样初始尺寸 L_0（长度）和 W_0 宽度或 D_0（直径）。然后将试样以规定的状态（如放平、悬挂等）放在规定的支撑物（如钢板、铝板、石棉板、牛皮纸等）上，在规定的温度下，经过规定的时间，取出试样，放在空调房间冷却至室温，测量试样尺寸 L_1 和 W_1 以及 D_1，便可计算出试样尺寸变化的百分率。

（1）测试仪器

① 恒温烘箱　最高温度 200℃或以上，控温精度±2℃。

② 卡尺　精度 0.01mm。

③ 试样支撑物　按试样要求确定（钢板、铜板、石棉板、牛皮纸等）

（2）测试操作

① 根据产品标准规定，将试样画好标线（通常划三条），放在空调房间进行状态调节。

② 根据产品标准的规定，测量试样标线间的距离（通常测量三点），精确到 0.01mm。

③ 将烘箱升温至所需温度，并恒定 15min。

④ 根据产品标准要求，将试样放在规定的支撑物上（动作要快，以不使烘箱温度有大的波动），迅速关上烘箱门，开始计时（有些产品标准规定，到达所需温度后才开始计时），到达所需时间后，取出试样，放在空调房间冷却至室温，精确测量试样尺寸。

（3）测试结果　测试结果按下式计算。

$$S_1 = \frac{L_1 - L_0}{L_0} \times 100\% \tag{2-20}$$

$$S_2 = \frac{W_1 - W_0}{W_0} \times 100\% \tag{2-21}$$

$$S_3 = \frac{D_1 - D_0}{D_0} \times 100\% \tag{2-22}$$

式中　S_1——试样长度（也有纵向）变化率，%；

S_2——试样宽度变化率，%；

S_3——试样直径变化率，%；

L_0——试样初始长度，mm；

L_1——试样试验后的长度，mm；

W_0——试样初始宽度，mm；

W_1——试样试验后的宽度，mm；

D_0——试样初始直径；mm；

D_1——试样试验后的直径，mm。

每个试样以最大变化值计算结果，通常取三个试样（薄膜取 5 个试样）的算术平均值作为测试结果，负值表示收缩，可以用绝对值表示。

2.3.2　如何测定塑料材料的维卡软化点？

塑料材料的维卡软化点是衡量塑料耐热性能的指标之一，测定采用的标准方法为 GB/T 1633—2000，该国家标准规定了四种测定热塑性塑料的维卡软化点的方法。

A_{50} 法——使用 10N 的力，加热速率为 50℃/h。

B_{50} 法——使用 50N 的力，加热速率为 50℃/h。

A_{120} 法——使用 10N 的力，加热速率为 120℃/h。

B_{120} 法——使用 50N 的力，加热速率为 120℃/h。

在一定条件下（试样升温速率、压针横截面积 1mm²、施加于压针的静负荷、试样尺寸等），压针头刺入试样 1mm 时的温度，作为塑料材料的维卡软化点温度，以℃表示。

维卡软化温度试验是通过针入深度试验来测定热塑性塑料软化点的方法。随着温度的提高，塑料材料抵抗外力的能力下降，在恒定应力作用下压针头刺入试样的深度因之逐步加深。但各塑料材料抵抗外力的能力不同，在相同温度时，不同塑料的针刺入量各不相同，而且各种塑料的针入量对温度变化的敏感度也不相同。当规定针入量为一定值（1mm）时，各种热塑性塑料达到该针入量的温度就各为一定值，即软化点温度。

维卡软化点是用于控制产品质量和判断材料的耐热性能的一个重要指标，但不代表材料的使用温度的高低。

（1）测试试样与设备

① 试样　试样厚度为3～6mm，宽和长至少为10mm×10mm或直径大于10mm。模塑试样厚度为3～4mm。板材试样厚度取板材原厚，但厚度超过6mm时，应在试样一面加工

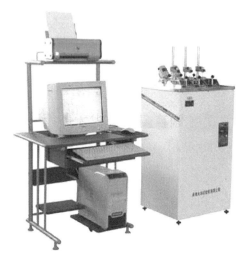

图 2-10　塑料维卡软化点测试仪

成3～4mm。如果厚度不足3mm时，则可由至多不超过3片试样叠合成厚度在3～6.5mm之间，上片厚度至少为1.5mm时，方能进行测定。试样的支撑面和侧面应平行，表面平整光滑，无气泡，无锯齿痕迹、凹痕或飞边等缺陷。每组试样为2个。

② 设备　维卡软化点的测试设备为维卡软化点测定仪，如图2-10所示。目前使用的主流设备为计算机控制的维卡软化点测试仪，能对测试条件进行自动控制及对测试结果进行自动记录与处理。传统的维卡软化点没有计算机控制系统，要进行人工控制与读数。也有将热变形温度与维卡软化点的测定合二为一的仪器。

维卡软化点测试仪的主体结构示意图如图2-11所示，主要包括支架、保温浴槽、砝码、测温装置、变形测量装置等。

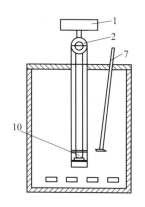
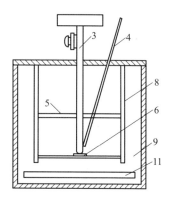

图 2-11　维卡软化点测试仪的主体结构示意图

1—砝码；2— 变形测量装置；3—负载杆；4—测温装置；5—压针；6—试样；
7—搅拌器；8—支架；9—保温浴槽；10—压针头；11—加热器

a. 支架　用于放置试样，并可方便地浸于保温浴槽中，支架和施加负载的负载杆应选用热膨胀系数小的材料。在测定温度范围内，由于热膨胀引起变形测量装置的读数偏差不得超过0.02mm（可用厚度3～4mm的GG-17硅硼玻璃代替塑料试样进行校验）。负载杆能自由垂直移动，压针固定于负载杆的末端。压针头应经硬化处理，长3～5mm，横截圆面积为

$1.000mm^2 \pm 0.015mm^2$，压针头平端与负载杆成直角，并不允许带有毛刺等缺陷。

b. 保温浴槽 为盛液体传热介质的浴槽，具有搅拌器和加热器。加热器应能按下列速率等速升温。

A 速度：$5.0℃/min \pm 0.5℃/6min$。

B 速度：$12.0℃/min \pm 1.0℃/6min$。

c. 液体传热介质 传热介质的选择，以对实验无影响为原则，如硅油、变压器油、液体石蜡、乙二醇等均可，但在室温时应具有黏度较低的特点。

d. 砝码 试样承受的静负载 $G(G=W+R+T)$ 有两种。

$$G_A = 1000^{+50}_{0} g$$
$$G_B = 5000^{+50}_{0} g$$

因此砝码的质量由下式计算。

$$W = 1000(或\ 5000) - R - T \tag{2-23}$$

式中 W——砝码的质量，g；

R——压针及负载杆的质量，g；

T——变形装置附加力，g。

注：由于仪器构造不同，附加力向下为正，向上为负。

e. 测温装置 经校正的、温度范围合适的、局部浸入式水银温度计或其他测温仪表，其分度值为 $1℃$，计算机控制维卡软化点的测温装置与计算机连接，由计算机来控制升温速率大小及温度的高低。

f. 变形测量装置 具有精度为 $0.01mm$ 的百分表或其他测量装置。

g. 冷却装置 将液体传热介质迅速冷却，以备及时再次实验。

（2）测试步骤 维卡软化点的测试要求按国家标准 GB/T 1633—2000 执行，具体测试步骤如下。

① 试样的预处理可按产品方法规定。产品方法若无规定时，可直接进行测定。

② 把试样放入支架，其中心位置约在压针头之下，距试样边缘应大于 3mm。经机械加工的试样，加工面应紧贴支架底座。

③ 插入温度计，使温度计水银球与试样相距 3mm 以内，但不应触及试样。

④ 将支架小心浸入浴槽内，试样位于液面 35mm 以下，起始温度应至少低于该材料软化点（维卡）$50℃$。

⑤ 加砝码，使试样承受 G_A 负载或 G_B 负载。开始搅拌，5min 后调节变形测量装置，使其为零。

⑥ 按 A 速率或 B 速率升温。

⑦ 当压针插入试样 1mm 时，迅速记录此时温度，此温度即为该试样的维卡软化点，对于自动控制与记录的仪器，由仪器自动记录。

⑧ 材料的维卡软化点以两个试样的算术平均值表示，如同组试样测定结果之差大于 $2℃$ 时，必须另取试样重做。

（3）影响因素

① 试样制备方法对测试结果的影响 同一材料制成相同厚度的试样，模压的试样比注射的试样测试结果要高。这可能是由于注射成型的试样的内应力较大的缘故。可见不同制作方法对测量结果是有影响的。

② 试样状态调节对测试结果的影响 将模压和注射试样进行退火，其退火温度一般比软化点低 $20℃$ 左右。退火时间为 2~3h。其测试结果是经退火处理后的试样都比原来的有不

同程度的提高。这可能是冻结的高分子链得到局部调整，内应力得到进一步释放的原因。

③ 试样尺寸的影响 测试结果证明，试样厚度在 3～4mm 时测定值的重复性比较好。除聚氯乙烯以外，厚度达到 6mm 时，分散性尚在允许范围之内。太薄的试样只能叠合后进行测试。这样试样厚度的均匀性和表面平整度的要求要高些。

在横向尺寸方面，应保证压入点能远离边缘 2mm 以上，这时可保证测定值有较好的重复性，更不会发生开裂现象。

2.3.3 如何测定塑料的马丁耐热温度？

塑料的马丁耐热温度是在按一定速率等速升温加热空气介质的炉内，使试样承受一定的弯曲应力，测量试样自由端使加荷杠杆臂端产生规定下降高度时的温度，并以其作为评价塑料高温变形趋势的方法。

（1）测试原理 塑料试样抵抗外力的能力与温度相关，随着温度上升，弯曲模量降低，刚度下降，受到弯曲力矩的作用后，发生弯曲变形随之增加，引起加荷杠杆倾斜，如图2-12所示。马丁耐热试验温度，以变形指示器的指针下降来反映试样的形变量，测出下降达到规定值时的温度。施加到试样的弯曲力矩大小，通过移动重锤在横杆上的位置进行调节，使尺寸不同的试样具有相同的最大表面应力。测定马丁耐热温度时，施加到试样的弯曲力矩大小是用移动重锤在横竿上的位置调节的。试样受此弯曲力矩后，会发生弯曲变形，使横杆倾斜、变形指示器的指针下降。随着温度升高，试样弯曲模量降低，弯曲变形随之增加，变形指示器下降的读数增加。当该读数达到规定值时的温度，即是马丁耐热温度值。

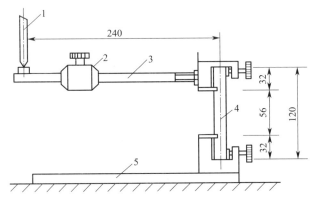

图 2-12 塑料试样马丁耐热温度测试仪原理示意图
1—变形指示器；2—重锤；3—横杆；4—试样；5—底座

施加到试样的弯曲力矩大小是用移动重锤在横杆上的位置调节的。试样受此弯曲力矩后，会发生弯曲变形，使横杆倾斜，变形指示器的指针下降。随着温度升高，试样弯曲模量降低，弯曲变形随之增加，变形指示器下降的读数增加。当该读数达到规定值时的温度，即为马丁耐热温度值。

（2）操作步骤 把试样仔细安装在上、下夹具内，拧好夹紧螺钉使试样保持垂直（图2-12）状态。安装正确的试样，其中间弯曲变形部分的长度应为 56mm±1mm，用手轻轻敲动横杆，变形指示器应活动自如，1min 后调好零点。

把装有试样的支架推入加热箱预定位置，关好箱门。开动鼓风机并开始等速升温。当变形指示器指示下降 6mm 时，立即记下该瞬时的温度，试验结束。

关机，打开箱门，待冷却后再进行下一组试验。

（3）影响因素

① 升温速率的影响　升温速率对试验结果会有明显影响，升温速率偏高，试验结果也会偏高。这一方面是升温快，传热过程导致试样升温跟不上和箱体内温度分布不均；另一方面是缩短了整个试验过程，从而减少了蠕变引起的弯曲变形量。所以，各国标准都规定了升温速率和允许的偏差量。例如，德国标准规定是 $5\,℃/min\pm1\,℃/6min$，我国标准则规定为 $50\,℃/h\pm3\,℃/h$ 和 $10\,℃/h\pm2\,℃/12min$。这样的条件现在应该说并不苛刻。但是，在使用中还是应该定期做空白的校正试验，以保证等速升温系统的正常运作。

② 弯曲应力的影响　马丁耐热温度实际上就是当温度升高时，材料的弯曲弹性模量下降，致使在规定弯曲应力作用下的试样弯曲变形量增大到某一规定值时的温度。因此，若施加的弯曲应力值偏大，当然会使测得的结果偏低。为了保证设备在使用过程中不出偏差，定期检查重锤在横竿上的位置是必要的。试验方法上规定其施加的弯曲应力值应为 $50\,kg/cm^2$（约 $4.9\,MPa$），其正负偏差量为 $0.2\,kg/cm^2$。

③ 起始温度的影响　从实验看，一般热固性和硬质热塑性材料的起始温度选在室温下是不会对结果造成影响的。但是，有时在连续使用时往往会发生为了缩短等待时间而急于进行下一组试验的情形。特别是当箱体在开门冷却时，当温度计读数已接近室温时，操作者就装样关门进行下一组试验。这时，由于箱体、支架、重锤等的余温尚高，从而使箱内空气温度迅速上升，这就将使这一组试验的最终结果偏高。

④ 变形零点的调整　试样加上弯曲力矩以后就会产生一定的弯曲变形。从而使变形指示器出现初读数。有些较韧的材料甚至会发生明显的蠕变，从而使初读数不断增大。因此，应规定加上弯曲力矩后 $1min$，调整好变形指示器的零点，然后立即开始试验。

应该认为室温下弯曲弹性模量较低的材料，或者说加上规定弯曲力矩后蠕变量太大而难于很好调零的材料，是不适合做该项试验的。有些试样在试验进行过程中随着温度升高，变形指示器出现"反弹"现象。这可能是由于温度升高时材料出现退火，从而使模量出现短时升高的结果。也可能是随温度升高，试样的线膨胀系数较大，造成变形指示器的"反弹"。不管什么原因，此类材料以不做马丁耐热试验为好。除非在产品标准中有明确规定需要进行这一检验。

⑤ 鼓风与不鼓风的影响　同一测试试验材料，鼓风情况下比不鼓风时测定值要低。有的材料可以达到 $5\,℃$ 以上。究其原因，鼓风的情况下箱体温度分布均匀，流动的热空气有利于向试样传热。所以试验方法规定使用带鼓风的箱体是合理的。

2.3.4　如何测定塑料的热变形温度？

热变形温度试验是测定塑料试样浸在一种等速升温的液体传热介质中，在简支梁的静弯曲负载作用下，试样弯曲变形达到规定值时的温度，称为负荷热变形温度，简称热变形温度。它是产品品质控制及鉴定新产品热性能的重要依据，但它不代表产品的最高使用温度。

该测试采用的标准为 GB/T 1634.1—2004，它规定了试样平放式和侧放式两种测定塑料负荷热变形温度方法。

（1）测试原理　处于玻璃态或结晶态的塑料，随着温度的升高，原子和分子运动（小尺寸单元的分子运动，如链节、支链、侧基等）动能提高，在外力作用下因其定向运动而导致形变能力增加，即材料抵抗外力的能力随温度升高而下降。因此，随着温度的提高，固定负荷下塑料产生的形变量将随之增加。

（2）试样与设备　试样为截面是矩形的长条，其尺寸规定如下：

① 模塑试样　长度 $L=120mm$，高度 $h=15mm$，宽度 $b=10mm$。

② 板材试样　长度 $L=120mm$，高度 $h=15mm$，宽度 $b=3\sim13mm$（取板材原厚度）。

③ 特殊情况　长度 $L=120\text{mm}$，高度 $h=9.8\sim15\text{mm}$，宽度 $b=3\sim13\text{mm}$。但中点弯曲变形量必须用表2-6中规定的值。

表 2-6　试样高度变化时相应变形量的变化值　　　　　　　　　单位：mm

试样高度 h	相对变形量	试样高度 h	相对变形量	试样高度 h	相对变形量
9.8～9.9	0.33	11.5～11.9	0.28	13.8～14.1	0.23
10.0～10.3	0.32	12.0～12.3	0.27	14.2～14.6	0.22
10.4～10.6	0.31	12.4～12.7	0.26	14.7～15.0	0.21
10.7～10.9	0.30	12.8～13.2	0.25		
11.0～11.4	0.29	13.3～13.7	0.24		

试样应表面平整光滑，无气泡，无锯切痕迹、凹痕或飞边等缺陷。每组试样最少为两个。

负荷热变形温度测定所用设备可与塑料维卡软化点测定仪共用，如图2-13所示，具有计算机自动控制系统，能对测试条件进行自动控制，测试结果进行自动记录与处理，其主体部分结构示意图如图2-14所示。

图 2-13　负荷热变形测定仪

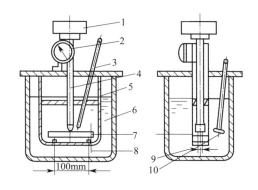

图 2-14　负荷热变形测定仪主体部分结构示意图
1—载荷；2—百分表；3—温度计；4—载荷杆及压头；5—支架；
6—液体介质；7—试样；8—试样高；9—试样宽；10—搅拌器

从图2-14可以看出，其组成主要包括试样支架、保温浴槽、砝码、测温装置、变形测量装置等，只要改变压头结构及试样台结构就可以用来测定维卡软化点。

① 试样支架　用金属制成，两个支座中心间的距离为100mm（两个支座中心间距为101.6mm的试样支架同样允许使用），在两个支座的中点，能对试样施加垂直的负载。支座及负载杆压头应互相平行，与试样接触部分必须制成半圆形，其半径为 $3.0\text{mm}\pm0.2\text{mm}$。支架的垂直部件与负载杆必须用线膨胀系数小的材料制成，使在测试温度范围内，由于热膨胀引起的变形测量装置的读数偏差不得超过0.01mm（可用GG-17硅硼玻璃试样代替塑料试样进行校验）。如果校验的结果表明这个偏差超过0.01mm则必须给出修正值，以便对变形量进行修正。

② 保温浴槽　盛放温度范围合适和对试样无影响的液体传热介质（一般选用室温时黏度较低的硅油、变压器油、液体石蜡或乙二醇等），具有搅拌器和加热器。使实验期间传热介质以 $12\text{℃}/\text{min}\pm1\text{℃}/6\text{min}$ 的速率等速升温。

③ 砝码　一组大小合适的砝码，使试样受载后最大弯曲正应力为1.85MPa或0.46MPa。负载杆、压头的质量及变形测量装置的附加力应作为负载中的一部分计入总负载中。

由于仪器结构不同，附加力向下取正直，向上取负值。实际使用的负载与计算的负载相

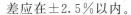

差应在±2.5%以内。

④ 测温装置　经校正的、温度范围合适的、局部浸入式水银温度计（或其他测温仪表），其分度值为1℃。

⑤ 变形测量装置　具有精度为0.01mm的百分表或其他测量装置。

⑥ 冷却装置　将液体传热介质迅速冷却，以备及时再次实验。

（3）测试步骤

① 试样预处理可按产品方法规定，产品方法无规定时，可直接进行测定。

② 测量试样中点附近处的高度（h）和宽度（b），精确至0.05mm，并计算所需砝码的质量。

③ 把试样对称地放在支座上，高为15mm的一面垂直放置。

④ 插入温度计，使温度计水银球在试样两支座的中点附近，与试样相距在3mm以内，但不要触及试样。

⑤ 保温浴槽内的起始温度与室温相同，如果经实验证明在较高的起始温度下也不会影响实验结果，则可提高其起始温度。

⑥ 把装好试样的支架小心放入保温浴槽内，试样应位于液面35mm以下。加上砝码，使试样产生所要求的最大弯曲正应力为1.85MPa或0.46MPa。

⑦ 加上砝码后，即开动搅拌器，5min后调节变形测量装置，使其为零（如果材料加载后不发生明显的蠕变，则不需要等待这段时间），然后开始加热升温。

⑧ 当试样中点弯曲变形量达到0.21mm时，迅速记录此时温度。此温度即为该试样在相应最大弯曲正应力条件下的热变形温度（如实验$h=9.5\sim15$mm时，则中点弯曲变形量应采用表中的数值）。

⑨ 材料的热变形温度值以同组试样算术平均值表示，因为有两组负荷，所以试验记录及报告中一定要注明采用的负荷大小。

2.3.5　如何测定聚氯乙烯树脂的热稳定性？

聚氯乙烯热稳定性的测试方法很多，如刚果红试纸法、pH值法、吸收法、变色法等。其中以刚果红法测试较为简便，因此常用该法测量聚氯乙烯的热稳定性。下面介绍刚果红试纸法（GB/T 2917.1—2002）测定聚氯乙烯、相关含量均聚物和共聚物及其混合物的热稳定性试验技术。

（1）仪器与试样　刚果红试纸法测试仪器装置示意图如图2-15所示。

由图2-15可以看出，该法所需的仪器设备主要有玻璃管、测试管及图中没有画出的平板电炉、电动搅拌器及其调速装置、加热用耐热玻璃杯与隔热板、温度计、秒表等。

所用的试样主要是粉末状的聚氯乙烯树脂或颗粒状的聚氯乙烯原料，如测定聚氯乙烯制品的热稳定性则需按GB/T 2917.1—2002标准要求将其破碎为粉状或粒状后进行测试。

（2）测定步骤　先在试管中装入深度为50mm的试样，轻微振动，试样不得装得过紧，用塞子塞住试管。塞子中心是一个内径为2~3mm、长约100mm的玻璃管。玻璃管上装有长30mm、宽10mm的刚果红试纸条。将刚果红试纸的一端折叠或卷起插入玻璃管，使刚果红试纸的最低边与试样顶部相距

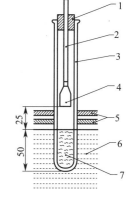

图2-15　刚果红试纸法测
试装置示意图

1—塞子；2—玻璃管；3—测试管；
4—试纸；5—隔热板；
6—丙三醇；7—试样

25mm。把测试管浸入已达规定温度的油浴中（标准规定一般为200℃，只有塑化共聚物或制品为180℃，也可由供需双方商定），浸入深度是使试样表面与油面齐平。每种试样至少应测定两个值，也可将两个试管同时浸入油浴中进行测试，测定从试管插入热油浴到试纸从红变蓝的最初清晰标志出现（相当于pH值为3时）所需时间（以min表示）。该时间越长表明该聚氯乙烯树脂的热稳定性越好。

（3）结果与报告　以平行测定按分计的结果的算术平均值为稳定时间，当单个测试结果与平均值相对偏差超过10%时其结果应放弃并重新测定。试验报告应包括如下内容：

① 测试采用的标准；

② PVC产品样品的性质、形态和名称；

③ 制造厂、取样处及样品粉碎的程度；

④ 测试实验的温度；

⑤ 稳定时间（min），精确到半分钟；

⑥ 测试实验日期等。

2.3.6　如何测定塑料材料的热导率？

热量从物体的一部分传到另一部分，或从一个物体传到另一个与其接触的物体，称为热传导。热导率是表征材料热传导性能的参数。热传导的含意是在稳定条件下，垂直于单位面积方向的每单位温度梯度通过单位面积上的热传导速率。

热导率的测试按工作原理可分为稳定热流法和非稳定热流法。稳定热流法比较成熟，也比较容易实现，结果比较准确，所以普遍采用。在稳定热流法中，根据试样的形状分为平板法、管状法和球状法，平板法试样容易制作，平行的等温面容易实现，结构简单，操作方便，目前广泛使用，以下介绍稳定热流法中的平板法。

塑料是优良的绝热保温材料，这是由塑料热导率小的特性决定的，因此，热导率是塑料热性能的一个重要指标。

（1）测试原理　由于塑料是低导热性材料，热损失会带来较大的试验误差，所以一般采用稳定热流法中的平板法，其原理如图2-16所示。

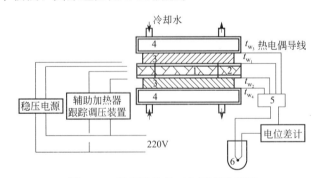

图2-16　平板导热仪工作原理示意图

1—主加热器；2—辅加热器；3—试样；4—水冷却器；5—热电偶测温开关；6—冰点瓶

热源位于同一材料的两块试样中间（两试样厚度相等），使用两块试样是为了获得向上与向下方向对称的热流，并使加热器的能量被测试样品完全吸收。加热表面采用铜板，使表面温度保持均匀，依靠主加热面实现加热面的加热，试样冷面由冷却水套进行冷却，冷却水是由恒温器提供的确定温度的水。

为使主加热器1所产生的热量全部能通过试样3，并由冷却水冷却器4中的冷却循环水所带走。在主电炉的周围设有辅加热器2并使其与主加热器的温度相等。为了减少热损失，全部设备都放在带有绝缘层的外壳中。

加热表面的温度 t_{w_1}（或 t_{w_2}）和冷却表面 t_{w_3}（或 t_{w_4}）都用热电偶来测定，为了控制辅加热器的工作，在辅加热器上设置一个环形铜板并使其温度与 t_{w_1}（或 t_{w_2}）相等，可以通过自动控制装置，调节辅加热器的电流，使辅加热器的铜板温度一直跟踪主加热表面的温度 t_{w_1}（或 t_{w_2}），直到最后达到稳定平衡。

各热电偶点与转换按钮连接，可直接在直流数字电压表上读数。读出电压表上的电压及电流表上的电流；可求得试样热导率，计算公式如下。

$$\lambda = \frac{IU\delta}{F[(t_{w_1} - t_{w_3}) + (t_{w_2} - t_{w_4})]} \tag{2-24}$$

式中　λ——热导率，$W/(m \cdot \text{℃})$；

$\quad\quad I$——加热电流，A；

$\quad\quad U$——加热电压，V；

$\quad\quad \delta$——试样厚度，m；

$\quad\quad F$——试样有效传热面积，m^2；

t_{w_1}，t_{w_2}——试样热面温度，℃；

t_{w_3}，t_{w_4}——试样冷面温度，℃。

（2）测试试样与仪器

① 试样　热导率测试试样要求如下。

a. 试样应是均质的硬质塑料，两表面应平整光滑且平行，无裂缝等缺陷。

b. 平板试样要求不平度在 0.5mm/m 以内。

c. 对于软质材料或粒料，需要有木制框架，试样总体上应是均质的。

d. 试样为圆形或正方形，其直径或边长与护加热板相等，厚度不小于5mm，最大厚度应不超过其直径或边长的 1/8。

e. 每组试样 2 个，试样要求状态调节和处理 24h。

② 仪器　所用仪器为热导率测定仪，如图 2-17 所示。现使用的主流设备一般均有计算机控制系统，能对测试条件进行计算机控制，对测试的结果也能进行自动记录与处理。其主体部分结构示意图如图 2-18 所示。主要组成部分如下。

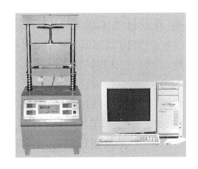

图 2-17　计算机控制热导率测定仪

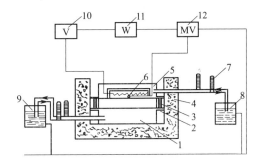

图 2-18　热导率测定仪主体部分结构示意图
1—冷板；2—试样；3—测微器；4—护热板；5—护热板；
6—主加热器；7—温度计；8—护热板恒温水浴；9—冷板
恒温水浴；10—电压表；11—功率表；12—毫伏表

a. 加热板，能提供稳定的加热功率和稳态的温度。

b. 护热板，能保证主加热板的热量全部通过试样。

c. 冷板，能保证及时把通过试样的热量传走，并保证试样冷面温度稳定。

d. 加热板与冷板的温度控制系统。

e. 主加热板所消耗功率的计量系统。

f. 试样厚度的测量与支持系统。

（3）测试步骤　根据仪器要求制好试样并进行状态调节处理，然后将试样装入仪器中。试样两表面应加工平整，并与加热铜板及冷板紧密相贴，不允许有空气间隙。试样安装好后便可开始进行试验。

接通电源开关，使 6V 工作电池、恒温器、跟踪器均进入工作状态。开动主、辅加热器电源，调节跟踪器使仪器进入自动跟踪状态。当加热器表面的温度 t_{w_1}、t_{w_2} 及冷却表面的温度 t_{w_3}、t_{w_4} 不随时间发生变化时，跟踪器指示 0 点，指针摆动应小于一格，这时表示仪器达到稳定状态，可以正式测读数并记录数据，每隔 0.5h 或 1h 记一次功率消耗值，连续三次重复后即可终止试验。如果使用计算机控制热导率测定仪，则计算机会自动进行记录与调节。

（4）测试报告　测试报告主要包括：

① 试样名称、试样的制备方法和预处理条件；

② 实验原理和实验步骤；

③ 实验记录表；

④ 实验结果处理。

2.3.7　如何测定塑料的线膨胀系数？

环境温度的变化会改变塑料大分子之间的距离，温度升高，大分子的活动性增加，分子之间的距离会增大，宏观表现为塑料尺寸会增大。温度升高 1℃，塑料尺寸增加的大小用其线膨胀系数来描述。

测量塑料的线膨胀系数对了解其适用范围和鉴定产品质量都有着重要的意义。其测试所采用标准为 GB/T 1036—2008，该标准规定了塑料在 -30～30℃ 温度范围内线膨胀系数的测试方法。

（1）测试原理　将已经测量原始长度的试样装入石英膨胀计中，然后将膨胀计先后插入不同温度的恒温器内，在试样温度与恒温器温度平衡、千分表指示值稳定后，记录读数，由试样膨胀值和收缩值即可计算出平均线膨胀系数。除按照国家标准 GB/T 1036—2008 进行测试外，也可以按产品标准规定进行测试。如果材料在规定的测定温度范围内存在相变或玻璃化转变，则在转变点以上和以下分别测定其线膨胀系数，以免引起过大的测试误差。另外本方法不适用于泡沫塑料。

（2）测试装置　线膨胀系数测定用的主要装置有恒温箱、量具及线膨胀系数测定仪。

线膨胀系数测定仪：用于测定塑料线膨胀系数的设备形式较多，有千分表（或百分表）石英管膨胀计、用差动变压器测量膨胀长度变化的膨胀计。但从设备结构简单、容易操作控制来看，还是以千分表石英管膨胀计较易普及、适用。千分表石英管膨胀计又分为卧式和立式两种，如图 2-19 和图 2-20 所示。立、卧两种形式膨胀计所测得的结果比较接近，可以互比，但鉴于立式膨胀计结构简单，试样和内管的同心度易于保证，容易操作，体积也小，因此，立式膨胀计较卧式易推广。

立式膨胀计石英外管长约 400mm，内径 11.00mm±0.5mm，壁厚 2mm，管底封闭，

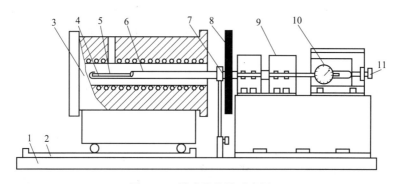

图 2-19　卧式膨胀计示意图

1—底板；2—滑轨；3—管式加热炉；4—试样；5—石英内管；6—石英外管；7—支持架；
8—石棉隔离板；9—石英外管固定架；10—指示表；11—指示零点调节螺钉

内侧中心为圆形凸起，整个管径要求均匀。石英内管的外径适于外管内径要求，装配时应密合而不紧，且能自由移动，长度取决于试样，即试样放入后内管要高出外管 30mm 左右。指示表可根据试样的膨胀性能和测量精度而定，一般采用千分表即可满足。内、外管由石英玻璃管组成，连接件可用黄铜。基本要求如下：试样所需要的高、低温，可用两个恒温浴来实现。低温浴是用水加冰或酒精加干冰来控制低温，高温可用电加热空气浴或油浴，并配以等速升温装置来控制升温速率。实验推荐用立式线膨胀系数测定仪，指示表准确度为 0.002mm。

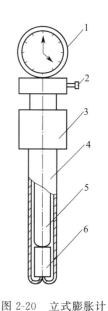

图 2-20　立式膨胀计

1—指法表；2—固定螺钉；
3—连接件；4—石英外管；
5—石英内管；6—试样

恒温箱：温度波动不大于 0.5℃。

量具：准确度为 0.05mm。

（3）测试试样与条件

① 试样尺寸　圆柱直径 10.0mm±0.2mm，正方柱边长 7.0mm±0.2mm，长 30mm、50mm 或 100mm。

② 试样处理　试样应无弯曲、裂纹等缺陷，两端平整并平行。每组试样 3 个。层压材料及吸湿性大的材料，于 105℃±3℃干燥 1h 或 50℃±2℃干燥 24h。

③ 实验条件　恒温器温度：低温 0℃±0.5℃，高温 40.0℃±0.5℃，或按产品方法规定。

（4）测试步骤与结果

① 测试步骤

a. 在室温下测量试样长度。

b. 将试样装入膨胀计，使试样和石英内管处于同一轴线上。

c. 膨胀计先后置于低温、高温、低温恒温器中，在每一个恒温器中待指示表指针稳定后，记录读数。

② 实验结果表示　平均线膨胀系数 α 按下式计算。

$$\alpha = \frac{\Delta l}{l \Delta t} \tag{2-25}$$

式中　Δl——试样在膨胀和收缩时，长度变化的算术平均值，mm；

　　　l——试样在室温时的长度，mm；

Δt——高、低温恒温器温度差,℃。

实验结果以每组试样的算术平均值表示,至少取两位有效数字。数据处理按产品方法规定。

(5) 测试报告 测试报告内容如下。

① 注明实验采用的标准;

② 材料名称,包括生产厂家等信息;

③ 试样的制备方法,试样的形态及尺寸;

④ 设备型号,测试的试验温度;

⑤ 两个被测试样的每摄氏度线膨胀平均系数;

⑥ 如果在被测范围内试样存在相转变,须报告其转变的温度;

⑦ 完整描述测试过程中的任何非正常情况,例如测量过程中膨胀与收缩值之差超过 10%;

⑧ 结果处理与讨论。

2.4 热固性塑料凝胶时间测定疑难解答

2.4.1 热固性塑料凝胶时间的测定有哪些方法?

热固性塑料凝胶时间测定主要有仪器法、搅拌器法及手动法。

(1) 仪器法 称取树脂和规定比例的固化剂,准确至 ±2.5%,且使它们总质量为 120~150g,分别装于两个辅助容器中(固化剂体系的种类,纯度和用量应符合相关产品技术要求中的规定)。将两个辅助容器置于预热器上加热,并用力搅拌至少 2min,使物料达到试验温度。当加热环氧树脂时会产生环氧丙烷,其蒸气有毒,有些固化剂其蒸气也有毒,应注意不要吸入。将固化剂装入加有树脂的辅助容器中,即开启计时器计时。用力搅动整个混合物 2min,并在预热器上使其达到规定的试验温度,搅拌时不能将空气泡带入混合物。迅速转移 98~102g 已搅匀的混合物至空铝罐内,并插入一个预热好的清洁干燥的柱塞,按规定操作。如能在 2min 内将铝罐中的混合试样搅匀并达到试验温度,被试混合物总量达到 98~102g,就可直接使用该铝罐按上述步骤测定凝胶时间。计时器显示的时间即为凝胶时间。用同一树脂进行一次平行测定,计算两次结果的平均数为凝胶时间。

(2) 搅拌器法 取样与恒温操作:将水浴温度调节在 25.0℃±0.5℃。以烧杯为容器,用药物天平称量 100g 试样及引发剂,准确至 ±0.2g。将烧杯放在水浴中(试样液面低于水面 2mm)恒温,小心搅匀。当试样温度为 25.0℃±0.5℃ 时,用移液管准确加入促进剂,当加入最后一滴时,启动秒表,用玻璃棒将试样搅匀,并将下端圆滑的、直径约 6mm 的玻璃棒装在搅拌器上。开动搅拌器,其速度为 60r/min,并使玻璃棒插在试样中央。当试样沿玻璃棒开始上升(爬杆)时停止秒表,记下秒表所示的时间即凝胶时间。

(3) 手动法 取样与恒温操作同上:将水浴温度调节在 25.0℃±0.5℃。以烧杯为容器,用药物天平称量 100g 试样及引发剂,准确至 ±0.2g。将烧杯放在水浴中(试样液面低于水面 2mm)恒温,小心搅匀。当试样温度为 25.0℃±0.5℃ 时,用移液管准确加入促进剂,当加入最后一滴时,启动秒表,搅匀试样。每隔 30s 观察,用玻璃棒试验试样的流动情况,直至出现拉丝状态时,停止秒表,记下秒表所示的时间即凝胶时间。

2.4.2　如何测定环氧树脂凝胶时间？

环氧树脂凝胶时间的测定一般可以采用仪器法、搅拌器法及手动法等。其测定由国家标准 GB/T 12007.7—1989 确定，规定了标准柱塞在环氧树脂固化体系中往复运动受阻达到一个值而指示凝胶时间的方法。

（1）仪器及装置　环氧树脂凝胶时间测定仪器装置示意图如图 2-21 所示。

（2）测试温度　测试温度和它的允许公差，在相关产品的技术要求中作规定，被选定的试验温度应能得到便于测量的凝胶时间。推荐测试温度是 12℃、40℃、80℃、100℃、120℃、150℃。如果需要还可采用更高的温度。

（3）测试过程　第一步首先进行仪器的准备：将空铝罐垂直固定在调整到规定试验温度的热浴内，浸入部分的深度至少达 64mm，调整并固定凝胶时间测定仪，使柱塞在铝罐的中心做垂直运动，确保柱塞的圆盘在全部往复期间完全浸入树脂，当运行到最低位置时，圆盘离铝罐底距离在 13～25mm 之间。再调节柱塞的往复时间，凝胶时间在 5～20min 的材料采用 6s，凝胶时间大于 20min 的材料采用 60s。

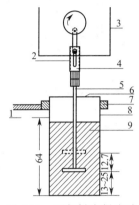

图 2-21　环氧树脂凝胶时间测定装置示意图
1—热浴液面；2—保持轴对准的导向套筒；3—提供简谐运动的往复装置、自动终点检测和计时的凝胶时间测定仪；4—提供大于 0.8mm 轴缝的悬垂链节；5—柱塞杆；6—开缝的盖；7—夹子；8—铝罐；9—树脂

第二步进行凝胶时间的测定，称取树脂和规定比例的固化剂，准确到 ±2.5%，且使它们总的质量为 120～150g，分别装于两个辅助容器中，注意固化体系的种类、纯度和用量应符合相关产品的技术要求中所作的规定。再将两个辅助容器置于预热器上加热，并用力搅拌至少 2min，使物料达到试验温度。

当加热环氧树脂时会产生环氧氯丙烷，该蒸气有毒，有些固化剂蒸气也是有毒的，操作时应注意安全。将固化剂加入装有环氧树脂的辅助容器中，即开启计时器计时。用力搅拌整个混合物 2min，并在预热器上使其达到规定的试验温度，搅拌时不能将空气泡带入混合物中。再迅速转移 100g±2g 已搅拌均匀的混合物到空铝罐内，并插入一个预热好的、清洁干燥的柱塞，再进行重复凝胶时间的测定。如果能在 2min 内把铝罐中的试样混合搅匀并达到试验温度，把被试混合物总量调至 100g±2g，就可直接使用该铝罐按上述操作测定凝胶时间。由于树脂的凝胶使计时器停止，记录显示的时间为试验结果。用同一树脂进行一次平行测定，计算两次结果的平均数为凝胶时间，用分钟表示。

（4）试验报告　试验报告应包括如下内容：树脂牌号、批号、树脂黏度、有否填料、制造厂家；固化剂名称、规格、用量；试验温度；所用柱塞的形式、尺寸、与标准柱塞结果相比的差值；凝胶时间。

2.4.3　如何测定不饱和聚酯凝胶时间？

不饱和聚酯凝胶时间按 GB/T 24148.7—2014 测定，该标准是 GB/T 7193.6—1987 的升级版本。它规定了室温条件下不饱和聚酯凝胶时间的测定，可用三种方法进行，即仪器法、搅拌法及手动法。如用仪器进行测定，所采用的设备为凝胶时间测定仪，如图 2-22 所示。

除凝胶时间测定仪外，其他配套设备主要有电动搅拌器、恒温水浴、秒表、150mL 的

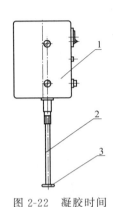

图 2-22　凝胶时间
测定仪
1—提供简谐运动自动
终点检测和计时装置；
2—连杆；3—圆片

直筒形烧杯、药物天平、移液管及滴瓶。这里以仪器为例介绍不饱和聚酯凝胶时间的具体测试步骤。

① 将水浴温度调节至 25.0℃±0.5℃。

② 以烧杯为容器，用药物天平称量 100g 试样及引发剂，准确至 ±0.2g。将烧杯放在水浴中（试样液面低于水面 2mm）恒温，小心搅匀。

③ 当试样温度为 25.0℃±0.5℃时，用移液管准确加入促进剂，当加入最后一滴时，开动凝胶时间测定仪，并充分搅拌。

④ 待试样搅匀后将凝胶时间测定仪的连杆放入试样中央，调节其高度，使杆上升到最高时，连杆底部圆片上表面与试样液面一致。

⑤ 当试样凝胶时，凝胶时间测定仪自动停止运动，记下凝胶时间读数。

凝胶时间以分、秒计。进行两次平行测试，两次试验结果的相对误差不超过 10%，超过 10% 时应该重新进行测试。取其算术平均值作为测定的最终结果。

2.4.4　如何测定酚醛树脂凝胶时间？

酚醛树脂凝胶时间的测定也可采用仪器法、手动法等，以下以手动法为例介绍酚醛树脂凝胶时间的测定。

（1）方法原理　将试样放入已经加热到规定温度的试样凹槽内，用玻璃棒搅拌试样，记录试样从开始加热到出现凝胶状态所经过的时间。

（2）方法要点

① 称取 1.0g±0.1g 试样，对黏稠试样直接称于玻璃棒尖端上；对液体试样［50%酚醛树脂乙醇溶液（质量分数）］用移液管吸取 1mL。将试样置于已恒温至 150℃±1℃ 的加热板表面凹槽内，立即开动秒表。

② 用玻璃棒尖端将试样均匀地涂在凹槽内，以 2~3r/s 的速度连续搅拌试样。

③ 当试样变黏稠接近橡胶态时，搅拌、拉丝交替进行。拉丝高度 10~25mm，直到断丝时，停止计时。记录所需的时间。

（3）结果表示　同一试样做平行测定，其结果之差不超过 5s。取两次结果的算术平均值为测定结果。

2.5　树脂"鱼眼"的测定疑难解答

2.5.1　如何测定通用型聚氯乙烯树脂"鱼眼"数？

"鱼眼"是指透明或半透明塑料薄膜或片材中，明显可见的"鱼眼"状缺陷，即树脂在成型过程中未得到充分塑化的粒子。通用型聚氯乙烯树脂"鱼眼"由 GB/T 4611—2008 标准规定。其规定了以压延成片法测定通用型聚氯乙烯树脂"鱼眼"数的方法，适用于通用型聚氯乙烯"鱼眼"数的测定。

（1）测试原理　将样品按规定配方和制片条件压延成片，在检测箱上计数一定面积中的"鱼眼"数。即把按一定配方混合的试样在混炼机中于一定条件下混炼 6min，制成 0.2mm 厚的片材，确定 20cm×20cm 范围上的"鱼眼"数。

（2）仪器与试剂

① 仪器 混炼机、混炼刀、表面温度计（20～300℃，精度1℃）、秒表、天平、灯箱、不锈钢杯（500mL）、厚度计（精度0.01mm）。

② 试剂 DOP（邻苯二甲酸二辛酯）增塑剂、Ba-ST（硬脂酸钡）、炭黑。

（3）测试过程

① 混炼机调整 旋转比为1∶1.25；辊子转速为20∶28。

② 辊子表面温度 根据表面温度计实际测量值进行调整。

TL-700和TL-800：148℃±2℃。TL-1000：152℃±2℃。TL-1300：156℃±2℃。辊筒间温差不得大于5℃；混炼时间6min±5s；试片厚度0.20mm±0.02mm。

③ 配方

a. TL-700和TL-800 PVC树脂50g；DOP 20g；Ba-ST 1.0g；炭黑0.1g。

b. TL-1000和TL-1300 PVC树脂50g；DOP 22.5g；Ba-ST 1.0g；炭黑0.1g。

按配方称取DOP和各种助剂，放在不锈钢杯中搅拌均匀，加50g PVC树脂，搅拌均匀。将辊筒表面擦干净并检查辊筒温度是否符合相应规格要求，同时打开排风。将混合后的试样投入两辊筒之间，开动混炼机，并启动秒表计时。使样品包在前辊上，不断切翻，待全部成片后，每30s切翻一次，5min时停止切翻，5.5min时将辊筒间距调至0.20mm±0.02mm，6min时，切下大于400cm^{2}的试片三块，冷却，置于检测箱上观察，并计算20cm×20cm范围上的鱼眼数量，聚氯乙烯"鱼眼"检测箱的结构如图2-23所示。

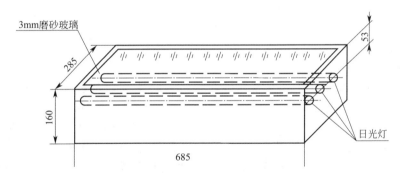

图2-23 聚氯乙烯"鱼眼"检测箱的结构（单位：mm）

（4）"鱼眼"的计数与结果表示 将试片放在检测箱上，从中间部位划取20cm×20cm一块，手持试片与毛玻璃约成30°，对光源目视查数这块面积中的"鱼眼"数，个别可疑的"鱼眼"用放大镜鉴别。试验结果以400cm^{2}中含有的"鱼眼"数表示，取平行试验的测定值的算术平均值为测定结果。当"鱼眼"数多于10个时，测定值与平均值相对偏差应不大于20%，如大于20%需重新测定，当"鱼眼"数少于10个时，不计偏差。

（5）测定注意事项 混炼时防止灼伤，操作时注意手不要进入辊子之间，如出现意外情况，拉动机器前部的红色安全杆或用膝盖顶动机器下部的紧急安全开关。操作时请穿戴好各种防护用品，不要用裸手接触机器灼热部位。由于混合物加热时会产生有害气体，所以应打开排风后进行试验。不要把混炼中落下的试样或检查厚度等用的试样再放回辊子。注意检查辊子的表面温度，当几个试样连续进行时应在测定之间再次测温。在测试下一个试样时，用清洁布清洁辊子后再进行测试。在切割片材时，注意不要让片材粘在一起。

2.5.2 如何对聚丙烯树脂"鱼眼"进行测定？

聚丙烯树脂"鱼眼"测试方法按GB/T 6595—1986国家标准进行测定，是将聚丙烯树脂（粒料）在一定的加工条件下制成薄膜，在投影仪上与标准孔径同时放大 8 倍，观察屏幕上形成的图像，测定"鱼眼"个数及大小。

（1）试样制备　试样可用两种方法进行制备，即挤出吹塑薄膜法及挤出流延膜生产法。

吹塑薄膜机至少应具备下列基本条件：标准式螺杆，螺杆长径比不小于 25，推荐螺杆直径尺寸为 40mm；温控点四个以上。制备吹塑薄膜试验样品应规定下列工艺条件：熔体温度，可根据材料的 MFR 不同进行调整；冷却线高度；吹胀比。吹塑薄膜试验样品的厚度为 0.030mm±0.005mm。

流延薄膜试验样品的制备方法如下。

流延薄膜机至少应具备下列的基本条件：冷却辊温度可控；螺杆长径比不小于 25。制备流延薄膜试验样品至少应规定下列工艺条件：熔体温度，可根据材料的 MFR 不同进行调整；冷却温度。流延薄膜试验样品的厚度为 0.030mm±0.005mm。

准备三个试样进行试验，在试样膜卷端点 1m 处开始截取试样，共截取三个试样，每个试样间距为 5m，试样应保持平整，不允许褶皱。每个试样由四层面积不小于 250mm×250mm、厚度为 0.03mm 的薄膜组成，在一个角上把四层薄膜固定。每层薄膜的测试面积为 190mm×200mm，四层薄膜的测试总面积为 1520cm²。

（2）测试设备

① 教学投影仪　观察板的尺寸不小于 200mm×200mm。

② 投影屏幕　尺寸不小于 2m×2m。

③ 标准孔板　材质为有机玻璃，规格为 230mm×230mm×3mm，有三个标准孔，孔直径分别为 0.8mm、0.4mm、0.2mm，孔深约为 1mm，具有光滑的边缘。孔间距离约 12mm，孔大致位于板的中心。

（3）测试步骤　试验应在光线较弱的室内进行，不需要其他环境条件。把四层薄膜叠放在投影仪的观察板上，使试样测试部位置于 190mm×200mm 的长方形内。将标准孔板放在试样上，压紧压平。调整投影仪的焦距，使标准孔的图像清晰地投影到屏幕上。观测并用标准孔径对比屏幕上长方形内三种尺寸的"鱼眼"数目，大于或等于 ϕ 0.8mm 标准孔径的"鱼眼"，记为 0.8mm 的"鱼眼"数目；小于 ϕ0.8mm，大于或等于 ϕ0.4mm 标准孔径的"鱼眼"，记为 0.4mm 的"鱼眼"数目；小于 ϕ0.4mm，大于或等于 ϕ0.2mm 标准孔径的"鱼眼"，记为 0.2mm 的"鱼眼"数目。采用同法测试第二个、第三个试样。

（4）测试结果　求出三个试样每种尺寸"鱼眼"数目的平均值及范围。

（5）精密度　按本方法进行循环试验和数据处理后证明：三种规格的鱼眼用测量平均值的平方根所表示的标准偏差与"鱼眼"数目无关。在试验室内部和试验室之间用此种标准偏差表示的精密度，0.8mm 的"鱼眼"为 0.40，0.4mm 的"鱼眼"为 0.40，0.2mm 的"鱼眼"为 0.95。

2.6　增塑剂理化指标测定疑难解答

2.6.1　如何对塑料增塑剂的闪点进行测定？

闪点是物质气化时的蒸气与火焰接触时，发生闪火现象的最低温度。闪点是表征物质受热时产生可燃性气体能力的重要参数。增塑剂闪点的高低，直接影响其增塑塑料的着火点及燃烧性，增塑剂闪点测定采用的标准为 GB/T 1671—2008，其原理是以一定的升温方式对盛有增塑剂的试验杯加热，在温度接近试样闪点时，以试验小火焰扫过试验杯内液面上空，测定火焰引起液面蒸气闪火的最低温度。

（1）仪器　测定增塑剂的闪点所采用的设备一般是克利夫兰德闪点测定仪，现使用的有两种：一种是传统的闪点测定仪；另一种是应用越来越多的计算机控制闪点测定仪，如图 2-24 和图 2-25 所示。

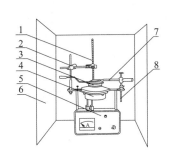

图 2-24　传统克利夫兰德闪点测定仪

1—局浸专用温度计；2—温度计支架；3—试验杯；4—加热器；
5—可控硅控制器；6—防风罩；7—点火器；8—可燃气管

图 2-25　计算机控制闪点测定仪

（2）准备　闪点仪的内坩埚用无铅汽油或乙醇洗涤后，放于加热器上加热以除去残留的液体。冷却到室温后放入装有细砂的外坩埚，细砂表层距内坩埚的上沿约 12mm，内外坩埚的底部之间保持厚度为 5～8mm 的细砂层。

试样注入内坩埚时，试样较稠时应先将其加热到流动状态，但不得超过其预期闪点前 56℃，对于闪点在 210℃ 以下的试样，液面装到距离坩埚口部边缘 12mm 处（即内坩埚上刻线处）；对于闪点在 210℃ 和 210℃ 以上的试样，液面装到距离口部边缘 18mm 处（即内坩埚下刻线处）。试样向内坩埚注入时，不应泄出，而且液面以上的坩埚壁不应沾有试样。试样温度与室温相关较大时，装入坩埚前应预先放至室温。

将装好的坩埚平稳地放置在支架上的铁环中。再将温度计垂直地固定在温度计夹上，温度计必须放在内坩埚中央，其水银球的中心点距坩埚底和液面的距离大约相等。测定装置应放在避风和较暗的地方并用防护屏围着，使闪点现象能够看得清楚。

（3）测定步骤　加热外坩埚使试样逐渐升温，当试样温度达到预计闪点前 60℃ 时，调整加热速率，以使试样温度达到闪点前 40℃ 时能控制升温速率为 4℃/min±1℃/min。

试样温度达到预期闪点前 10℃ 时，将点火器的火焰调整到 3～4mm，放到距离试样表面 10～14mm 处，并在该处水平面上靠温度计附近与坩埚内径平行作直线移动，从坩埚的一边移至另一边所经过的时间为 2～3s。试样温度每升高 2℃，应重复一次点火试验，接近预期闪点前 4～5℃ 时应每升高 1℃ 重复一次点火试验。

试样液面上方最初出现火焰时，立即从温度计读出温度作为闪点的测定结果。按同样的方法测定两次。连续测定的两个结果，闪点凑数不应超过 2℃，其算术平均值作为试样的闪点。

大气压力低于 745mmHg（1mmHg＝133.32Pa，下同）时，试样所得的闪点按下式修正（精确到 1℃）。

$$T_{760} = T_p + K(760 - P) \qquad (2\text{-}26)$$

式中　T_{760}——相当于 760mmHg 大气压力时的闪点，℃；

　　　T_p——在试验条件下测得的闪点，℃；

　　　P——试验条件下的大气压力，mmHg；

　　　K——试验常数，对邻苯二甲酸酯、二元酸酯、二元醇酯、环氧酯等增塑剂其值为 0.063，对烷基磺酸苯酯增塑剂为 0.044。

2.6.2　如何对塑料增塑剂的酸值及酸度进行测定？

酸值表示有机物中游离酸含量的大小，用中和 1g 物质所需氢氧化钾的质量（mg）表示。在塑料工业中，用于测定树脂、增塑剂、溶剂中的酸含量。少量酸的存在，会对树脂起催化作用，使树脂的稳定性降低，影响产品的使用。因此必须测定酸值，以便加以控制。

酸值是指在实验条件下，中和 1g 试样中的酸性物质所需的氢氧化钾（或氢氧化钠）的质量（mg），增塑剂的酸值由 GB/T 1668—2008 确定。

（1）测定原理　用乙醇石油醚-乙醇（无水）作溶解试样的溶剂，以酚酞为批示剂，用氢氧化钾-乙醇标准滴定溶液滴定试样。

（2）仪器　对于磨口锥形瓶，100～125mL 或 250mL；对于微量滴定管，分度不大于 0.02mL。

（3）测定步骤　对含有易溶于乙醇和既不易溶于乙醇又不易溶于水的游离酸的增塑剂酸值及酸度的测定，取 50mL 乙醇或石油醚-乙醇混合液，加入 0.25mL 酚酞批示液或 1mL 溴甲酚紫指示液，用 0.1mol/L 氢氧化钠或 0.02mol/L 的氢氧化钾中和至微粉红或绿色，备用。

用磨口锥形瓶称取易溶于乙醇的试样 50g（精确至 0.5g），不易溶于水又不易溶于乙醇的试样称取 5～10g（精确至 0.01g），然后加入上步配好的并中和好的溶液，待试样完全溶解后，用 0.1mol/L 氢氧化钠标准滴定液或 0.02mol/L（0.05mol/L）氢氧化钾-乙醇标准滴定溶液滴定试样，滴定在 30s 内完成，直至微粉红色或绿色出现并保持 5s 不褪色即为终点。

对含有不易溶于乙醇、溶于水的游离酸的增塑剂，用磨口锥形瓶称取试样 5～10g（精确至 0.01g），加入石油醚-乙醇混合液 40mL，待试样完全溶解后再加入 50mL 无二氧化碳的水，加 5 滴酚酞批示剂，用 0.05mol/L 氢氧化钠标准滴定溶液滴定至粉红色并保持 15s 不褪色即为终点，同时做空白实验。

（4）计算结果　酸值 X 以中和 1g 增塑剂所需氢氧化钾的质量（mg）计，数值以 mg/g 表示，按下式计算。

$$X = \frac{(V - V_0)cM}{m}$$

(2-27)

式中　X——试样的酸值（以 KOH 计），mg/g；

　　　V——试样消耗氢氧化钠（氢氧化钾-乙醇）标准滴定溶液的体积，mL；

　　　V_0——空白试验消耗氢氧化钠（氢氧化钾-乙醇）标准滴定溶液的体积，mL；

　　　c——氢氧化钠（氢氧化钾-乙醇）标准滴定溶液的浓度的准确数值，mol/L；

　　　m——试样的质量，g；

　　　M——氢氧化钾的摩尔质量，g/mol，（$M = 56.11$g/mol）。

酸度 A 以增塑剂中相应游离酸的质量分数计，数值以％表示，按下式计算。

$$A = \frac{(V - V_0)cM_A}{10mn_A} \tag{2-28}$$

式中　A——试样的酸度，%（质量分数）；

　　　V——试样消耗氢氧化钠（氢氧化钾-乙醇）标准滴定溶液的体积的数值，mL；

　　　V_0——空白试验消耗氢氧化钠（氢氧化钾-乙醇）标准滴定溶液的体积，mL；

　　　c——氢氧化钠（氢氧化钾-乙醇）标准滴定溶液的浓度的准确数值，mol/L；

　　　m——试样的质量，g；

　　　M_A——相应酸的摩尔质量，g/mol；

　　　n_A——相应酸的羧基数。

2.6.3　如何测定环氧增塑剂的环氧值？

增塑剂的环氧值由 GB/T 1677—2008 标准规定。环氧值是指每 100g 试样中环氧烷基中氧的含量。以下介绍标准中的盐酸丙酮法测环氧增塑剂的环氧值。

(1) 仪器　具塞磨口三角锥形瓶：250mL。

容量瓶：1000mL。

碱式滴定管：50mL，分度 0.01mL。

(2) 试剂和溶液　盐酸（GB 622—1977）：分析纯，相对密度 1.18。

丙酮（GB 686—1978）：分析纯。

氢氧化钠（GB 629—1981）：分析纯，0.15mol/L 标准溶液。

95%乙醇（GB 679—1980）。

酚酞（HGB 3039—1959）。

甲酚红（邻位甲酚磺钛）（HGB 3084—1959）。

百里香酚蓝（HG 3-1223—1979）。

盐酸—丙酮溶液：取盐酸 1 份，丙酮 40 份（体积比）混合，密闭贮存于玻璃瓶中，备用（现配现用）。

酚酞指示液：取酚酞 1g 溶于 100mL 乙醇中。

混合指示液如下。

① 0.1%甲酚红溶液：精确称取甲酚红 100mg（准确至 0.0002g），加 0.1mol/L 氢氧化钠 26mL，溶解后加蒸馏水稀释至 100mL。

② 0.1%百里香酚蓝溶液：精确称取百里香酚蓝 100mg（准确至 0.0002g），加 0.01mol/L 氢氧化钠 22mL，溶解后加蒸馏水稀释至 100mL。

取 0.1%甲酚红溶液 10mL，加 0.1%百里香酚蓝溶液 30mL，混合均匀。以 0.01mol/L 氢氧化钠及 0.01mol/L 盐酸溶液调至中性（混合指示剂约在 pH 值为 9.8 时变色）。

(3) 测定步骤　精确称取试样 0.5~1g（准确至 0.0002g），置于 250mL 具塞磨口三角锥形瓶中，精确加入盐酸-丙酮溶液 20mL，密塞，摇匀后放置暗处，静止 30min，加入混合指示液 5 滴，用 0.15mol/L 氢氧化钠标准溶液滴定至紫蓝色，同时做空白试验。

(4) 结果计算　环氧值 X 按下式计算。

$$X = \frac{\left[V - \left(V_1 - \frac{V_2}{G} \times W\right)\right] N \times 0.016}{W} \times 100\% \tag{2-29}$$

式中　V——空白试验消耗氢氧化钠标准溶液的体积，mL；

V_1——试样试验消耗氢氧化钠标准溶液的体积，mL；

V_2——试样中测定酸值消耗氢氧化钠标准溶液的体积，mL；

N——氢氧化钠标准溶液的浓度，mol/L；

W——试样质量，g；

G——测定酸值时试样的质量，g；

0.016——氧的毫克当量。

（5）允许差　取两次平行测定结果的算术平均值为测定结果，计算结果表示到小数点后两位。两次平行测定结果之差不得大于 0.15%。

2.7　树脂水萃取液导电性测定疑难解答

2.7.1　如何对聚氯乙烯树脂水萃取液电导率进行测定？

聚氯乙烯树脂水萃取液电导率的测定由 GB/T 2915—2013 国家标准规定。该标准规定了以电导率仪测定聚氯乙烯树脂水萃取液电导率的方法。电导率是指 1cm³ 水溶液在规定温度下相对两平面间交流电阻（欧姆）值的倒数，单位为微西门子每厘米（μS/cm）。

（1）测试原理　将树脂的水分散物加热至微沸，树脂中的离子型杂质使水萃取液电导率升高，通过比较其与去离子水电导率的差值，确定单位质量树脂水萃取液的电导率。

（2）仪器与试剂

① 仪器　电导率仪，测定范围为 0～2S/cm，精度为 ±1%（FS），具有温度补偿功能；电导电极的电极常数为 0.1、1。

② 试剂　去离子水，电导率不大于 3μS/cm；异丙醇，分析纯。

（3）测试步骤　在预先用煮沸的去离子水冲洗两次的锥形瓶中加入 2.0g 试样，精确至 0.01g，然后加入 5mL 异丙醇，摇动锥形瓶，使试样完全浸润，再加入 100mL 去离子水，在锥形瓶上放一个表面皿，将锥形瓶置于电炉上加热，微沸 5min，冷却至室温，待树脂下沉后，将电导电极放入锥形瓶的水萃取液中，30s 后读取该水萃取液的电导率值，同时进行空白实验。

（4）结果表示

① 结果计算　单位质量聚氯乙烯树脂水萃取液电导率 K 值按下式计算。

$$K = \frac{K_1 - K_0}{m} \tag{2-30}$$

式中　K——单位质量聚氯乙烯树脂水萃取液的电导率，μS/(cm·g)；

K_1——试样水萃取液电导率，μS/cm；

K_0——空白电导率，μS/cm；

m——试样质量，g。

以两次测定值的算术平均值作为报告结果，修约至整数。

② 重复性　同一样品，两次测定结果的变异系数应不大于 14.7%。若两次测定值均不大于 2.0μS/(cm·g)，则忽略其偏差，直接计算平均值作为报告结果。

③ 再现性　同一样品，不同实验室间测定结果的变异系数应不大于 17.2%。

2.7.2　酚醛树脂水抽提物电导率如何进行测定？

酚醛树脂水抽提物电导率的测定是将丙酮-水混合液加到树脂溶液中，让所产生的沉淀沉降，测定树脂沉淀之上的悬浮液的电导，计算得到电导率。

（1）操作步骤 取 10.00g±0.05g 树脂溶液，若为固体，先用丙酮配成 1∶1（质量比）的溶液，加入 10g 丙酮，搅拌均匀；在强烈搅拌下，滴加 100mL 丙酮-去离子水，形成乳液，沉淀 3min，测量树脂上面的悬浮液的电导；在特殊情况下，可用 8.0g 树脂，加入 80mL 去离子水，在 95℃抽提 20h，测量电导；在相同条件下做空白实验。

（2）结果计算 酚醛树脂电导率按下式计算。

$$V = K(G_1 - G_0) \tag{2-31}$$

式中 V——电导率，$\mu S/cm$；

K——电导池常数，cm^{-1}；

G_0——空白试验溶液电导，μS；

G_1——树脂悬浮液电导，μS。

第3章

塑料工艺性能测试疑难解答

3.1 塑料密度测试疑难解答

3.1.1 如何测定塑料密度与相对密度？

塑料密度大小在一定程度上体现了其聚集态结构，所以对塑料密度进行测定对了解其聚集态结构及性能有较大的意义。

(1) 密度与相对密度 塑料密度是指在规定温度下，单位体积塑料的质量。温度 t(℃) 时的密度用 ρ_t 表示，单位为 kg/m^3、g/cm^3 或 g/mL。一般是测定23℃、25℃或20℃时的密度。质量是指物体含物质的多少，它不随物体的形状、温度、状态等而改变，不随地理位置的变化而改变。重量是指物体所受重力的大小，重量在不同的地方其大小是不同的。相对密度是指一定体积物质的质量与同温度下相同体积的参比物质质量之比。温度 t/t(℃) 时的相对密度用 d_t^t 表示。参比物质为水时，称为相对密度，无量纲。

(2) 测试原理 密度的测试方法有多种，不同方法其原理不同，现分述如下。

① 浸渍法 试样在规定温度的浸液中，所受到浮力的大小，根据牛顿定律，等于试样排开浸渍液的体积与浸渍液密度的乘积。而浮力的大小可以通过测量试样的质量与试样在浸渍液中的表观质量求得，用数学式表示：$m_1 - m_2 = V_1 \rho_0$，可转换成下式。

$$V_1 = \frac{m_1 - m_2}{\rho_0} \tag{3-1}$$

式中 V_1——试样的体积，cm^3；

m_1——试样的质量，g；

m_2——试样在浸渍液中的表观质量，g；

ρ_0——浸渍液的密度，g/m^3。

试样的体积和质量均可以测得，可以求得试样密度 ρ，其计算公式如下。

$$\rho = \frac{m_1}{V_1} = \frac{m_1 \rho_0}{m_1 - m_2} \tag{3-2}$$

② 比重瓶法 该法是通过测量密度瓶中试样所排开的浸渍液的体积所具有的质量，计算出试样的体积，由试样的质量和体积计算出试样的密度，其计算公式如下。

$$\rho = \frac{m_1 \rho_0}{m_1 - m_2 + m_3} \tag{3-3}$$

式中　m_1——比重瓶中试样的质量，g；

m_2——比重瓶中装有试样与浸渍液，试样与浸渍液的质量，g；

m_3——比重瓶全部装浸渍液时浸渍液的质量，g；

ρ_0——浸渍液的密度，g/cm³。

③ 浮沉法　用两种密度不同的浸渍液配制成与试样具有相同密度的浸渍液，然后将试样放入浸渍液中，使试样长久漂浮在液体中，不浮起来也不沉下去，测定浸渍液的密度便可知试样的密度。

④ 密度梯度法　用两种不同密度的浸渍液在密度梯度管内配制成密度梯度柱，用标准玻璃浮标标定梯度管内浸渍液的密度梯度，将试样放入梯度管内，观察试样停留在什么位置，根据标定值便可知其试样的密度。

(3) 浸渍法测试仪器与步骤

① 仪器　天平，感量 0.1mg，最大称量 200g 或以上；金属丝，直径小于 0.10mm；容器，500mL 烧杯。

② 测试步骤　准备好试样，为 1～3g，精确衡量，并称量金属丝的质量；调节好浸渍液温度；用金属丝捆住试样，放入浸渍液中，金属丝挂在天平上进行称量；若试样密度小于 1g/cm³ 时，则需加一个小铜锤或不锈钢锤，使试样能沉没于浸渍液；称量金属丝与重锤在浸渍液中的质量。

③ 结果计算　如果试样密度大于 1g/cm³，则按下式计算。

$$\rho_t = \frac{(a-w)\rho_x}{a-b} \tag{3-4}$$

式中　ρ_t——温度为 t(℃) 时的试样密度，g/cm³；

a——试样与铜丝的质量，g；

w——铜丝的质量，g；

b——试样与铜丝在浸渍液中的表观质量，g；

ρ_x——浸渍液密度，g/cm³。

如果试样密度小于 1g/cm³，则按下式计算。

$$\rho_t = \frac{(a-w)\rho_x}{a-(b-c)} \tag{3-5}$$

式中　c——铜丝与金属锤在浸渍液中的表观质量，g。

其他字母含义与式(3-4) 中相同。

(4) 影响因素　浸渍法测定塑料密度的主要影响因素有四点，简述如下。

① 悬丝粗细和种类的选择　目前国际上对悬丝有的国家有规定，有的国家则没有规定，根据我国的实践，悬丝的直径为 0.10～0.13mm 比较合适。太粗需考虑悬丝在浸渍液中受到的浮力，太细则强度不够，选择较合适的直径，使其在浸渍液中所受到的浮力忽略不计。悬丝的种类通常选择不带漆膜的铜丝，头发丝也可以。它们既柔软，又具有足够的强度，与浸渍液也不起化学反应。

② 试样在浸渍液中距液面的高度的影响　在各国的方法中，对试样在浸渍液中距液面的高度大都有明确的规定。太靠近液面，受液面张力的影响，影响数据准确性，通常规定大

于 10mm。

③ 容器的大小影响　盛浸渍液的容器，当试样放入浸渍液中，如果容器太小，则试样太靠近边缘，影响数据准确，通常试样距容器边缘应大于 20mm。

④ 试样吸附的气泡影响　由于试样在浸渍液中受到的浮力是通过测量试样的质量和试样在浸渍液中的表观质量求得的，如果吸附有气泡或试样本身有气泡，都会严重影响测试结果，一定要彻底排除吸附的气泡，如果试样本身有气泡则应重新制样。

3.1.2　如何测定塑料粉粒料的表观密度？

塑料粉粒料的表观密度又称为堆砌密度，其测试方法按 GB/T 1636—2008 执行，是利用树脂或塑料的自重，将试样从规定的高度自由落入已知容积的容器中，测量单位体积的树脂或塑料的质量，即得该试样的堆砌密度（表观密度）的大小。

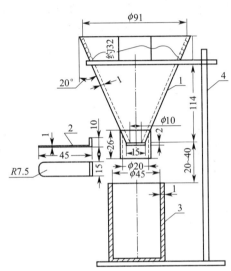

图 3-1　表观密度测定装置
1—漏斗；2—挡料板；3—测量量筒；4—支架

（1）原材料与仪器设备

① 原材料　粉状、粒状、片状或纤维状树脂或塑料。

② 主要仪器设备　天平（感量 0.1g）；漏斗（金属制，内表面光滑，形状及尺寸如图 3-1 所示）；测量圆筒（金属制，内表面光滑，容积为 100.0cm³ ± 0.5cm³）；量筒或量杯（150～200mL）；刮料板（直尺）。

（2）测试步骤

① 按图 3-1，把漏斗垂直架置，其下端小口距测量量筒正上方 20～40mm 处，尽可能与测量量筒同轴。

② 用挡料板封闭漏斗下端小口，在天平上称量量筒质量（准确至 0.1g），将 115cm³ ± 5cm³ 试样混匀后轻轻倒入漏斗中。

③ 迅速抽开漏斗挡料板，让试样自由流进测量量筒，不允许震动或敲击容器。

④ 当测量量筒已装满试样，用刮板垂直刮去测量量筒顶部多余的试样。然后在天平上称量圆筒中试样的质量（准确至 0.1g）。

⑤ 把已用过的试样倒入瓷盘，可用于成型加工。重新取料，重复按实验步骤进行实验，需重复三次实验完成试样的测定。

（3）实验结果与报告　实验结果按下式计算。

$$D = \frac{W_2 - W_1}{V} \tag{3-6}$$

式中　D——塑料堆砌密度，g/cm³；

W_2——装满试样的测量量筒的质量，g；

W_1——测量量筒的质量，g；

V——测量量筒的体积，cm³。

用三次实验数据计算的 D 值的算术平均值作为实验结果。

实验报告实验报告应包括下列内容：

① 实验名称、要求和实验原理；

② 实验仪器、原材料名称、型号、生产厂商；

③ 实验操作步骤；

④ 实验条件（标准）和实验结果记录。

3.1.3　如何测定泡沫塑料的表观密度？

泡沫塑料的表观密度由 GB/T 6343—2009 国家标准规定。可按此标准来测定泡沫塑料的表观密度。

（1）仪器

① 天平　称量精确度 0.1%。

② 量具　符合 GB/T 6342—1996。

（2）试样

① 尺寸　试样的形状便于体积的计算。切割时，应不改变原始泡孔结构。试样总体积至少为 100cm³，在仪器允许及保持原始形状不变的条件下尺寸尽可能大。对于硬质材料用从大样品上切下的试样进行表观总密度的测定时，试样和大样品的表面积与体积之比应相同。

② 数量　至少测试 5 个试样。在测定样品的密度时，会用到试样的总体积和总质量。试样应制成体积可精确测量的整规几何体。

（3）状态调节　测试用样品材料制成后，应至少放置 72h，才能进行试样制备。经验数据表明，材料制成后放置 16h 或 48h，测出的密度与放置 72h 测出的密度相差小于 10%，放置时间可减少到 16h 或 48h。样品应在下列规定的标准环境或干燥环境（干燥器中）下至少放置 16h，这段状态调节时间可以是在材料制成后放置 72h 中的一部分。

标准环境条件应符合 GB/T 2918—1998 的要求：①23℃±2℃，50%±10%；②23℃±5℃，(50^{+20}_{-10})%；③27℃±5℃，(65^{+20}_{-10})%。干燥环境 23℃±2℃ 或 27℃±2℃。

（4）试验步骤　按 GB/T 6342—1996 的规定测量试样的尺寸，单位为毫米（mm）。每一个尺寸至少测量三个位置，对于板状的硬质材料，在中部每个尺寸测量五个位置，分别计算每个尺寸的平均值，并计算试样的体积。

称量试样，精确到 0.5%，单位为 g。

（5）结果计算式　按下式计算表观密度，取其平均值，并精确到 0.1kg/m³。

$$\rho = \frac{m}{V} \times 10^6 \tag{3-7}$$

式中　ρ——表观密度（表观总密度或表观芯密度），kg/m³；

m——试样的质量，g；

V——试样的体积，mm。

对于一些低密度的闭孔材料（如密度小于 15kg/m³ 的材料），空气浮力可能会导致测量结果产生误差，在这种情况下表观密度应用下式计算。

$$\rho_a = \frac{m + m_a}{v} \times 10^6 \tag{3-8}$$

式中　ρ_a——表观密度（表观总密度或表观芯密度），kg/m³；

m——试样的质量，g；

m_a——试样的质量，g；

V——试样的体积，mm。

注：m_a 指在常压和一定温度时的空气密度（g/mm³）乘以试样体积（mm³）。当温度为 23℃，大气压为 101325Pa（760mm 汞柱）时，空气密度为 1.220×10^{-5} g/mm³；当温度为 27℃，大气压为 101325Pa（760mm 汞柱）时，空气密度为 1.1955×10^{-5} g/mm³。

标准偏差估计值 S 由式(3-9)计算，取两位有效数字。

$$s = \sqrt{\frac{\sum x^2 - n \bar{x}^2}{n-1}} \tag{3-9}$$

式中　s——标准偏差估计值；

$\bar{x}$——单个测试值；

x——组试样的算术平均值；

n——测定个数。

（6）精确度　本测试方法给出的值，只来自于使用硬质材料并经 72h 状态调节后得到的数据。对于其他材料和其他状态调节时间其数值的有效性还有待确定。对个别材料，本实验方法在实验室之间和实验室内精确度预计不同。对于特定材料而言，多个实验室的对比试验结果显示，在实验室内所测得的绝对密度误差可以控制在 1.7％以内（置信水平 95％）；在不同的实验室之间，对于同一试样测量出的绝对密度误差可以控制在 2.6％以内（置信水平 95％）。

（7）实验报告　实验报告应包括下列各项：采用标准的编号；试验材料的完整标识；状态调节的温度和湿度；试样是否有表皮和表皮是否除去；无僵块、条纹及其他缺陷；各次试验结果，详述试样情况（形状、尺寸和取样位置）；表观密度（表观总密度或表观芯密度）的平均值和标准偏差估计值；是否对空气浮力进行补偿，如果已补偿，给出修正量，试验时的环境温度、湿度及大气压；任何与本标准规定步骤不符之处。

3.1.4　如何测定环氧树脂的密度？

环氧树脂密度的测定一般采用比重瓶法，测定方法由 GB 12007.5—1989 国家标准规定，该标准规定了在 23℃下用比重瓶测定液体环氧树脂密度的方法。适用于低黏度和中等黏度液体环氧树脂密度的测定，测试原理是在 23℃下测定已知容积比重瓶中所含树脂的质量，除以比重瓶的容积，即为树脂的密度。

（1）仪器

① 比重瓶　用 50mL 或 100mL 容量瓶改制。刻度以上颈部高度不得超过 50mm，比重瓶的参数应符合表 3-1 的要求。

表 3-1　比重瓶的参数要求

容积 V/mL	颈部内径 d/mm
100.0±0.1	13±1
50.00±0.05	11±1

比重瓶在 23℃的容积，由同一温度下该比重瓶中所容纳蒸馏水或去离子水的质量进行校正。

② 漏斗　颈长正好插到比重瓶刻度，其外径略小于比重瓶颈部内径，内径应尽可能大。

③ 天平　感量 0.1mg。

④ 恒温水浴　保持在 23.0℃±0.1℃。

⑤ 具塞锥形瓶　容量为 200～600mL。

（2）试样　将约150g树脂放入具塞锥形瓶中，加热至40℃±5℃，确保无气泡。如有气泡应保温静置至气泡消失，或用金属丝轻擦容器壁，排除气泡后作为试样。

（3）操作步骤　将比重瓶洗净，在105℃±5℃烘箱中烘干，于室温下放置30min后称量，准确到0.1mg；将漏斗放入比重瓶，从漏斗中加入试样至刻线，取出漏斗，其颈端部不得碰到比重瓶内壁，瓶内试样不能有气泡；将盛有试样的比重瓶放入23.0℃±0.1℃的恒温水浴中，恒温60min后，滴加试样至刻线，继续恒温，直至液面稳定在刻度线上为止。将恒温的比重瓶从水浴中取出、擦干，在室温下放置30min，称量盛有试样的比重瓶的质量，准确到0.1mg。

（4）结果计算　液体环氧树脂密度按式（3-10）计算。

$$\rho_{23} = \frac{m_1 - m_0}{V} + \rho_a \tag{3-10}$$

式中　ρ_{23}——23℃时试样的密度，g/mL；

m_1——盛有试样的比重瓶在23℃时的表观质量，g；

m_0——空比重瓶在23℃时的表观质量，g；

ρ_a——23℃时的空气密度，近似等于0.0012g/mL；

V——23℃时比重瓶的容积，mL。

比重瓶容积按式（3-11）计算。

$$V = \frac{m_2 - m_0}{\rho_e - \rho_a} = \frac{m_2 - m_0}{0.9964} \tag{3-11}$$

式中　V——比重瓶的容积，mL；

m_2——盛有蒸馏水或去离子水的比重瓶在23℃时的表观质量，g；

ρ_e——23℃时蒸馏水或去离子水的密度，等于0.9978g/mL。

以两次平行测定的算术平均值为试验结果，取至小数点后第三位，平行试验结果之差不大于0.001g/mL。

（5）试验报告　试验报告应包括以下内容：注明按照本国家标准；注明试样名称、型号、批号、生产日期；试验结果；可能影响结果的因素；试验人员；试验日期。

3.2　塑料成型加工工艺性能测试疑难解答

3.2.1　如何测定热塑性塑料的熔体流动速率？

塑料的熔体流动速率又称为熔体指数或熔融指数，是指在一定温度和负荷下，聚合物熔体每10min通过标准口模的质量（g），是评价热塑性聚合物熔体流动性的一个重要指标。虽然熔体流动速率能很方便地表示热塑性塑料的流动性高低，但是熔体流动速率测定时的剪切速率远低于成型过程中的实际剪切速率，故它不能完全代表成型时的实际流动能力，所以，熔体流动速率对于热塑性塑料成型时材料的选择和工艺条件的设定具有一定的参考价值。此外，对于同一种聚合物，在相同的条件下，单位时间内流出量越大，熔体流动速率就越大，流动性越好，说明其平均分子量越低，因此可作为生产上的品质控制指标。

（1）测试设备　熔体流动速率可采用熔体指数仪进行测定，它是一种简单的、毛细管式的、低切变速率下工作的仪器，由主体和加热控制两个部分组成，其结构示意图如图 3-2 所示。

（2）测试方法　熔体流动速率的测试方法由 GB/T 3682—2000 规定。如前所述，熔体流动速率，又称熔融指数或熔体指数，其定义为：在规定条件下，一定时间内挤出的热塑性物料的量，也即熔体每 10min 通过标准口模毛细管的质量，用 MFR 表示，单位为 g/10min。

近年来，熔体流动速率从"质量"的概念上，又引申到"体积"的概念上，即增加了熔体体积流动速率。其定义为：熔体每 10min 通过标准口模毛细管的体积，用 MVR 表示，单位为 cm³/10min。对于原先的熔体流动速率，则明确地称其为熔体质量流动速率，仍记为 MFR。熔体质量流动速率与熔体体积流动速率已在 ISO 1133：1997 标准中明确提出，我国的标准 GB/T 3682—2000 也作了相应修订。

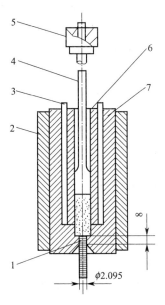

图 3-2　熔体指数仪结构示意图
1—出料孔；2—保温层；3—加热器；
4—柱塞；5—重锤；6—热电偶
测温管；7—料筒

① 质量法（参照 GB/T 3682—2000 中"6. 方法 A"）　熔体流动速率由式(3-12)计算。

$$\mathrm{MFR}(\theta, m_{\mathrm{nom}}) = \frac{t_{\mathrm{ref}} m}{t} \tag{3-12}$$

式中　θ——试验温度，℃；
m_{nom}——标称负荷，kg；
m——切段的平均质量，g；
t_{ref}——参比时间（10min），s；
t——切段的时间间隔，s。

结果用两位有效数字表示，并记录所用试验条件。

② 体积法（参照 GB/T 3682—2000 中"7. 方法 B"）　熔体熔融状态下的密度由式(3-13)计算。

$$\rho = \frac{m}{Al} = \frac{m}{0.711 l} \tag{3-13}$$

式中　ρ——熔体熔融状态下的密度，g/cm³；
m——称量测得的活塞移动 l(cm) 时挤出的试样质量，g；
A——活塞和料筒的截面积平均值（等于 0.711cm²），cm²；
l——活塞移动的测量距离，cm。

结果用两位有效数字表示，并记录所用试验条件。

熔体质量流动速率，其计算公式如下。

$$\mathrm{MFR}(\theta, m_{\mathrm{nom}}) = \frac{A t_{\mathrm{ref}} L \rho}{t} = \frac{427 L \rho}{t} \tag{3-14}$$

式中　θ——试验温度，℃；
m_{nom}——标称负荷，kg；
A——活塞和料筒的截面积平均值（等于 0.711cm²），cm²；
t_{ref}——参比时间（10min），s；

L——活塞移动预见测量距离或各个测量距离的平均值，cm。

ρ——熔体熔融状态下的密度，g/cm^3；

t——预定测量时间或各个测量时间的平均值，s。

结果用两位有效数字表示，并记录所用试验条件。

熔体体积流动速率，计算公式如下。

图 3-3　ZRZ 系列熔体流动
速率试验机外观

$$MVR(\theta, m_{nom}) = \frac{At_{ref}L}{t} = \frac{427L}{t} \tag{3-15}$$

式中　θ——试验温度，℃；

m_{nom}——标称负荷，kg；

A——活塞和料筒的截面积平均值（等于 $0.711cm^2$），cm^2；

t_{ref}——参比时间（10min），s；

L——活塞移动预见测量距离或各个测量距离的平均值，cm。

t——预定测量时间或各个测量时间的平均值，s。

结果用两位有效数字表示，并记录所用试验条件。

（3）测试步骤　以测定聚丙烯粒料的熔体流动速率为例来说明其测试步骤，使用的仪器是 ZRZ1452 熔体流动速率试验机与万分之一的电子天平。ZRZ 系列熔体流动速率试验机外观如图 3-3 所示。

① 质量法测定聚丙烯的熔体流动速率　将熔体流动速率试验机安置在稳固的工作台上，移去料杆，调节仪器底部螺栓至水平。按 GB/T 3682—2000 和 ISO 1133：1997 进行测试验参数的选择。

质量法的试验参数选择包括标准口模内径、试验温度、标称负荷、料筒中试样的加入质量、挤出物切段时间间隔。

料筒中试样的加入质量和挤出物切段时间间隔按表 3-2 进行选择。

表 3-2　料筒中试样的加入质量和挤出物切段时间间隔

熔体流动速率 /(g/10min)	试样加入量/g		切割时间间隔/s	
	GB 标准	ISO 标准	GB 标准	ISO 标准
0.1~0.5	3~4	4~5	120~240	240
0.5~1	3~4	4~5	60~120	120
1~3.5	4~5	4~5	30~60	60
3.5~10	6~8	6~8	10~30	30
>10	6~8	6~8	5~10	5~15

根据试样，预计熔体流动速率，按表 3-2 称取试样，确定挤出物切段时间间隔。

标准口模内径、试验温度和标称负荷的高低及大小按表 3-3 和表 3-4 进行确定。表 3-3 和表 3-4 列出的是常用热塑性塑料已证明适用的试验条件，共聚、共混和改性等类型的塑料，也可参照下列分类试验条件选用。

表 3-3　常用塑料试验条件选择表

常用塑料	序号	常用塑料	序号
聚乙烯	1、3、4、5、7	聚碳酸酯	20
聚甲醛	4	聚酰胺	10、16
聚苯乙烯	6、8、11、13	丙烯酸酯	9、11、13
ABS	8、9	纤维素酯	3、4
聚丙烯	12、14		

注：试验条件中的数字，为表 3-4 中的序号。

表 3-4 熔体流动速率的测试及标称负荷

序号	标准口模内径/mm	试验温度/℃	标称负荷/kg
1①	2.095	150	2.160
2	2.095	190	0.325
3	2.095	190	2.160
4	2.095	190	5.000
5	2.095	190	10.000
6	2.095	190	21.600
7	2.095	200	5.000
8	2.095	200	10.000
9	2.095	230	0.325
10	2.095	230	1.200
11	2.095	230	2.160
12	2.095	230	3.800
13	2.095	230	5.000
14	2.095	265	12.500
15	2.095	275	0.325
16	2.095	280	2.160
17	2.095	190	5.000
18	2.095	220	10.000
19	2.095	230	5.000
20②	2.095	300	1.200

① 仅参照 ISO 标准。

② 仅参照国标。

测试试验机操作步骤如下。

a. 称量好所需质量的试样，并准备好所需标称负荷所对应的砝码，备用。

b. 打开 ZRZ1452 熔体流动速率试验机电源。

c. 在温控器控制面板上设定试验温度。

控温表上方的 PV 窗口显示的数值是料筒内的实际温度，下方的 SV 窗口显示的数值是预设温度值；当实际温度低于预设温度时，仪器会给料筒持续加温，直到实际温度达到预设温度为止。

d. 在试验控制器面板上设定或输入相关试验参数，包括试验方法（质量法或体积法）和挤出物切段时间间隔。

e. 料筒内的实际温度达到设定温度时，恒温 5～10min。

f. 用装料斗和装料杆逐次装入并压实称量好的试样。

g. 将活塞杆放入料筒中，并装好 T 形砝码，按下控制面板上的"start"键，恒温 5min。

h. 当仪器第二次报警铃声响起后，迅速将所需标称负荷所对应的砝码放在 T 形砝码上（需在 10s 内完成）。

i. 到达设定时间时自动切料，用干净的表面皿接住切割下的样条。

j. 用天平称出挤出样条的质量，并记录，计算熔体质量流动速率（MFR）。

② 体积法测定聚丙烯的 MFR 和 MVR　与质量法相似，也是先将仪器安置在稳固的工作台上，移去料杆，调节仪器底部螺栓（即底脚螺钉）至水平。再进行试验参数选择（参照 GB/T 3682—2000 和 ISO 1133：1997），体积法的试验参数选择包括标准口模内径、试验温度、标称负荷、料筒中试样的加入质量、活塞移动预见测量距离（行程）。

标准口模内径、试验温度、标称负荷、料筒中试样的加入质量的确定，参照"质量法"相关内容。

活塞移动预见测量距离（行程）的确定见表3-5。

表 3-5 活塞移动预见测定距离（行程）的确定

MFR/(g/10min)	行程/mm
0.1～2	3.175
2～20	6.35
20～100	12.7
100～400	25.4

根据试样，预计熔体流动速率，按表3-6选择活塞移动预见测量距离。

试验机操作步骤如下。

a. 称量好所需质量的试样，并准备好所需标称负荷所对应的砝码，备用。

b. 打开 ZRZ1452 熔体流动速率试验机电源。

c. 在温控器控制面板上设定试验温度。

控温表上方的 PV 窗口显示的数值是料筒内的实际温度，下方的 SV 窗口显示的数值是预设温度值；当实际温度低于预设温度时，仪器会给料筒持续加温，直到实际温度达到预设温度为止。

d. 在试验控制器面板上设定或输入相关试验参数，包括试验方法（质量法或体积法）、活塞移动预见测量距离（行程）、标称负荷、试验温度、试样密度（虚拟值为 1.0g/cm³）。

值得注意的是试样密度输入的为虚拟值，真实密度应在实验后根据试验数据计算得出。试验参数设定输入的是虚拟值，并不影响试验结果的准确性。

e. 料筒内的实际温度达到设定温度时，恒温 5～10min。

f. 用装料斗和装料杆逐次装入并压实称量好的试样。

g. 将测试杠杆翘起，活塞杆放入料筒中，并装好 T 形砝码（注意：活塞杆第一刻线要高于定位套上边缘）。按下控制面板上的"start"键，恒温 5min。

h. 当仪器第二次报警铃声响起后，迅速将所需标称负荷所对应的砝码放在 T 形砝码上（需在 10s 内完成）。当活塞杆达到预定位置时，仪器开始重新计时，并切料一次。当达到预定行程时，计时停止，再一次切料，用干净的表面皿接住切割下的样条。

i. 按一下"print"键，打印机自动将一系列参数及测试结果打印出来，记录其中的测量时间。

g. 用天平称出挤出样条的质量，并记录，计算熔体熔融状态下的密度（ρ）、熔体质量流动速率（MFR）和熔体体积流动速率（MVR）。

（4）试验后的清理工作 完成测试试验后的清理工作对设备保养来说是非常重要的，主要做好如下四点。

① 待料筒内的料全部挤出后，取下砝码和活塞杆，并把活塞杆清洗干净。

② 把口模挡板手柄向内推入，用顶杆顶出出料口模，用料口塞子清除出料口，再用纱布条在小孔内反复擦拭，直到干净为止。同时把顶杆清洗干净。

③ 用洁净的白纱布绕在清料杆上，趁热擦拭料筒，擦干净为止。

④ 关闭仪器电源，拔下电源插头。

（5）测试结果表示 完成测试后要填写好表3-6和表3-7，表中内容对测试结果进行表示。

表 3-6　质量法测定聚丙烯的 MFR 结果

试样名称	试验温度	标称负荷	口模内径	
样条序号	切段时间/s	样条质量/g	平均质量/g	MFR/(g/10min)
1				
2				
3				

表 3-7　体积法测定聚丙烯的 MFR 和 MVR 结果

试样名称	试验温度		标称负荷		口模内径	
样条序号	行程/mm	平均行程/mm	测量时间/s	平均时间/s	样条质量/g	平均质量/g
1						
2						
3						
熔体熔融状态下的密度(ρ)：						g/cm³
熔体质量流动速率(MFR)：						g/10min
熔体体积流动速率(MVR)：						cm³/10min

3.2.2　如何测定热固性塑料熔体的流动性？

热固性塑料受热时也像热塑性塑料一样，有较宽的流动温度区间（即成型温度区间）。在这个区间内，温度越高树脂的熔体黏度越低，在压力的作用下充满模具型腔的能力越强，即流动越好。但高温下树脂形成交联的化学反应进行得很快，致使低黏度下的停留时间缩短，有可能物料尚未充满型腔时树脂黏度已过大而流动停止，给成型带来困难。通常按流动性的大小将热固性塑料分成几级，对不同的制品流动性等级要求是不同的。模塑形状复杂的大型制件时，以流动性较大者为好，但如果流动性太大也是不适宜的，会出现塑料的型腔内填塞不紧、溢料或树脂与填料分头集中等不良现象，造成上下模面黏合或使导向部件发生阻塞，给脱模和清理工作增加麻烦，从而影响制品质量。一般用拉西格流动长度大小来表示热固性塑料的流动性。

拉西格流动长度是指是在规定的温度、压力和压制时间内，用一定质量的热固性塑料粉，经拉西格流动性压模压制成型，测量物料在压模内棱柱体流槽中，所得杆状试样的长度，用以表征该试料的流动性。杆状试样越长，表示流动性越好。热固性塑料流动的大小，除原料中树脂的缩聚程度、水分含量等主要影响因素外，与填料的性质、状态、比率以及其他添加剂的组成、用量和分散状况都有密切关系，此外，流动性测定时使用模具型腔表面的光洁度、传热情况和模塑过程的工艺条件等对杆状试样的长度变化也有直接影响。下面以酚醛树脂流动性测定为例来说明热固性塑料熔体流动性测定方法。

（1）测试设备　拉西格流动长度测定时要使用拉西格流动性测试压制模具。拉西格流动长度测试用压制模具主体结构如图 3-4 所示，是由两个半片模所组成的钢质圆锥体，在半片圆锥体中具有横截面逐渐减小的棱柱体流道，表面粗糙度在 0.16μm 以上，锥体半模嵌装在钢质圆形模套中，模套外备有电热装置以控制压模的加热温度。

除拉西格流动长度测试用压制模外，其他实验用具还有液压机（压力 30~50MPa）1 台、圆锭模（直径 28mm）1 副、

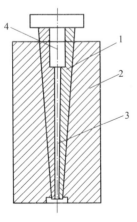

图 3-4　拉西格流动长度测试
用压制模具主体结构
1—组合凹模；2—模套；
3—流料槽；4—加料室

水银温度计（0～200℃）2支、直尺（精确度1mm）1个、天平（精确度0.1g）1台、小铜刀、手套、脱模架、钳子等。

（2）测试步骤

① 按照液压机操作规则检查机器加热、运转情况，并调整至工作状态，由式（3-16）可计算出液压机的表压。

$$p_{表}=\frac{p_0 A p_{max}}{N_{机}\times 10^3}\qquad(3\text{-}16)$$

式中　$p_{表}$——机油压表读数，MPa；

p_0——模压压强，MPa；

A——模具投影面积，mm^2；

p_{max}——最大工作液压，t；

$N_{机}$——压机公称吨位，t。

一般测试中 $p_{表}=p_0 A p_{max}/(N_{机}\times 10^3)=40\times\pi\times 25\times 50\times 10^{-4}/(20\times 10^3)=7.85$（Pa）。

② 在天平中称取酚醛聚合物料粉8g左右，在室温时加入圆锭模中，放入压制工作台中心位置，启动压机，开始计时保压30s，制得预压圆锭。

③ 将拉西格模具放入液压机加热板中心位置上，利用加热和温控装置，把压机上下电热极加热至150℃±2℃，继续预热模具5～10min，随后将圆锭轻放入模槽圆柱体装料室内，立即施压，保温保压3min。

④ 切断电源，解除压力，从压机上取出拉西格模具，在脱模架上脱开半片模，取出试样，用直尺测量棱柱体细杆的长度。

⑤ 用铜刀清除模具内残留物质，再次组装拉西格模，按上述工艺过程和操作条件重复三次实验。

（3）测试结果表示　以三次测试所得棱柱体细杆长度的算术平均值（mm）表示实验结果。每次实验与算术平均值之差都应在10mm以内，否则要求重做实验。

3.2.3　如何测定热塑性塑料的塑化性能？

塑料的塑化性能一般可用转矩流变仪进行测定，通过塑化性能的测定可了解塑料塑化性能与成型加工性的关系，并可根据其塑化性能拟定成型加工工艺。

（1）测试原理　塑料的成型过程，如塑料的压制、压延、挤出、注射等工艺，都是利用其熔体的塑化特性进行的。熔体受力作用，不但表现为流动和变形，而且这种流动和变形行为强烈地依赖于材料结构和外界条件，塑料的这种性质称为流变行为（即流变性）。测定塑料熔体流变性质，根据施力方式不同，有多种类型的仪器，转矩流变仪是其中一种。它由计算机控制系统、混合装置（挤出机、混合器）等组成。测量时，测试物料放入混合装置中，动力系统对混合装置外部进行加热并驱使混合装置的混合元件（螺杆、转子）转动，计算机按照测试条件给予给定值，保证转矩流变仪在实验控制条件下工作。物料受混合元件的混炼、剪切作用以及摩擦热、外部加热作用，发生一系列的物理、化学变化。在不同的变化状态下，测试出物料对转动元件产生的阻力转矩、物料热量、压力等参数。计算机再将物料的时间、转矩、熔体温度、熔体压力、转速、流速等测量数据进行处理，得出图、表形式的实验结果。

利用转矩流变仪不同的转子结构、螺杆数、螺杆结构、挤出模具以及辅机，可以测量塑料在凝胶、熔融、交联、固化、发泡、分解等作用状态下的转矩-温度-时间曲线，表观黏度-剪切应力（或剪切速率）曲线，了解成型加工过程中的流变行为及其规律。还可以对不同塑料的挤出成型过程进行研究，探索原材料与成型工艺、设备间的影响关系。

总之，测量塑料熔体的塑化曲线，对于成型工艺的合理选择，正确操作，优化控制，获得优质、高效、低耗的制品以及为制造成型工艺装备提供必要的设计参数等，都有非常重要的意义。

(2) 原材料试样 采用硬质聚氯乙烯粉料为例进行测试，其配方如下：

PVC	58.9g
DOP	2.4g
$3PbO \cdot PbSO_4 \cdot H_2O$	2.9g
Ba-St	0.9g
Ca-St	0.6g
H-St	0.7g
$CaCO_3$	8.9g

原材料应干燥，不含有强腐蚀、强磨损性组分，材质和粒度均匀，粒径小于3.2mm。

(3) 测试设备及条件 测试实验主要采用 HAAKE 微处理控制转矩流变仪（系统40型）测量塑料熔体的塑化曲线。测试条件控制与材料性质、测试目的有关。实验条件包括加料量、温度、转速和时间。

① 加料量 实验开始时将物料自混合器上部的加料口加入混合室，受到上顶栓对物料施加的压力，并且通过转子外表面与混合室壁间的剪切、搅拌、挤压，转子之间的捏合、撕拉，转子轴向间的翻捣、捏炼等作用，以连续变化的速度梯度和转子对物料产生的轴向力的形式，实现物料的混炼、塑化。显然混合室内的物料量不足，转子难于充分接触物料，达不到混炼塑化的最佳效果。反之，加入的物料过量，部分物料集中于加料口，不能进入混合室混炼塑化均匀或出现超额的阻力转矩，使仪器安全装置发生作用，停止运转，中断实验。若实验过程中，去除上顶栓对物料的施压作用，仪器转矩值变化不突出时，说明加料量基本合适。加料量应由混合室空腔容容积、转子容积、物料（固体或熔体）的密度以及相应的加料系数来计算确定。此外，为了保证测量的准确性和重现性，原料的粒度和材质也应均匀。

② 温度与转速 混合器加热温度一般取物料的熔融温度或成型温度，如果选择的温度过低，出现超额的阻力转矩，会造成安全装置发生作用，使仪器停止运转。而温度过高时，高聚物的链段活动能力增加，体积膨胀，分子间相互作用减小，流动性增大，黏度随温度提高而降低。物料在混炼塑化过程中的微小变化不易显示出来，由此影响测试的准确性。对于PS、PVC、PC等高聚物，因为黏流活化能很大，熔体黏度对温度十分敏感，增高温度可以大大降低熔体的黏度，应注意温度的控制与调节，使测试结果准确可靠。

一般来说，用近于生产条件的成型温度和螺杆转速作为测试仪器的加热温度及转子转速，所得到的物料转矩-温度-时间曲线更能预测或说明制品成型过程中发生的问题。此外，用动态热稳定性实验研究材料热稳定效果时用较高的温度和转速，使分解反应在较短时间内发生，则可以缩短实验的时间。对于不同的高分子材料和不同的实验目的必须选择最佳的条件，以求得可靠的实验结果。

③ 时间 混炼时间应根据高分子材料的耐热性、实验观察凝胶出现的时间，区域等因素确定。一般来说，在测试材料的加工流动性时，实验时间设定为5min内即可。

(4) 测试步骤

① 启动转矩流变仪的计算机及动力系统，按照输入程序，使用S指令把标题、加热温度、转子转速、运行控制、参数显示、指令代码等实验条件输入计算机处理。

② 当显示的温度偏差为0时，表示混合器加热已达到规定的温度。接通电机，加入被

测试试样，开启打印机，开始实验。当达到指令编定的时间时，实验自动停止。

③ 将磁盘插入磁盘驱动器，使用 W 指令，储存全部的实验数据。

（5）测试结果

① 数据整理　把系统 40 程序及储存实验数据的两个磁盘分别插入一号、二号磁盘驱动器，用 T 指令，阅读存入的实验数据。使用 R 指令，输入欲得实验数据的起、止时间和显示数据的间隔时间，得到实验数值表，用 P 指令打印出来。使用 A 指令，输入欲得实验图形的起、止时间和图形 X、Y、Z 轴表征的实验参数，得出实验图，用 P 指令打印出来。

② 实验结果表述　写出转矩流变仪测试高聚物流变性的原理及测试时的各项实验条件；以实验所得数值、图形为例，讨论在高聚物结构研究、材料配方选择、成型工艺条件控制、成型机械及模具设计等方面的应用。

3.2.4　如何测定热塑性塑料熔体流变性？

塑料熔体流变性有多种测定方法，通常随使用的仪器类型而不同，用于测量流变性能的仪器一般称为流变仪，有时又叫黏度计。在测定和研究塑料熔体流变性的各种仪器中，毛细管流变仪是一种常用的较为合适的测试仪器，它具有多种功能和宽广范围的剪切速率范围。毛细管流变仪既可以测定塑料熔体在毛细管中的剪切应力和剪切速率的关系，又可以根据挤出物的直径和外观或在恒定应力下通过改变毛细管的长径比来研究熔体的弹性及不稳定流动（包括熔体破裂）现象。从而测其加工性，作为选择复合物配方、寻求最佳成型工艺条件和控制产品质量的依据；或者为辅助成型模具和塑料机械设计提供基本数据。

（1）测试原理　毛细管流变仪测试的基本原理是设定一个无限长的圆形毛细管，塑料熔体在管中的流动是一种不可压缩的黏性流体的稳定层流流动；由于流体具有黏性，它必然受到来自管壁与流体方向相反的作用力。通过流体在流道中所受到的黏滞阻力与其受到的流动方向推力相平衡等流体力学过程原理的推导，可得到管壁处的剪切应力和剪切速率与压力、熔体流速的关系。

熔体流经毛细管时的剪切应力由式（3-17）计算，剪切速率由式（3-18）计算。

$$\tau = r\,\frac{\Delta p}{2L} \tag{3-17}$$

式中　Δp——材料流经毛细管的压力差，kg/cm^2（$1kg/cm^2 = 0.098MPa$）；

　　　L——毛细管的长度，例如选择长径比为 30：1 的毛细管，$L = 38.1mm$。

剪切速率为：

$$\dot{\gamma} = \frac{4Q}{\pi R^3} \tag{3-18}$$

式中　R——毛细管的内半径，$R = 0.635mm$；

　　　Q——挤出流量，cm^3/s。

由此，在温度和毛细管长径比 $[L/(2R)]$ 一定的条件下，测定不同压力下塑料熔体通过毛细管的流动速率 Q，由流动速率和毛细管两端的压力差 Δp，可计算出相应的剪切应力和剪切速率。将一组对应的 τ 和 $\dot{\gamma}$ 在对数坐标纸上绘制流动曲线，即可求得非牛顿指数（n）和熔体的表观黏度（η_a）；改变温度或改变毛细管长径比，则可得到代表黏度对温度依赖性的黏流活化能；以及离模膨胀比等表征流变特性的物理参数。

需要说明的是，对大多数塑料熔体来说都属于非牛顿流体，它在管中流动时具有弹性效应、壁面滑移和流动过程的压力降等特性。而且，毛细管的长度是有限的，由上述假设推导测得的实验结果会产生一定的偏差。为此，对假设熔体为牛顿流体推导的剪切速率和适于无限长毛细管的剪切应力必须进行"非牛顿校正"和"入口校正",方能得到毛细管壁上的真实剪切速率和剪切应力。

（2）实验原料　热塑性塑料如 PE、PP、PS 及其复合物粉料、粒料、条状薄片或模压块料等；实验前应根据材料类别和性质做相应处理，如干燥等。

（3）主要仪器设备　R200 转矩流变仪 1 台；天平（感量 0.1g）1 台；剪刀 1 把。

当塑料熔体通过毛细管口模时，由安装在毛细管口模处的压力传感器和热电偶测试出熔体的压力和温度，计算机记录下熔体压力和温度数值。

（4）测试过程　将挤出机安装在主机上，选择一个毛细管模芯，启动计算机，选择操作平台，设置实验条件如温度和转速，启动电源，启动加热，启动电机，开始做实验，并记录不同转速下熔体的流量数据，数据保存，停电机，更换另一个毛细管，重复上述步骤。应至少用 3 组不同长径比的毛细管，而且长径比至少为 20∶1。

（5）数据处理　启动 WinVisco 应用软件，输入实验报告信息，添加数据文件及输入实验参数，筛选数据，查看筛选的数据，检查数据的有效性和合理性，显示曲线，打印或保存曲线，关闭系统。

第4章

塑料力学性能测试疑难解答

4.1 塑料拉伸性能测试疑难解答

4.1.1 如何对塑料薄膜进行拉伸性能测试？

塑料薄膜拉伸性能的测试方法按 GB 13022—1991 国家标准实施，该标准适合于对塑料薄膜及塑料片材进行拉伸性能的测试，但不能用于增强薄膜、微孔片材与膜的拉伸性能的测试。

（1）测试设备　测试设备主要为塑料拉伸实验机，要求实验机备有适当的夹具，夹具不应引起试样在夹具处断裂，施加任何负荷时，试验机上的夹具应能立即对准成一条线，以使试样的长轴与通过夹具中心线的拉伸方向重合；试验夹具移动速度应满足规定要求；试验机示值在记录仪表满刻度或每级表盘满刻度的 10%～90% 间示值误差应在规定范围内；测量厚度的仪器应符合 GB 6672 中的要求。

（2）测试步骤　首先按标准准备好试样并对试样进行状态调节，根据材料软硬选择好拉伸速率，做好测试相关准备工作。

① 用 GB 6672 中规定的上、下两侧面为平面的量具测量试样厚度，用精度为 0.1mm 以上的量具测量试样宽度。每个试样的厚度及宽度应在标距内测量三点，取算术平均值。厚度准确到 0.001mm，宽度准确至 0.1mm。哑铃形试样中间平等部分宽度可以用冲刀的相应部分的平均宽度。

② 将试样置于试验机的两夹具中，使试样纵轴与上、下夹具中心连线相重合，并且要松紧适宜，以防止试样滑脱和断裂在夹具内，夹具内应衬橡胶之类的弹性材料。

③ 如果使用伸长仪，在施加应力前，应调整伸长仪的两测量点与试样的标距相吻合，伸长仪不应使试样承受负荷。

④ 按规定速度，启动试验机进行测试。

⑤ 试样断裂后，读取所需负荷及相应标线间伸长值。若试样断裂在标线外的部位时，此试样作废，另取试样重新测试。

（3）结果的计算与表示

① 拉伸强度、拉伸断裂应力、拉伸屈服应力以 σ_t（MPa）表示，按式(4-1)计算。

$$\sigma_t = \frac{p}{bd}$$

(4-1)

式中　　p——最大负荷、断裂负荷、屈服负荷，N；

　　　　b——试样宽度，mm；

　　　　d——试样厚度，mm。

②　断裂伸长率或屈服伸长率以 ε_t（%）表示，按式（4-2）计算。

$$\varepsilon_t = \frac{L - L_0}{L_0} \times 100\% \tag{4-2}$$

式中　　L_0——试样原始标线距离，mm；

　　　　L——试样断裂时或屈服时标准间距离，mm。

③　作应力-应变曲线，从曲线的初始直线部分计算拉伸弹性模量，以 E_t（MPa）表示，按式（4-3）计算。

$$E_t = \frac{\sigma}{\varepsilon} \tag{4-3}$$

式中　　σ——应力，MPa；

　　　　ε——应变。

④　强度、应力和弹性模量取三位有效数字，伸长率取两位有效数字，也可在产品标准中另行规定，以每组试样试验结果的算术平均值表示。

⑤　如果要求计算标准偏差值 s，则由式（4-4）计算。

$$s = \sqrt{\frac{\sum(X - \overline{X})^2}{n - 1}} \tag{4-4}$$

式中　　X——单个测定值；

　　　　$\overline{X}$——一组测定值的平均值；

　　　　n——测定值个数。

（4）测试报告　　测试报告主要包括如下内容：采用的测试国家标准代号；样品名称、材料组成与规格；试样状态调节及试验的标准环境；试验机的型号；试验速度；所需拉伸性能的平均值；试验日期及操作人员。

4.1.2　如何对塑料材料的拉伸性能测试？

塑料的拉伸性能是力学性能中最重要、最基本的性能之一。几乎所有的塑料都要考核拉伸性能的各项指标，这些指标的大小很大程度上决定了该种塑料的使用场合。拉伸性能的好坏，通过拉伸试验来测试。塑料拉伸试验采用《GB/T 1040.11—2006 塑料拉伸性能的测定第 1 部分：总则》标准方法进行。可用于测试硬质和半硬质热塑性模塑和挤塑材料，硬质和半硬质热塑性片材，以及薄膜等材料的拉伸性能。

（1）测试原理　　将试样夹持在专用夹具上，对试样施加静态拉伸负荷，通过压力传感器、形变测量装置以及计算机处理，测绘出试样在拉伸变形过程中的拉伸应力-应变曲线，计算出曲线上的特征点，如试样直至断裂为止所承受的最大拉伸应力（拉伸强度）、试样断裂时的拉伸应力（拉伸断裂应力）、在拉伸应力-应变曲线上屈服点处的应力（拉伸屈服应力）、应力-应变曲线偏离直线性达规定应变百分数（偏置）时的应力（偏置屈服应力）和试样断裂时标线间距离的增加量与初始标距之比（断裂伸长率，以百分率表示）。

（2）测试试样　　塑料拉伸试验用的试样有四种类型，分为Ⅰ、Ⅱ、Ⅲ、Ⅳ型，通常称为双铲形、哑铃形、8 字形与长条形，分别来自于 GB/T 1040.2—2006、GB/T 1040.3—2006、GB/T 1040.4—2006 和 GB/T 1040.5—2008。这些标准适用不同的产品及不同的制样方法。试样的类型与尺寸：

① Ⅰ型试样 Ⅰ型试样形状及尺寸如图 4-1 及表 4-1 所示。

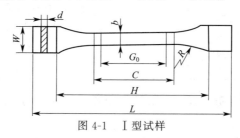

图 4-1 Ⅰ型试样

表 4-1 Ⅰ型试样的尺寸 单位：mm

符号	名称	尺寸	公差	符号	名称	尺寸	公差
L	总长（最小）	150	—	W	端部宽度	20	±0.2
H	夹具间距离	115	±5.0	d	厚度	≤0.25,0.25～2,>2	—
C	中间平行部分长度	60	±0.5	b	中间平行部分宽度	10	±0.2
G_0	标距（或有效部分）	50	±0.5	R	半径（最小）	60	—

② Ⅱ型试样 Ⅱ型试样形状及尺寸分别如图 4-2 和表 4-2 所示。

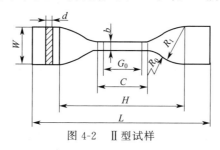

图 4-2 Ⅱ型试样

表 4-2 Ⅱ型试样尺寸 单位：mm

符号	名称	尺寸	公差	符号	名称	尺寸	公差
L	总长（最小）	115	—	d	厚度	同Ⅰ型	—
H	夹具间距离	80	±5.0	b	中间平行部分宽度	6	±0.4
C	中间平行部分长度	33	±2.0	R_0	小半径	14	±1.0
G_0	标距（或有效部分）	25	±1.0	R_1	大半径	25	±2.0
W	端部宽度	25	±1.0				

③ Ⅲ型试样 Ⅲ型试样形状及尺寸分别如图 4-3 和表 4-3 所示。

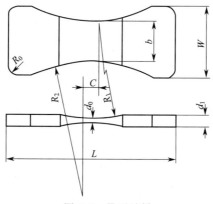

图 4-3 Ⅲ型试样

表 4-3 Ⅲ型试样尺寸 单位：mm

符号	名称	尺寸	公差	符号	名称	尺寸	公差
L	总长	110		b	中间平行部分宽度	25	
C	中间平行部分长度	9.5		R_0	端部半径	6.5	
W	端部宽度	45	±5%	R_1	表面半径	75	±5%
d_0	中间平行部分厚度	3.2		R_2	侧面半径	75	
d_1	端部厚度	6.5					

④ Ⅳ型试样 Ⅳ型试样形状及尺寸分别如图 4-4 和表 4-4 所示。

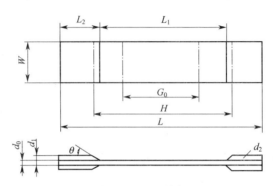

图 4-4 Ⅳ型试样

表 4-4 Ⅳ型试样尺寸 单位：mm

符号	名称	尺寸	公差	符号	名称	尺寸	公差
L	总长（最小）	250	—	L_1	加强片间长度	150	±5.0
H	夹具间距离	170	±5.0	d_0	厚度	2-10	—
W	宽度	25 或 50	±0.5	d_1	加强片厚度	3-10	—
G_0	标距（或有效部分）	100	±0.5	θ	加强片角度	5°～30°	—
L_2	加强片最小长度	50		d_2	加强片	—	—

试样类型的选择：不同的材料由于尺寸效应不同，故应尽量减少缺陷和结构不均匀性对测定结果的影响，按表 4-5 选用国家标准规定的拉伸试样类型以及相应的实验速度。

表 4-5 拉伸试样类型及相应的实验速度

试样材料	试样类型	试样制备方法	试样最佳厚度/mm	试验速度
硬质热塑性塑料 硬质热固性塑料	Ⅰ型	注射成型 压制成型	4	B、C、D、E、F
硬质热塑性塑料板 热固性塑料板（包括层压板）		机械加工	4	A、B、C、D、E、F、G
软质热塑性塑料 软质热塑性塑料板	Ⅱ型	注射成型 压制成型 板材机械加工 板材冲切加工	2	F、G、H、I
热固性塑料 包括经填充和纤维增强的塑料	Ⅲ型①	注射成型 压制成型	—	C
热固性增强塑料板	Ⅳ型	机械加工	—	B、C、D

① Ⅲ型试样仅用于测定拉伸强度。

注：塑料拉伸试验的拉伸速度设有 9 种：速度 A 1mm/min±50%；速度 B 2mm/min±20%；速度 C 5mm/min ±20%；速度 D 10mm/min±20%；速度 E 20mm/min±10%；速度 F 50mm/min±10%；速度 G 100mm/min± 10%；速度 H 200mm/min±10%；速度 I 500mm/min±10%。

试样制备及要求：试样制备和外观检查，按 GB 1039 塑料力学性能试验方法总则规定进行；试样厚度除表 4-6 中规定外，板材厚度 $d \leqslant 10\text{mm}$ 时，可用原厚（试样厚度）；当厚度 $d > 10\text{mm}$ 时，应从两面等量机械加工至 10mm，或按产品标准规定加工；每组试样不少于 5 个。对各向异性的板材应分别从平行于主轴和垂直于主轴的方向各取一组试样。

（3）测试条件　测试的条件除前面所述的测试温度、湿度等外，还要考虑实验速度。

实验速度应从表 4-6 中与各种试样类型所对应的实验速度范围选取。实验速度应为试样在 0.5～5min 实验时间内断裂的最低速度。也允许按产品标准的规定另选其他实验速度。

（4）测试步骤　试样的状态调节和实验环境按 GB 2918 规定进行；测量试样中间平行部分的宽度和厚度，精确至 0.01mm。Ⅱ型试样中间平行部分的宽度精确至 0.05mm。每个试样测量三点，取算术平均值；在试样中间平行部分做标线示明标距，此标线对测试结果不应有影响；夹具夹持试样时，要使试样纵轴与上、下夹具中心连线相重合，并且要松紧适宜，以防止试样滑脱或断在夹具内；选定实验速度，试验速度应根据受试材料和试样类型进行选择，也可按被测材料的产品标准或双方协商决定。再进行实验；记录屈服时的负荷，或断裂负荷及标距间伸长。若试样断裂在中间平行部分之外时，此试样作废，另取试样补做，每组试样不少于 5 个。

（5）测试结果计算与表示　拉伸强度或拉伸断裂应力或拉伸屈服应力或偏置屈服应力 σ_1 按式（4-5）计算。

$$\sigma_1 = \frac{p}{bd} \tag{4-5}$$

式中　σ_1——拉伸强度或拉伸断裂应力或拉伸屈服应力或偏置屈服应力，MPa；

p——最大负荷或断裂负荷或屈服负荷或偏置屈服负荷，N；

b——试样宽度，mm；

d——试样厚度，mm。

各应力值在拉伸应力-应变曲线上的位置如图 4-5 所示。

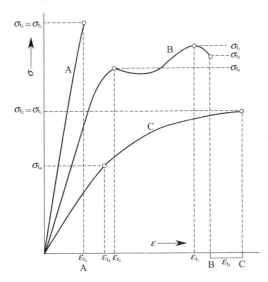

图 4-5　拉伸应力-应变曲线

σ_{t_1}—拉伸强度；ε_{t_1}—拉伸时的应变；σ_{t_2}—拉伸断裂应力；

ε_{t_2}—断裂时的应变；σ_{t_3}—拉伸屈服应力；ε_{t_3}—屈服时的应变；

σ_{t_4}—偏置屈服应力；ε_{t_4}—偏置屈服时的应变；

A—脆性材料；B—具有屈服点的韧性材料；C—无屈服点的韧性材料

断裂伸长率 ε 按式(4-6) 计算。

$$\varepsilon_t = \frac{G - G_0}{G_0} \times 100\%$$ (4-6)

式中　ε_t——断裂伸长率,%;

　　　G_0——试样原始标距,mm;

　　　G——试样断裂时标线间距离,mm。

标准偏差值 s 按式(4-7) 计算。

$$s = \sqrt{\frac{\sum(X_i - \overline{X})^2}{n-1}}$$ (4-7)

式中　s——标准偏差值;

　　　X_i——单个测定值;

　　　$\overline{X}$——一组测定值的算数平均值;

　　　n——测定个数。

计算结果以算术平均值表示,σ_t 取三位有效数字,ε_t 取两位有效数字,s 取两位有效数字。

4.1.3　塑料拉伸性能测试设备的类型有哪些?

塑料拉伸试验使用一种恒速运动的拉力试验机。按载荷测定方式的不同,拉力试验机大体可分为两类:一类是由杠杆和摆锤组合的测力系统测定载荷的试验机,称为摆锤式拉力试验机;另一类是用换能器将载荷转变为电信号的测力系统测定载荷的试验机,称为电子拉力试验机。

(1) 摆锤式拉力试验机　通常是由加荷机构、测力机构、记录装置、测伸长装置、缓冲装置和力传动机构等部分组成,如图 4-6 所示,其结构原理如图 4-7 所示,该设备在塑料行业中是较老式的设备,逐渐被电子拉力机所替代。

图 4-6　摆锤式拉力试验机外形（XL-250A）

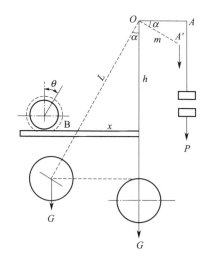

图 4-7　摆锤式拉力试验机结构原理图

当下夹持器向下移动时,试样被拉伸。试样所受的拉力 P 通过杠杆 OA 及转轴 O 使摆锤扬起一个角度 α,同时摆杆上的 B 推动齿杆,齿杆带动一个与测力指针同轴的齿轮转动,使测力指针转动一个角度 θ,并在测力盘上指示出某一数值。在测力过程中,当 A 点移到

A' 时，O 点所受的顺时针方向转矩为 $M_1 = Pm\cos\alpha$，其中 P 为 $GL\tan\alpha/m$，而 $\tan\alpha = x/h$，可见 P 与齿轮移动距离 x 成正比，齿杆移动引起齿轮转动，从而带动指针转动，指针转动的角度为 θ，$\theta = x/r$（齿轮半径），则 $P = GLr/(hm)$，由此可见拉力 P 的大小可由指针转动角 θ 指示，测力盘上的分度是均匀的，从而指示出拉力 P。

图 4-8 电子拉力试验机外形

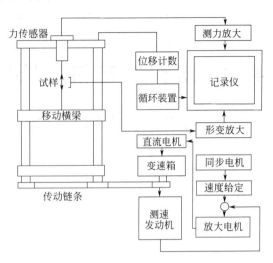

图 4-9 电子拉力试验机原理方框图

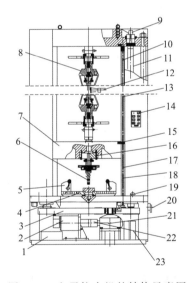

图 4-10 电子拉力机的结构示意图

1—伺服器；2—伺服电机；3—传动系统；4—压缩下压板；5—弯曲装置；6—弯曲压头；7—移动横梁；
8—拉伸楔形夹具；9—位移传感器；10—固定热挡圈；11—滚珠丝杠；12—电子引伸计；13—可调挡圈；
14—手动控制盆；15—限位碰块；16—力传感器；17—可调挡圈；18—固定挡圈；19—急停开关；
20—电源开关；21—减速机；22—联轴器；23—微处理器

（2）电子拉力试验机 塑料行业现广泛使用的是电子拉力机，如图 4-8 所示，其工作原理方框图及结构示意图如图 4-9 和图 4-10 所示。试样形变所承受的力，通过力传感器中的电阻应变片随着载荷的变化，电阻应变片产生形变，输出的电信号经放大传入记录仪中。试样受载荷后的形变，通过装有的两个自动跟踪器进行测定。其中光学测长计的跟踪器是利用一根可以抽、缩的绳索与一个多圈电位器相连，当两个跟踪器的相对位置改变时，使得绳索的抽出量发生改变，从而改变多圈电位器的阻值，其数值可以由记录仪给出或与计算机关联的打印机打印出来。另一个红外线非接触式伸长器，在跟踪器上采用了红外线，两个跟踪器各有一个电刷压在一个线性电阻位移传杆上，当两个跟踪器各自跟随标记移动而分开时，其分开距离即试样标记之间的距离，此距离与位移传感器产生的电流成正比，这个电信号可以通过变换器送给记录装置，即实现了自动跟踪测定试样的长度。这样就可以在记录仪上自动给出载荷-形变曲线。

4.2 塑料冲击性能测试疑难解答

4.2.1 塑料如何进行简支梁冲击性能测试？

用简支梁冲击实验可对塑料进行冲击性能的测试，其测试原理是将试样安放在简支梁冲击机的规定位置上，然后利用摆锤自由落下，对试样施加冲击弯曲负荷，使试样破裂。用试样单位截面积所消耗的冲击功来评价材料的耐冲击韧性。如图 4-11 所示为摆锤式简支梁冲击试验机的工作原理。

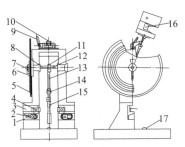

图 4-11 摆锤式简支梁冲击实验机的工作原理

1—固定支座；2—紧固螺钉；3—活动试样支座；4—支承刀刃；5—被动指针；6—主动指针；
7—螺母；8—摆轴；9—摆动手柄；10—挂钩；11—紧固螺钉；12—连接套；13—摆杆；
14—调整套；15—摆体；16—冲击刀刃；17—水准泡

(1) 测试设备 以国产 XJJ-50 摆锤式简支梁冲击机为例，该机主要技术参数符合 GB 1043—2008 标准的要求。该试验机由机体、试样安放架、冲击锤、操纵机构及读数装置五个部分组成。

① 机体部分 包括机体、操纵机构、测量机构、摆轴和试样安放架，为确保安装平稳、准确，在机体上面设有水准泡 17，方便调试。

② 试样安放架 由固定支座 1、紧固螺钉 2、活动试样支座 3、支承刀刃 4 组成。试验前，应调整好活动试样支座间的距离，将试样紧靠在支座刀刃的支承面上。

③ 冲击锤 由摆轴 8、连接套 12、摆杆 13、调整套 14、摆体 15、冲击刀刃 16 等组成。该机共有五种能量摆锤供选用，其冲击贮能分别为 2.7J、7.5J、15J、25J、50J。

④ 操纵机构 由摆动手柄 9、挂钩 10 等组成。当冲击摆扬起所需角度（160°）时，挂钩将摆上的调整套钩住。搬动手柄时，挂钩脱开，冲击摆自由落下，对试样进行冲击试验。

⑤ 测量装置 其作用是将试样受冲击后所消耗的能量指示出来，试样所消耗的冲击功数值 A 按式(4-8) 计算。

$$A = P_d(\cos\beta - \cos\alpha) \tag{4-8}$$

式中 P_d——冲击摆的冲击常数；

α——冲击前摆锤扬角，(°)；

β——冲击后摆锤升角，(°)。

　　该机由于冲击摆常数和扬角均为固定值，因此，只要测出试样冲断后摆锤的升角，就可以计算出试样冲断时所消耗的能量。该机读数刻度盘就是根据此原理来设计刻度的。试验时，可以直接从刻度盘上读取冲断功，刻度盘上有五种能量范围的刻度。

　　(2) 试样　简支梁冲击性能测试试样有两种，即有缺口冲击试样与无制品冲击试样，如图 4-12 所示。

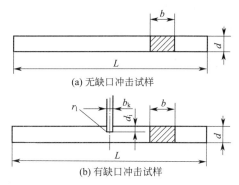

(a) 无缺口冲击试样

(b) 有缺口冲击试样

图 4-12　简支梁冲击性能测试试样

简支梁冲击试样尺寸见表 4-6。

表 4-6　简支梁冲击试样尺寸　　　　　　　　单位：mm

试样名称	长度 L	宽度 b	厚度 d	缺口深度 d_i	缺口宽度 b_k	圆弧半径 r_1	支承线间距离(跨度)
无缺口大试样	120±2	15.0±0.2	10.0±0.2	—	—	—	70
缺口大试样	120±2	15.0±0.2	10.0±0.2	$\frac{1}{3}d$	2.0±0.2	≤0.2	70
无缺口板材试样	120±2	15.0±0.2	3～10	—	—	—	70
缺口板材试样	120±1	15.0±0.2	3～10	$\frac{1}{3}d$	2.0±0.2	≤0.2	70
无缺口小试样	55±1	6.0±0.2	4.0±0.2	—	—	—	40
缺口小试样	55±1	6.0±0.2	4.0±0.2	$\frac{1}{3}d$	0.8±0.1	≤0.1	40

试样、摆锤刀、支座三者的相互关系如图 4-13 所示。

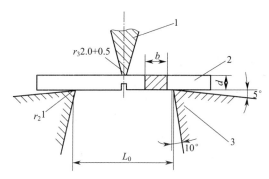

图 4-13　试样摆锤刀、支座三者的相互关系

1—摆锤刀；2—试样；3—支座

(3) 测试步骤　按 GB 1039 规定调节试验坏境并处理试样。

① 测量试样尺寸　试验前对每个试样的尺寸都要进行仔细测量，带缺口的试样要测量缺口处的剩余厚度，准确至 0.05mm，每个试样的宽度、厚度尺寸各测量三点，取其算术平均值，每三个试样为一组。

根据试样的抗冲击韧性，选用适当的能量摆锤，所选的摆捶应使试样断裂所消耗的能量在摆锤总贮量的 10%～80% 范围内。

② 安装冲击摆杆并调整好指针（图 4-12）　安装好摆锤后，为使冲击后指针能正确指示，应使摆锤处于铅垂位置，检查被动指针 5 是否与主动指针 6 靠紧，被动指针所指示的位置是否在最大能量处。如不重合则需松开螺母 7，将被动指针指在最大能量处，然后将螺母 7 拧紧。

③ 空击试验　托起冲击摆，使其固定在 160°扬角位置，调整被动指针与主动指针重合，搬动手柄，让冲击摆自由落下，此时，被动指针应被拨到"零"位置，若超过误差范围，则应调整机件间的摩擦力，一直至指针示值在误差范围之内。

根据试样规格，调整活动试样支座 3 间的距离，可使用机中配套的对中板来调整，其方法是：松开紧固螺针 2，将对中样板放在两活动支座的平面上，使对中样板的两侧面与支承刀刃相接触，摆锤冲击刀刃对准样板中心的 V 形缺口，保证上述条件到位后拧紧紧固螺钉 2，通过固定支座 1 将活动试样支座 3 固定在正确位置上。该机对中样板跨度的规格有四种，分别为：40mm、60mm、70mm 和 95mm。

④ 放置试样　试样应放置在两活动支座的上平面上，其侧面与支撑承刀刃靠紧，测试带有缺口的试样，把冲锤放下，让冲击刀刃对正缺口的背面，再把冲锤回复到扬角位置挂住。

⑤ 冲击试验　完成上述准备工作后，便可以进行正式冲击试验。首先检查冲击摆是否处于所需的扬角位置，调整好刻度盘上的被动指针与主动指针互相接触。然后搬动摆动手柄 9，摆锤即自由落下，冲断试样。当摆锤在空中瞬时静止时应及时接住，使其止动并读取刻度盘上被动指针的指示数值。

⑥ 能量损失的修正　当摆锤最大冲击能量小于或等于 4J 时，能量损失除达到有关标准要求的规定外，还必须进行修正。修正后的能量值（即试样断裂所吸收的能量）按式(4-9)计算。

$$E = FL\left[(\cos\beta - \cos\alpha) - \cos\alpha' - \cos\alpha\left(\frac{\alpha+\beta}{\alpha+\alpha'}\right)\right] \tag{4-9}$$

式中　FL——摆锤力矩，N·m；

α——摆锤预扬角实测值，(°)；

α'——摆锤空击后的升角，(°)；

β——试样断裂后摆锤的升角，(°)。

① 为了计算方便，该仪器这一挡的修正值已制成表格。试验时，只需从刻度盘上读取试样断裂后的数值，就可以从能量损失修正表中查修正后的能量值 E。

② 当摆锤冲击能量大于 4J 时，能量值 E 从读数盘上直接读取。

(4) 实验结果与数据处理　无缺口试样简支梁冲击强度 σ_n(kJ/m^2) 由式(4-10)求得。

$$\sigma_n = \frac{E}{ab} \times 10^3 \tag{4-10}$$

式中　E——试样吸收的冲击能，J

a——试样的厚度尺寸，mm

b——试样的宽度尺寸，mm。

缺口试样简支梁冲击强度 α_k（kJ/m²）由式（4-11）求得。

$$\sigma_k = \frac{E}{a_k b} \times 10^3 \tag{4-11}$$

式中　E——缺口试样吸收的冲击能，J；

　　　a_k——试样缺口处剩余厚度尺寸，mm；

　　　b——试样的宽度尺寸，mm。

计算强度值的算术平均值，标准偏差 s，由式（4-12）求得。

$$s = \sqrt{\frac{\sum(X-\overline{X})^2}{n-1}} \tag{4-12}$$

式中　X——单位测定值；

　　　$\overline{X}$——组测定值的算术平均值；

　　　n——测定值个数。

（5）实验报告或实验记录的内容　被测试材料的名称、规格、来源、制造厂家；试样的制备及缺口加工方法，取样方向；试样的形状、尺寸；试样的预处理；试验环境温度、湿度；试验机的型号，所用摆锤最大能量值；试验速度；试样的数量、破裂个数；冲击强度值的算术平均值、试验日期、人员。

（6）实验注意事项　因试验机的安装正确与否直接影响其精度，因此，实验前对仪器的状态要进行检查，观察水泥台是否坚固，机座水平度是否到位，地脚螺钉有没有拧紧，发现问题及时纠正。

对注射成型试样，有的可能由于冷却或定型处理不当而有轻微收缩或变形，测量尺寸时特别要注意试样边缘与中间的差异，误差超过规定范围的必须剔除。

试验机上被动指针压紧钢珠的松紧程度影响着指示能量消耗的准确性，试验前要调整适当，以免能量损失超值。

为避免冲断试样飞出伤人，试验时应在试样飞出方向设置防护罩。

4.2.2　塑料如何进行悬臂梁冲击性能测试？

塑料的悬臂梁冲击强度测试按 GB/T 1843—2008 国家标准执行，该标准适合于硬质热塑性塑料及硬质热固性塑料冲击强度的测试。

以下以 KRT-2022 型数显式悬臂梁冲击试验机使用为例来说明如何对塑料进行悬臂梁冲击性能测试。

（1）测试设备　塑料悬臂梁冲击性能测试设备如图 4-14 所示。

该塑料悬臂梁冲击实验机主要技术参数完全符合 ISO 180、GB/T 1843、GB/T 2611、JB/T 8761 标准的要求，是一种结构简单、操作方便、数据准确可靠的检测仪器。

其技术参数如下：

① 冲击速度：3.5m/s。

② 摆锤能量：2.75J、5.5J、11J、22J（本机冲击能量 22J）。

③ 摆锤扬角：150°。

④ 打击中心距：0.335m。

⑤ 摆锤力矩：pd1＝0.53590N·m　pd11＝5.8949N·m

图 4-14　塑料悬臂梁冲击
测试设备

pd2.75＝1.47372N·m　　pd22＝11.7898N·m

pd5.5＝2.94744N·m

⑥ 冲击刀刃至钳口上面距离：22.0mm±0.2mm。

⑦ 刀刃圆角半径：0.8mm±0.2mm。

⑧ 能量损失：1J 时＜0.02J；11J 时＜0.05J；2.75J 时＜0.03J；22J 时＜0.1J；5.5J 时＜0.03J。

⑨ 使用温度：15～35℃。

⑩ 电源：220V，50Hz。

（2）试样　冲击试样类型见表 4-7。

表 4-7　冲击试样类型

试样类型	长 L/mm	厚 b/mm	宽 h/mm
1	80.0±2.0	10.0±0.2	4.0
2	63.5±2.0	12.7±0.2	12.7±0.2
3	63.5±2.0	12.7±0.2	6.4±0.2
4	63.5±2.0	12.7±0.2	3.2±0.2

试样缺口如下。

① A 型缺口　45°±1°，缺口底部半径为 0.25mm±0.05mm。

② B 型缺口　45°±1°，缺口底部半径为 1.00mm±0.05mm。

（3）测试操作

① 试验机的安装调试　试验机放置在牢固、平稳的平台上（最好是水泥台），找正水平，观看水平泡的水珠，调整机身底座下的四个地脚螺钉。使水平泡中间的水珠置于小圆圈内近中心处（四个地脚螺钉必须同时受力）。接通电源，将电源线插入机身后盖的电源插座孔，另一端接电源。

② 冲击摆锤的选择　本机备有两把冲击摆锤供用户选择，随机配备一把，用户可根据需要选择规格与型号。选用 1J、2.75J 两种能量时只需用 1J、2.75J 摆锤。选用 5.5J 能量时为三种能量（包括一把摆锤加上两对砝码，摆锤本身能量为 5.5J，加上砝码后能量分别为 11J、22J）。

根据试样的冲击韧性，选用适当能量的冲击摆锤，并使试样所吸收的能量在冲击摆锤总能量的 10%～80% 范围内。试验前在不知试样冲击强度的条件下，应选择最大冲击能量的冲击摆锤做冲击实验，得出数值后再根据上述原则选择合适的冲击摆锤。

③ 冲击摆锤及砝码的安装　选择合适的冲击摆锤后（1J、2.75J 或 5.5J），拧下上压盖上的四个紧固螺钉，将冲击摆锤上连接套中间定位销插入摆动轴中间的小孔，盖上上压盖，将四个紧固螺钉紧固住。更换冲击摆锤时取下摆动轴上安装的冲击摆锤，按上述程序安装，并将拆下的冲击摆锤的上压盖及四个紧固螺钉连接在一起，放入附件箱。

④ 测量装置的调整　冲击实验机前面板如图 4-15 所示。

a. 面板按键说明　面板上有 6 个按键，1 个挡位转换开关。此外，S 键可与其他键结合而成为组合键；组合键为按住一个键不放，再按另一个（或两个键），用"＋"来标记组合键，如 S＋＜，表示先按住 S 键不放再按＜键，下面介绍各键功能。

ⓐ 清零　按此键对角度、角度峰值、能量值清零；打印报告表头；试样重新从 1 开始。

ⓑ A/E　按此键转换角度峰值、能量显示。

ⓒ S（设置）　打印报告表头；试样重新从 1 开始。此键与其他按键结合使用，或在设置参数状态下用于改变参数号。

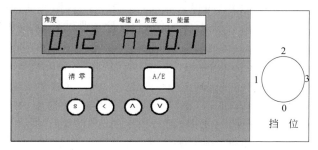

图 4-15　冲击实验机前面板

ⓓ ＜键　在设置参数状态下此键与∧或∨组合用以加快数值增减速度。

ⓔ ∧键　翻阅历史数据；在设置参数状态下按此键设定参数值增加。

ⓕ ∨键　翻阅历史数据；在设置参数状态下按此键设定参数值减少。

ⓖ S+＜+∨　进入设置参数状态。

ⓗ ＜+∧　在设置参数状态下按此键设定参数值快速增加。

ⓘ ＜+∨　在设置参数状态下按此键设定参数值快速减少。

注意：挡位只有在开电源前切换才有效。

4个挡位由用户在设置参数中设定。

b. 显示说明　角度的示值是实际的角度；峰值是上一次冲击后出现的最大角度或冲击能量。

c. 试样支座的调整使用　根据试样类型选择相应的固定钳口，固定钳口与 GB/T 1843 和 ISO 180 标准一致。更换固定钳口时，旋动手轮，将活动钳口退到与花螺母贴上，拆下原来的固定钳口，换上适合的固定钳口即可。

装卡试样时，将试样置于固定钳口中间，缺口侧靠近摆锤，缺口中心与固定钳口目测水平，转动手轮，带动活动钳口，靠上试样并锁紧。

（4）试验及数据处理　将摆锤锤头固定后清零，扬起冲击摆锤显示 −150°，扳动手动挂放锤手柄，将定位块挂在摆锤扬起定位块上。拉动冲击按钮，冲击摆锤自动下落冲断试样，对应的能量值为冲断能量值。

无缺口试样冲击强度 $a(\text{kJ/m}^2)$ 按式（4-13）计算。

$$a_{iU} = \frac{E_c}{hb} \times 10^3 \qquad (4\text{-}13)$$

式中　E_c——试样吸收的冲击能量，J；

　　　　b——试样宽度，mm；

　　　　h——试样厚度，mm。

缺口试样冲击强度 $a_{iN}(\text{kJ/m}^2)$ 按式（4-14）计算。

$$a_{iN} = \frac{E_c}{hb_N} \times 10^3 \qquad (4\text{-}14)$$

式中　E_c——已修正的试样断裂吸收能量，J；

　　　　h——试样厚度，mm；

　　　　b_N——试样剩余宽度，mm。

在使用本仪器的测试过程中，只要测出 β 即可计算出 E 值。本试验机刻度盘上的刻度线是根据上述原理进行设计的，因此试验时可以直接从刻度盘中读出冲击能量。

当最大冲击能量≤5J 时可用下述方法：在试验过程中，冲击摆消耗的能量包括试样断裂所吸收的能量及摩擦和空气阻力影响而损失的能量，为提高数据的准确性，对摩擦及空气阻力造成的能量损失必须进行修正，修正后的能量值 E（即试样断裂所吸收的能量）按式（4-15）计算。

$$E = P_d \left[(\cos\beta - \cos\alpha) - (\cos\alpha' - \cos\alpha) \frac{\alpha+\beta}{\alpha+\alpha'} \right] \qquad (4-15)$$

式中　P_d——冲击摆力矩（常数）；

　　　α——冲击摆预扬角实测值（常数）；

　　　α'——冲击摆空击后的升角（常数）；

　　　β——试样断裂后冲击摆升角。

在测试过程中，由于冲击摆力矩、预扬角实测值、冲击摆空击后的升角均为常数，因此只要测出试样断裂后冲击摆升角 β，即可根据上述公式计算出试样断裂所吸收的能量。

（5）注意事项

① 当摆动轴承长期未清洗摆动不灵活时，造成能量损失超差，应用 $120^\#$ 以上的汽油清洗摆轴轴承，清洗后注入适量 $5^\#$ 或 $7^\#$ 高速机油或钟表油均可。

② 当冲击试样长期磨损引起刀刃钳口变形时，应更换其磨损件。

③ 在试验中经常出现打死现象，摆杆容易出现弯曲变形，影响测试精度，故对测定材料冲击能量的大小选用相应能量等级的冲击摆，尽量避免打死现象。

4.2.3　热塑性塑料管材及管件如何进行落锤冲击性能测试？

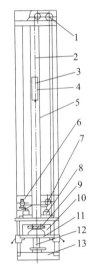

图 4-16　落锤式冲击实验机
的基本结构

1，7—滑轮；2—钢丝绳；

3—电磁吸盘；4—落锤；

5—落管；6—电机、变速箱；

8—防止二次冲击机构；9—试样；

10—夹具；11—工作台；

12—工作台升降丝杆；13—机座

热塑性塑料管材及管件的冲击性能可采用 GB 6112—1985 国家标准进行测试，该标准使用落锤冲击试验进行塑料管材及管件的耐冲击性能的测试。其测试原理为：在规定的冲击条件下，选择落锤质量（也可以选择一定冲击高度而变换落锤质量），提升机下降，通过电磁铁吸附锤体，牵引上升，到达预选高度后，释放落锤冲击试样；在落锤第一次回弹时，捕捉装置将落锤捉住，测出热塑性塑料管材和管件冲击破坏所需的能量。试样经冲击作用后管壁上出现用肉眼在自然光线下可见的裂纹、龟裂和破碎的现象称为破坏。

（1）测试设备　测试热塑性塑料管材及管件冲击性能所用设备是落锤式冲击实验机与落锤，落锤式冲击实验机的基本结构如图 4-16 所示。锤体自由下落冲击管材和管件试样，锤体下落能量损失小于 5%。落锤质量精度为 ±0.1%。落锤冲头顶点位于试样轴线上方，与轴线偏差小于 2mm。冲击高度（锤头顶点到试样上方）：误差不大于 1%。采用的高度增量为 25mm、50mm、150mm。

落锤由冲头与锤体组成，冲头的结构和尺寸如图 4-17 所示。用半径为 10mm 的冲头时，指定用落锤 A。用半径为 30mm 的冲头时，指定用落锤 B。用半径为 5mm 的冲头时，指定用落锤 C。落锤推荐用耐刮痕钢制造，以减轻冲头的损伤。严重伤痕的冲头会影响试验结果。落锤质量为 2kg、3kg、4kg、5kg、6kg、7kg、8kg、10kg、15kg。

① 落管　如图 4-16 中的 5 所示，落管可调高度为 2000mm（条件允许情况下，落管长

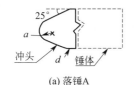

(a) 落锤A

a—冲头半径，10.00±0.05mm；
d—转角半径，0.80mm

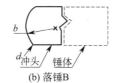

(b) 落锤B

b—冲头半径，30.00±0.15mm；
d—转角半径，0.80mm

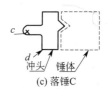

(c) 落锤C

c—冲头半径，5.00±0.05mm；
d—转角半径，0.80mm

图4-17 冲头的结构与尺寸

度可为4000mm）。组装时，应保证纵方向垂直，安装后应保证落锤能自由落下，落管选用无剩磁材料制造，只要能获得同样结果，落锤可不用落管或其他方式导向。采用落管的目的在于消除落锤回弹时对操作者可能带来的伤害，另外又能导引落锤中心准确地冲击试样顶端。

② 试验夹具 采用V形托板和平行托板两种夹具。V形托板一般与落锤A和落锤C联合使用，平行托板常与落锤B或检验管件时使用；V形托板至少与试样一样长，并有120°夹角。它可以是组合式或整体结构式，托板两边要有足够的深度，使试样夹持在V形托内，而不要只夹在V形托两边的顶端。

③ 平型托板 托板是由200mm×300mm×25mm的板组成，板内V形槽正好是管材试样放置位置。槽深3mm，夹角120°，V形槽边缘为半径1.5mm的圆形。在冲击点不直接接触板的管件部分应由垫片或小钢板支撑。托板安装在固定于混凝土板的底座上，将试样对准落管底部中央，如固定试样有困难，可以把一个铁条或棒放在管材试样里边，并用一个小弹簧固定。

（2）试样及其预处理

① 试样 试样长度等于试样公称外径，但长度不小于150mm；试样上不得有裂纹，端口毛边应除去；管件可用未组装的，也可用与一段长为150mm同规格管材连接；每种试样，分别标上记号，测试时随机取样；对于试样数，一般来说在同一试验条件下，梯度法每种试样至少20个；通过法每种试样至少10个。

② 试样预处理 试验前，试样应在23℃±2℃和相对湿度为50%±5%的条件下预处理至少40h；试样进行高低温试验时，可按有关规定或用户要求进行预处理。

（3）测试步骤 用6个以上的试样测定试验的大约起点高度，确定落锤质量，对于同一规格和类型的试样，无需重复这步过程。一般是在1～2m范围内测定试验的大约起点高度，初测时高度增量最好取大一些，如150mm等。

① 梯度法 又称上下法，用于测定冲击强度（能量）。在这个方法中，破坏试样所需的冲击能量是通过有系统地进行不同高度的落锤试验而获得的。在由前面方法确定的近似高度下，按照试样选取方法，随机选取试样，试验第一个试样，如果试样破坏，测试第二个试样时，高度降低一个增量；如果第一个试样没有破坏，则测试第二个试样时，高度增加一个增量。用此种方法观察前一个试验结果，以确定下一个试样的落锤高度。试验20个试样。

② 通过法 通过法是指在前述方法确定的固定的高度下，连续冲击试样的方法。对于管材或对称管件，沿圆周方向冲击，连续冲击10个试样。对于不对称管件，平放试样一边，冲击另一边。6个试样冲击一边，另外6个试样冲击另一边。所有试样的冲击点击都选在垂直直径的顶部，每个试样只允许冲击一次。

判断：在确定管材或管件试样是否满足其产品标准中冲击指标时，推荐用通过法。管材或对称管件，试验 10 个试样，有 2 个以上试样破坏，则该产品不合格。10 个试样中有 9 个试样没破坏，可判为合格。对于不对称试样（管件），12 个试样中有 11 个试样没破坏，方为合格。在进行高、低温试验时，试样应在离开预处理环境状态后 15s 内测试完毕。

（4）测试结果计算

① 落锤下落的平均高度与标准偏差按式（4-16）和式（4-17）计算。

$$h = h_0 + \Delta d \left(\frac{A}{N} \pm 0.5 \right) \tag{4-16}$$

$$s = 1.62 \times \Delta d \left(\frac{NB - A^2}{N^2} + 0.029 \right) \tag{4-17}$$

$$A = \sum_{i_x=0}^{k} ix \cdot n_{i_x}$$

$$B = \sum_{i_x=0}^{k} (ix)^2 n_{i_x}$$

式中　　h——落锤下落的平均高度，m；

s——落锤下落平均高度的标准偏差，m；

Δd——落锤下落高度增量，m；

N——破坏与不破坏两者之中少的数目；

h_0——试样破坏（或不破坏）的最低高度，m；

i_x——试样破坏（或不破坏）数中高度的顺序排列，如 0、1、2、3…与 h_0、h_1、h_2、h_3…相对应；

n_{i_x}——在 i_x 处破坏或不破坏的试样数目。

当 N 表示破坏数时，式（4-16）括号中取负号计算平均高度；N 表示不破坏数时，取正号计算平均高度。

② 平均冲击强度与标准偏差按式（4-18）和式（4-19）计算。

$$E = hW \tag{4-18}$$

$$Q = sW \tag{4-19}$$

式中　　E——平均冲击能量，kgf·m（1kgf=9.8N，下同）；

Q——平均冲击能量的标准偏差，kgf·m；

W——落锤质量，kg。

（5）测试报告　塑料管材或管件的名称、规格、生产厂家、原料牌号、最小壁厚；对于管件件，如何与管材连接，管材的尺寸，连接部位与冲击点的关系；落锤质量（kg）；锤头半径（mm）；预处理方法；使用的夹具；平均冲击强度与标准偏差；冲击面外观，管件的冲击点；试验日期。

4.3　塑料硬度测试疑难解答

4.3.1　如何测试塑料的洛氏硬度？

塑料材料抵抗其他较硬物体压入的性能称为塑料硬度。硬度的大小是塑料软硬程度的有条件性的定量表示，洛氏硬度计是由英格兰冶金学家 S. P. 洛克成尔于 1919 年发明的。

洛氏硬度试验是以初负荷作用于钢球压头或贝雷尔金刚石压头所呈现的压入深度为基准，测量再经总负荷作用并卸出到只剩有初负荷的状态下钢球所产生的附加深度，如图 4-18 所示。

首先施加初负荷，并在洛氏硬度计的刻度盘上确定参考点或规定位置，然后施加总负荷，在不移动被测试样的情况下，卸去主负荷后，洛氏硬度值就会自动地在度盘上示出，每压入 0.002mm 为一个塑料洛氏硬度单位。

洛氏硬度按式（4-20）计算。

$$HR\ E(L、M、R)=130-\frac{e}{0.002} \tag{4-20}$$

式中　HR——洛氏硬度；

E——所用标尺类型（用 L、M、R 表示，代表钢球压头直径不同）；

e——钢球压入的深度 mm；

130——洛氏硬度计的固有数据。

（1）设备及试样　XHR-150 塑料洛氏硬度计如图 4-19 所示。聚丙烯标准试样一块，规格：40mm×40mm×4mm

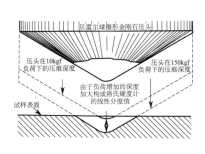

图 4-18　洛氏硬度测试示意图
1kgf=9.8N

图 4-19　XHR-150 塑料洛氏硬度计

（2）测试步骤

① 将硬度计接上电源，打开开关，指示灯亮。

② 选择好负荷、保荷时间，安装球压头。

③ 将试样平稳地放在工作台上，转动手轮，使工作台缓缓上升，试样与压头接触，直至硬度计百分表小指针从黑点移到红点，与此同时长指针转过三圈垂直指向"30"处，此时已施加了 98.07N 的初试验力，长指针偏移不得超过 5 个分度值，若超过此范围则不得倒转，改换测点位置重做。

④ 转动硬度计表盘，使指针对准"30"位置。按启动按钮，电机开始运转，自动加主试验力，指示照明灯熄灭。当总试验力保持时，蜂鸣器发出"嘟""嘟"声响，塑料洛氏硬度测试的总试验力保持时间为 15s。

⑤ 总试验力保持时间到，电机转动，自动卸除主试验力，指示照明灯亮。再等 15s，蜂鸣器声响，立即读取长指针指向的数值。

⑥ 塑料洛氏硬度示值的读数，应分别记录加主试验力后长指针通过"0"点的次数及卸除主试验力后长指针通过"0"点的次数并加减，按下面方法读取硬度示值：a. 差值是零，标尺读数加 100 为硬度值；b. 差值是 1，标尺读数即为硬度值；c. 差值是 2，标尺读数减 100 为硬度值。

⑦ 重复旋转升降螺杆手柄，使试验台下降，更换测试点，重复上述操作。在每个试件上的测试点不少于 5 点（第一点不算）。

（3）测试注意事项

① 洛氏硬度实验的基本要求是，所要实验的表面与压头都应垂直，同时所要试验的试样在施加主负荷时不发生微小的移动或滑动。压痕深度是通过安装压头的主轴位移来测量的。因此，试样的任何移功或滑动，都将由主轴传递至度盘，从而使试验产生误差。

② 在硬度测试中，加试验力、保持试验力、卸除试验力时，严禁转动变荷手轮。

4.3.2 如何测试塑料的邵尔硬度？

塑料的邵尔硬度测试执行 GB/T 2411—2008 国家标准，该标准规定了用两种型号的硬度计测定塑料和硬橡胶压痕硬度的方法，其中 A 型用于软材料，D 型用于硬材料，该法可测量起始压痕硬度或经过规定时间后的压痕硬度或两者都测。即将邵尔硬度计规定外形的压针在标准的弹簧力下压进试样，把压针压进试样的深度转换为硬度值。邵尔硬度分为邵尔 A 和邵尔 D 两种，邵尔 A 硬度适用于橡胶及软质塑料，用 HA 表示。邵尔 D 硬度适用于较硬的塑料，用 HD 表示。以下以邵尔 D 硬度测定为例说明塑料硬度的测量。

（1）设备与试样　对塑料硬度进行测定时，可采用手动测量与邵尔硬度测试台测量，前者是直接用硬度计对试样进行测量，后者是将硬度计安装在测试台上再对试样进行测量。邵尔硬度测试台如图 4-20 所示。

硬度计结构组成如图 4-21 所示，其中显示屏的显示情况如图 4-22 所示，显示屏用来显示测量结果以及硬度计的工作状态，整个显示屏共有 5 个显示区。

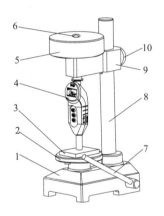

图 4-20　邵尔硬度测试台

1—底座；2—工作台；3—试样；4—硬度计；
5—砝码；6—砝码固定杆；7—手柄；8—立柱；
9—滑动臂；10—锁紧手轮

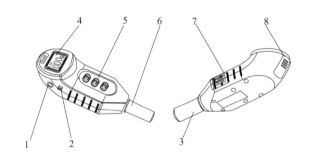

图 4-21　硬度计结构组成

1—通信接口；2—外接电源插座；3—防护套；4—显示屏；
5—按键；6—测量装置；7—电池仓；8—安装孔盖

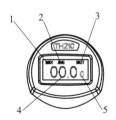

图 4-22　显示屏的显示情况

1—MAX 为最大值功能设置符号（硬度计自动锁存本次测量峰值）；2—AVE 为平均值功能设置符号；
3—BATT 为欠压显示符号，表示电池电压不足；4—测量的硬度值；5—测量次数

试样：试样的厚度至少为4mm，可以用较薄的几层叠合成所需的厚度，由于各层之间的表面接触不完全，因此，试验结果可能与单片试样所测结果不同；试样的尺寸应足够大，以保证离任一边缘至少9mm进行测量，除非已知边缘较小的距离进行测量所得结果相同。试样表面应平整，压座与试样接触时覆盖的区域至少离压针有6mm的半径，应避免在弯曲的、不平或粗糙的表面上进行硬度测量。

（2）测量步骤

① 手动测量　将试样放在坚固的平面上，手持硬度计，保持压足平行于试样表面，平稳地将压针垂直地压入试样，不能有任何振动，当硬度计压足底面刚好与试样表面完全稳定接触时，在1s内读数，此时硬度计屏幕显示值即为试样硬度值。

② 邵尔硬度测试台测量　在使用邵尔硬度测试台进行测量前，应先将硬度计与邵尔硬度测试台安装在一起，安装后的状态如图2-49所示。砝码5通过其中间圆孔安装在砝码固定杆6顶端，将试样3放在工作台2上，松开锁紧手轮10，通过升降滑动臂9来调节硬度计4与试样3之间的高度，使压针尖端与试样表面保持适当距离（不能接触），再拧紧锁紧手轮10，将滑动臂9与立柱8固定在一起。然后压下手柄7，此时，试样3随同工作台2一起向上移动，直至硬度计4的压足与试样3表面接触，并将砝码5略微抬起时为止，在试样缓慢地完全受到质量为5kg的负荷时起，在1s内读数，此时硬度计屏幕的显示值即为试样硬度值。

（3）平均值计算方法　测量次数设定后，硬度计能根据测量次数做出判断，当测量次数设为3～9时，硬度计每次测量后同时显示本次测量的硬度值和测试次数，到达设定的测量次数时，自动删除粗大误差，并显示删除粗大误差后本组测量的算术平均值，如果误差过大则显示"E."（图4-23）。当测量次数设定为2时，硬度计最后直接显示两次测试数据的算术平均值；当测量次数设定为1时，硬度计只显示该次的测量值。平均值显示约8s后，硬度计自动清零，恢复原测量设置状态，原来的测量次数设定仍然有效。也可以手工记录若干次测量的数据，手工计算出算术平均值。

平均值计算分最大值平均值和随机值平均值两种。进行最大值平均值计算时，应同时设置最大值功能和平均值功能，使屏幕同时显示MAX和AVE（图4-24），设置方法同前面一致，对它们设置的先后顺序没有要求。进行随机值平均值计算时，只设置平均值功能即可，此时屏幕只显示AVE，如图4-25所示。

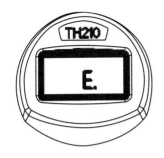  

图4-23　测试误差过大 显示图	图4-24　测试最大值与平均值 设置图	图4-25　只设置平均功能 显示图

（4）硬度计与计算机联机　通信接口与RS232通信电缆连接，可与计算机通信。外接电源插座与4.5V交直流电源适配器连接，可以代替电池供电，具体连接使用方法如图4-26所示。

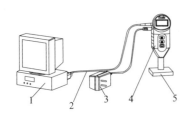

图 4-26　硬度计与计算机联机

1—计算机；2—通信电缆；3—交直流
电源适配器；4—硬度计；5—试样

硬度计可与计算机通信，波特率为 9600，数据以文本数据格式传输，可用通用通信软件（比如 Windows 的超级终端）接收，此时需与 RS232 通信电缆连接（图 4-26），随测随发，只发不收。使用 Windows 的超级终端时，其操作步骤如下。

① 将 RS232 通信电缆的九芯端与计算机串口连接，另一端插入硬度计通信接口（串口插座），如图 4-26 所示，并打开硬度计电源。

② 在 Windows 中按"开始"→"程序"→"附件"→"通信"步骤打开超级终端。

③ 运行超级终端 Hypertrm，在新建连接名称处键入一个文件名，按确认。

④ 选择通信电缆连接的串口，在端口设置中选择波特率为 9600，按确认，这时屏幕上应显示硬度计在测量状态下的测试值。

⑤ 如要保存测试结果，在超级终端的"拨入"菜单下选择"断开"，在"文件"菜单下选择"另存为"，键入文件名即可。

（5）注意事项

① 硬度计压针头为圆锥尖端，为保护其针尖，要求严格避免压针与玻璃板强力接触，否则容易将硬度计压针尖损坏，而使仪器无法正常使用。

② 硬度计要严防摔撞，在不用时，应戴好防护套，以保护好压针的外露端部。

③ 当硬度计显示欠压符号 BATT 时，要及时更换电池，并注意电池的极性。

④ 在不使用邵尔硬度测试台进行测量时，要将硬度计安装孔盖盖好，以防止仪器内部进入灰尘。

4.3.3　如何对邵尔硬度计进行校准？

用天平对邵尔硬度计作用力进行校准。垂直固定硬度计，压针对准天平的一个架盘，并在架盘中间放置一个小垫，以免压足和架盘接触，如图 4-27 所示。小垫上有一个小圆柱体，高约 2.5mm，直径约 1.25mm。

对于校准 A 型硬度计，圆柱体的上端中间稍稍凹下，能容纳压针搁在上面；对于校准 D 型硬度计，圆柱体上端中间要有一个直径约 0.5mm 小孔，使压针能进入小孔里面，小孔有足够的深度，使压针顶端的球面不和小孔底面接触。

小垫的重量在天平的另一个架盘用砝码平衡，然后在架盘上继续放置砝码，使压针受到垂直向上的作用力，改变破码的质量，在压针

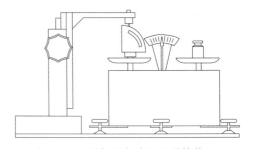

图 4-27　邵尔硬度计校准弹簧装置

上的作用力相应地产生变化，硬度计得到不同的示值。

由作用力和示值的关系可以看出，A 型硬度计作用力计算结果允许偏差为 ±80mN，D 型硬度计作用力计算允许偏差为 ±440mN。

也可以用相应准确度的电子天平或其他专用于邵尔硬度计的测力仪器进行校准。用于校准邵尔 A 型硬度计的天平或其他测力仪器，示值误差不超出 ±8.0mN，用于校准 D 型硬度计，示值误差不超出 ±44.0mN。

4.4 塑料弯曲性能测试疑难解答

4.4.1 如何测试通用塑料的弯曲性能?

普通塑料的弯曲性能由 GB/T 9341—2008 国家标准规定,该标准规定了在规定条件下测定硬质和半硬质塑料弯曲性能的方法,规定了标准试样,同时对适合使用的替代试样也提供了尺寸参数和试验速度范围。用于在规定条件下研究试样弯曲特性,测定弯曲强度、弯曲模量和弯曲应力-应变关系,且适用于两端自由支撑、中央加荷的试验,即三点加荷试验。其基本原理是把试样支撑成栋梁,使其在跨度中心以恒定速度弯曲,直到试样撕裂或变形达到预定值,测量该过程中对试样施加的压力。

(1) 测试设备 测定通用塑料的弯曲性能可采用塑料力学性能测试万能试验机或专用塑料弯曲性能测试机,无论选用哪种设备,测试机均应符合 GB/T 17200—1997 国家标准要求。专用塑料弯曲性能测试实验机如图 4-28 所示。试验速度推荐值见表 4-8。试验开始时试样的位置如图 4-29 所示。支座和压头之间的平行度应在 ±0.02 以内。压头半径 R_1 和支座半径 R_2 的尺寸如下。

表 4-8 试验速度推荐值

速度/(mm/min)	允差/%	速度/(mm/min)	允差/%
1①	±20	50	±10
2	±20	100	±10
5	±20	200	±10
10	±20	500	±10
20	±10		

① 厚度在 1~3.5mm 之间的试样,用最低速度。

图 4-28 专用塑料弯曲性能测试实验机

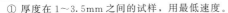

图 4-29 试验开始时试样的位置

$R_1 = 5.0mm \pm 0.1mm$。

$R_2 = 2.0mm \pm 0.2mm$,试样厚度小于等于 3mm。

$R_2 = 5.0mm \pm 0.2mm$,试样厚度大于 3mm。

跨度 L 应可调节。

力值的示值误差不应超过实际值的 1%,挠度的示值误差不应超过实际值的 1%。

(2) 试样及试样调节 可采用注塑、模塑或由板材经机械加工制成的矩形截面的试样。

试样的标准尺寸为 80mm 或更长；10.0mm±0.5mm、4.0mm±0.2mm 厚，也可以从标准的双铲形多用途试样的中间平行部分截取，若不能获得标准试样，则长度必须为厚度的 20 倍以上，试样尺寸应符合相关的测试标准，若适用，则应符合标准要求，否则，必须与有关方面协商试样的类型。推荐尺寸（单位为 mm）：长度 $l=80mm±2mm$；宽度 $b=10.0mm±0.2mm$；厚度 $h=4.0mm±0.2mm$。

对于任一试样，其中部 1/3 的长度内各处厚度与厚度平均值的偏差不应大于 2%，宽度与平均值的偏差不应大于 3%，试样截面应是矩形且无倒角。对于其他试样，当不可能或不能采用推荐试样时，需符合下面的要求。

试样长度和厚度之比应与推荐试样相同，如 $l/h=20±1$，则要求。

试样宽度应采用表 4-9 给出的规定值

表 4-9 与试样厚度 h 相关的宽度 b 值　　　　　　　　单位：mm

试样厚度 h	宽度 b	试样厚度 h	宽度 b
$1<h≤3$	25.0±0.5	$10<h≤20$	20.0±0.5
$3<h≤5$	10.0±0.5	$20<h≤35$	35.0±0.5
$5<h≤10$	15.0±0.5	$35<h≤50$	50.0±0.5

注：含有粗粒填料的材料，其最小宽度应为 30mm。

试样厚度小于 1mm 时不做弯曲试验，厚度大于 50mm 的板材，应单面加工到 50mm，且加工面朝上压头，这样就会接近或消除其加工影响。对于各向异性材料应沿纵横方向分别取样，使试样的负荷方向与材料实际使用时所受弯曲负荷方向一致。

试样应按其材料标准的规定进行状态调节，若无相关标准时，应从 GB/T 2918—1998 中选择最合适的条件进行状态调节。另有商定的，如高温或低温试验除外。

（3）测试步骤　试样的制备和外观检查按 GB 1039—1992 规定进行；试样的状态调节和实验环境按 GB 2918 规定进行。对试样进行编号，测量试样工作部分的宽度和厚度，精确至 0.01mm。每个试样测量三点，取算术平均值。熟悉电子万能试验机的结构、操作规程和注意事项。做好弯曲试验机的校准调试后再开机，开机按试验机、打印机、计算机的先后顺序进行，进入试验软件，选择好联机方向，选择正确的确通信口，选择对应的传感器及引伸仪后联机；根据所选试样（主要是试样的跨厚比和长度）设置好极限位置；在试验软件内选择弯曲试验方案，进入试验窗口，输入"用户参数"。放置试样时，确保试样与试样支柱平行，试样不宜固定。将上压头调在适当的位置，在软件界面上数据清零，开始试验；试验完成后，取下样品，重复 5 次试验。试验结束后，打印试验报告。

（4）注意事项

① 计算机控制电子拉力试验机属于精密设备，在操作材料试验机时，务必遵守操作规程，精力集中，认真负责。

② 每次设备开机后都要预热 10min，待系统稳定后，才可进行实验工作；如果刚关机，需要再开机，至少保证 1min 的间隔时间。任何时候都不能带电插拔电源线和信号线，否则很容易损坏电气控制部分。

③ 试验开始前，一定要调整好限位挡圈，以免操作失误，损坏力值传感器。

④ 试验过程中，不能远离试验机；除停止键和急停开关外，不要按控制盒上的其他按键，否则会影响试验。

⑤ 试验结束后，一定要关闭所有电源。

4.4.2　如何测试纤维增强塑料的弯曲性能？

纤维增强塑料弯曲性能的测定按 GB/T 1449—2005 国家标准操作，该标准规定了纤维增强塑料弯曲性能试验的试样、试验设备、试验条件、试验步骤及结果计算等，其测试原理与普通塑料的弯曲性能测定相似，采用无约束支撑，通过三点弯曲，以恒定的加载速率使试样破坏或达到预定的挠度值。在整个过程中，测量施加在试样上的载荷和试样的挠度，确定弯曲强度、弯曲弹性模量以及弯曲应力与应变的关系。

（1）测试设备 对纤维增强塑料进行弯曲性能测试的设备应满足 GB 1446—2005 国家标准要求，主要满足如下 5 点：

① 试验机载荷相对误差不应超过 ±1%；

② 机械式和油压式试验机使用吨位的选择应使试样施加载荷落在满载的 10%～90% 范围内，尽量落在满载的一边，且不应小于试验机最大吨位的 4%；

③ 能获得恒定的试验速率，当试验速率不大于 10mm/min 时，误差不应超过 20%，当试验速率大于 10mm/min 时，误差不应超过 10%；

④ 电子拉力试验机和伺服液压式试验机使用吨位的选择应参照该机的说明书；

⑤ 测量变形的仪器表相对误差均不应超过 ±1%。

纤维增强塑料弯曲试验装置如图 4-30 所示。

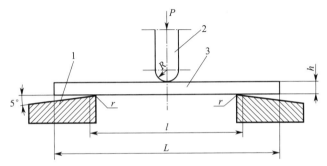

图 4-30 纤维增强塑料弯曲试验装置
1—试样支座；2—加载上压头；3—试样
l—跨距；P—载荷；L—试样长度；h—试样厚度；
R—加载上压头加圆角半径；r—支座圆角半径

加载上压头应为圆柱面，其半径 $R=5.0\text{mm}\pm0.1\text{mm}$；当试样厚度 h 大于 3mm 时，支座圆半径 $r=2.0\text{mm}\pm0.2\text{mm}$；当试样厚度 $h\leqslant3\text{mm}$ 时，$r=5.0\text{mm}\pm0.2\text{mm}$。

（2）测试条件

① 测试标准条件 温度为 23℃±2℃，相对湿度为 50%±10%。

② 试验速率 测定弯曲强度时，常规试验速率为 10mm/min；仲裁试验速率 $v=h/2\text{mm/min}$，h 为试样厚度；在测定弯曲弹性模量及载荷-挠度曲线时，试验速率一般为 2mm/min。

（3）测试步骤 试样制备、试样外观检查、试样状态调节按 GB 1446—2005 执行，将合格试样编号、画线，测量试样中间的 1/3 跨距 l 内任意三点的宽度和厚度，取算术平均值。测量精度按 GB 1446—2005 的要求进行，调节跨距 l 及加载上压头位置，准确至 0.5mm。加载上压头位于支座中间，且使上压头和支座的圆柱面轴线相平行。跨距 l 可按试样厚度 h 换算而得：$l=(16\pm1)h$。值得注意的是对很厚的试样，为避免层间剪切破坏，跨厚比 l/h 可以取大于 16（如 32、40），对很薄的试样，为使其载荷落在试验机许可的载荷容量范围内，跨厚比 l/h 可以取小于 16（如 10）。再将试样放于支座中心位置上（单面加工的试样，加工面朝上），试样的长度方向与支座和加载上压头相垂直。加载速率按本标准所述进行选择。将测量变形的仪表置于跨距中点处，与试样下表面接触。施加初载（约为破坏载荷的 5%），检查和调整仪表，使整个系统处于正常状态。测定弯曲载荷-挠度曲线和弯曲弹性模量时，分级加载，级差为破坏载荷的 5%～10%（测定弯曲弹性模量时，至少分五级加载，所施加载荷不宜超过破坏载荷的 50%。一般至少重复测定三次，取其两次稳定的变形增量）。记录各级载荷和相应的挠度。有自动记录装置时可以连续加载。测定弯曲强度时，连续加载。在挠度小于或等于 1.5 倍试样厚度下呈现最大载荷或破坏的材料，记录最大载荷或破坏载荷。在挠度等于 1.5 倍试样厚度下不呈现破坏的材料，记录该挠度下的载荷。试样呈层间剪切破坏，有明显内部缺陷或在试样中间的 1/3 跨距 l 以外破坏的应予作废。同批有效试样不足 5 个时，应重做试验。

（4）结果计算　弯曲强度 σ_f（或挠度为 1.5 倍试样厚度时弯曲力）按式（4-21）计算。

$$\sigma_f = \frac{3Pl}{2bh^2} \tag{4-21}$$

式中　σ_f——弯曲强度（或挠度为 1.5 倍试样厚度时弯曲力），MPa；

P——破坏载荷（或最大载荷，或挠度为 1.5 倍试样厚度时的载荷），N；

l——跨距，mm；

h——试样厚度，mm；

b——试样宽度，mm。

注：若考虑挠度 S 作用下支座水平分力引起弯矩的影响，可按式（4-22）计算弯曲强度。

$$\sigma_f = \frac{3Pl}{2bh^2}\left[1 + 4\left(\frac{S}{l}\right)^2\right] \tag{4-22}$$

式中　S——试样跨距中点处的挠度，mm。

其他代号同式（4-22）。

弯曲弹性模量按式（4-23）和式（4-24）计算。

采用分级加载时，弯曲弹性模量按式（4-23）计算。

$$E_f = \frac{l^3 \Delta P}{4bh^3 \Delta S} \tag{4-23}$$

式中　E_f——弯曲弹性模量，MPa；

ΔP——载荷-挠度曲线上初始直线段的载荷增量，N；

ΔS——与载荷增量 ΔP 对应的跨距中点处的挠度增量，mm。

采用自动记录装置时，对于给定的应变 $\varepsilon'' = 0.0025$、$\varepsilon' = 0.0005$，弯曲弹性模量按式（4-24）计算。

$$E_f = 500(\sigma'' - \sigma') \tag{4-24}$$

式中　E_f——弯曲弹性模量，MPa；

σ''——应变 $\varepsilon' = 0.0005$ 时测得的弯曲应力，MPa；

σ'——应变 $\varepsilon'' = 0.0025$ 时测得的弯曲应力，MPa。

注：如果材料说明或技术说明中另有规定，ε'、ε'' 可取其他值。

试样外表面的应变按式（4-25）计算。

$$\varepsilon = \frac{6Sh}{l^2} \tag{4-25}$$

式中　ε——应变，%。

S、h、l 同式（4-22）。

（5）测试结果　弯曲强度和弯曲模量按 GB/T 9341—2008 的规定执行，应变取两位有效数字。

4.5　塑料小试样力学性能测试疑难解答

4.5.1　如何进行塑料小试样拉伸性能测试？

小试样拉伸性能测试规定了用小试样测定塑料拉伸性能。该测定方法与大试样相同，采用 GB/T 1040.1—2008 中的方法进行试验，适用于热塑性塑料和热固性塑料。不同点是不适用于纤维增强塑料。

（1）试样及制备　小试样拉伸试验规定使用两种类型的试样，Ⅰ型试样与Ⅱ型试样（小双铲形与小哑铃形），其形状与大试样的Ⅰ型、Ⅱ型试样相同，只是尺寸大小不同而以。

小试样的Ⅰ型、Ⅱ型试样，分别各有按 1:2 和 1:5 缩小的两种尺寸。

Ⅰ型试样形状如图 4-31 所示，尺寸大小见表 4-10。

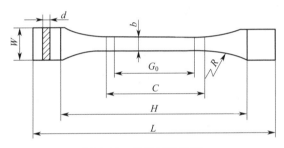

图 4-31　Ⅰ型试样形状

表 4-10　Ⅰ型试样尺寸大小　　　　　　　　　　　　　单位：mm

符号	名称	试样	
		I_1(1:2)	I_2(1:5)
L	总长的最小值	75	30
W	端部宽度	10.0±0.5	4.0±0.2
C	狭的平行部分长度	30.0±0.5	12.0±0.5
b	狭的平行部分宽度	5.0±0.2	2.0±0.2
R	最小半径	30	12
G_0	计量标线间距离	25.0±0.5	10.0±0.2
H	夹具间的距离	58±2	23±2
d	最小厚度	2	2

Ⅱ型试样形状如图 4-32 所示，尺寸大小见表 4-11。

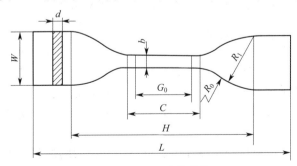

图 4-32　Ⅱ型试样形状

表 4-11　Ⅱ型试样尺寸大小　　　　　　　　　　　　　单位：mm

符号	名称	试样	
		Ⅱ₁(1∶2)	Ⅱ₂(1∶5)
L	总长的最小值	75	30
W	端部宽度	12.5±1.0	6.0±0.5
C	狭的平行部分长度	25±1	12.0±0.5
b	狭的平行部分宽度	4.0±0.1	2.0±0.1
R_1	大半径	12.5±1.0	3.0±0.1
R_0	小半径	8.0±0.5	3.0±0.1
G_0	计量标线间距离	20.0±0.5	10.0±0.4
H	夹具间的距离	50±2	20±2
d	最小厚度	2	1

小Ⅰ型、Ⅱ型试样由于其尺寸小，机械加工进行制备有很大困难，所以优选注塑方法和板片冲切加工进行制备。

（2）试验速率的选择　试验速率分档与大试样相同，小试样试验速率的选择应在表 4-12 中速率范围内选取，使小试样的标称应变率最接近标准尺寸试样的应变速率。标称应变速率为试验速率与夹具初始距离的比。但试验速率最低不能低于 1mm/min。

小试样的"状态调节""试验步骤"、试验环境与大试样完全相同。

表 4-12　拉伸试样类型及相应的实验速度

试样材料	试样类型	试样制备方法	试样最佳厚度/mm	试验速度
硬质热塑性塑料 硬质热固性塑料	Ⅰ型	注射成型 压制成型	4	B、C、D、E、F
硬质热塑性塑料板 热固性塑料板（包括层压板）		机械加工	4	A、B、C、D、E、F、G
软质热塑性塑料 软质热塑性塑料板	Ⅱ型	注射成型 压制成型 板材机械加工 板材冲切加工	2	F、G、H、I
热固性塑料 （包括经填充和纤维增强的塑料）	Ⅲ型[①]	注射成型 压制成型	—	C
热固性增强塑料板	Ⅳ型	机械加工		B、C、D

① Ⅲ型试样仅用于测定拉伸强度。

（3）结果表示　计算拉伸强度、拉伸断裂伸长率所用的公式与大尺寸试样一样，需要指出的是试验结果只有在采用同一加工方法制备试样，试样类型与试样尺寸完全相同时才具有可比性。

4.5.2　如何进行塑料小试样弯曲性能测试？

塑料弯曲性能小试样试验采用 HG/T 3840—2006 标准方法进行，它规定了对小试样施加静态三点式弯曲负荷测试弯曲性能的方法。本测定方法与大试样测定方法相同，适用于硬质热塑性塑料和热固性塑料，不适用于增强塑料。

（1）试样尺寸　试样厚为 2.0mm±0.2mm，宽为 3.0mm±0.2mm，长为 40mm。如果所取试样不能满足该尺寸要求时，试样厚度允许为 1～2mm，宽为 3mm，长度为厚度的 20 倍。

可采用注塑、模塑或由板材经机械加工制成的矩形截面的试样，也可以从标准的多用途试样的中间平等部分截取。试样的正面和侧面必须进行机械加工，加工向要求平滑光洁，相邻的表面要互相垂直。所有的表面和边缘都应无刮痕、裂纹或其他缺陷。试样数量每组不少于5个。

（2）试验装置　小试样弯曲性能测定装置示意图如图4-29所示。速率恒速可调，负荷测量误差不大于±1%，挠度测量误差不大于±2%，经过校准的任何试验机均可使用。加荷压头半径为5.0mm±0.1mm。支座跨度应能调节，支座圆弧半径为0.5mm±0.2mm。

（3）试验步骤　测试前按GB/T 2918—1998规定的标准环境条件将试样进行状态调节。推荐为"23℃、相对湿度50%"。

① 测量试样中间的宽度和厚度，准至0.01mm。

② 调节跨度为试样厚度的16倍±1倍，跨度测量准确至0.5%以内。

③ 调节试验速度为1.0mm/min±0.2mm/min。

④ 压头、支座与试样应为线接触，并保证与试样宽度的接触线垂直于试样长度方向。

⑤ 开动试验机进行试验。

⑥ 在规定挠度等于或小于试样厚度的1.5倍时出现断裂的试样，记录其断裂弯曲负荷值。在达到挠度时不断裂的试样，记录达到规定挠度时的负荷值。如果产品标准允许超过规定挠度，则要继续进行试验，直到试样破坏或达到最大负荷，记录此时的负荷值。在达到规定挠度之前断裂且能指示最大负荷的试样，记录其最大负荷。

⑦ 凡试样破坏位置在试样跨度三等分的中间部分以外时，其结果作废，必须重新取样重新试验。

（4）结果表示　小试样弯曲应力或弯曲强度及标准偏差计算与大试样测定时完全一样。

（5）实验报告　试验报告内容主要包括：塑料弯曲性能小试样试验标准；所使用材料名称、规格、来源及生产厂家；试样尺寸及制备方法；试验环境温度、湿度及试样状态调节情况；试验速率及跨度；在规定挠度时的弯曲应力算术平均值；断裂时的弯曲强度算术平均值；参加试验人员及试验日期等。

4.5.3　如何进行塑料小试样冲击性能测试？

塑料冲击性能小试样试验采用HG/T 3841—2006标准方法进行，它规定了用简支梁冲击试验机，用小试样测定塑料冲击性能的方法。该测定方法与大试样相同，适用于热塑性塑料和热固性塑料，但不适用于增强塑料。

（1）试样

① 试样尺寸　长度l为40mm±1mm，宽度b为3.0mm±0.2mm，厚度h为2.0mm±0.2mm，支撑线间距离L为20mm。

② 试样缺口类型和缺口尺寸　见表4-13和图4-33。

表4-13　小试样缺口类型和缺口尺寸　　　　　　　　　　　　单位：mm

缺口类型	缺口剩余厚度h_k	缺口底部圆半径r	缺口宽度b
A	$0.8h_k$	0.25±0.05	—
B	$0.8h_k$	1.00±0.05	—
C	$(2/3)h_k$	<0.1	0.8±0.1

试样按缺口类型不同分为：A型试样、B型试样和C型试样。

③ 试样形状　A型试样的形状和缺口尺寸如图4-33（a）所示；B型试样的形状和缺口尺寸如图4-33（b）所示；C型试样的形状和缺口尺寸如图4-33（c）所示。

④ 试样制备　模塑料试样按有关模塑试样制备方法或协议方法制备；棒、管试样按有关协议方法制备；片材试样用锋利的切样刀在衬垫物上冲切；硬质板材试样可按多功能试样

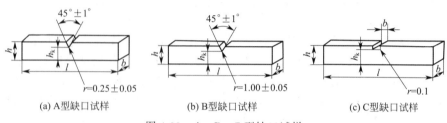

(a) A 型缺口试样　　　(b) B 型缺口试样　　　(c) C 型缺口试样

图 4-33　A、B、C 型缺口试样

l—试样长度；h—试样厚度；r—缺口底部半径；b—试样宽度；h_k—试样缺口剩余厚度

或协议方法制备，也可采用机械加工方法加工制备。

试样表面应平整，无气泡、裂纹、分层、明显杂质和加工损伤等缺陷。试样缺口可在铣床、刨床或专用缺口加工机上加工。加工刀具无倾角，刀刃工作后角为 15°～20°。刀尖线速率为 90～185m/min，给进速率为 10～130mm/min。每个加工刀具在加工 500 个缺口后应检查刀刃的锐度，如果半径和外形不在规定范用内，应该更换刀具。

试样数量每组不少于 10 个。

⑤ 试样选择　硬质脆性材料采用无缺口试样，其他材料均采用缺口试样，通常缺口类型为 A 型。

（2）试验设备　规定选择冲击能量在 4J 以下（0.5J、1.0J、2.0J）的简支梁冲击试验机。

（3）试验步骤　测试前按 GB/T 2918—1998 规定的标准环境条件将试样进行状态调节。推荐为 "23℃、相对湿度 50％"。

① 测量试样中部的宽度和厚度，准确至 0.01mm，缺口试样应测量缺口处剩余厚度，测量时应在缺口两端各测一次，取算术平均值。

② 根据试样破坏所需的能量选择摆锤，使消耗的能量在摆锤总能量的 10％～85％范围内。

③ 调节支撑线间距离为 20mm。

④ 抬起并锁住摆锤，将试样放置在两支撑块上，试样支撑面紧贴在支撑块上，使冲击刀刃对准试样中心，缺口试样刀刃对准缺口背向的中心位置。

⑤ 平稳释放摆锤，从刻度盘上读取试样吸收的冲击能量。

⑥ 试样无破坏的冲击值不取值，试样完全破坏或部分破坏的才可以取值。

（4）结果表示　小试样冲击强度及标准偏差的计算与大试样进行冲击实验时完全一样。

（5）实验报告　小试样冲击试验的报告内容主要包括：塑料冲击性能小试样的试验标准；所使用材料的名称、规格、来源及生产厂家；试样尺寸、缺口类型及制备方法；试验环境温度、湿度及试样状态调节情况；缺口或无缺口试样冲击强度的算术平均值；试样破坏百分率；试验人员及试验日期等。

4.6　塑料其他物理性能测试疑难解答

4.6.1　如何对塑料的压缩性能进行测试？

与拉伸、弯曲性能一样，塑料材料的压缩性能也是塑料的基本力学性能，广泛应用于生产过程的质量控制和作为工程设计的依据。

压缩试验是描述材料在压缩载荷和均匀加载速率下行为的试验方法。通过压缩试验，可得到一系列有关压缩性能的数据，如弹性模量、屈服应力、压缩强度、压缩应变等，其测试的标准为 GB/T 1041—2008。

（1）测试原理 将试样夹持在专用压缩夹具上，对试样施加静态压缩负荷，通过负荷器、变形指示器以及计算机处理，测绘出试样的压缩负荷-变形曲线，以及变形过程中特征量，如在压缩实验过程中的任一时刻试样单位原始横截面积所承受的压缩负荷（压缩应力）、由压缩负荷引起的试样高度的改变量（压缩变形）、在压缩实验的负荷变形曲线上第一次出现的应变或变形增加而负荷不增大的压应力值（压缩屈服应力）标在压缩实验的负荷-变形曲线的横坐标上，在规定的变形百分数处（如 0.2% 的压缩应变）平行于曲线的直线部分划一条直线，取直线与负荷变形曲线交点的负荷值与试样的原始截面积之比（压缩偏置屈服应力）在压缩实验过程中试样所承受的最大压缩应力（压缩强度）处于应力应变曲线的线性范围内。

（2）测试试样与设备

① 试样 压缩性能试验所用试样的形状应为棱柱、圆柱或管状。试样的尺寸应满足式（4-26）。

$$\varepsilon_c \leqslant 0.4 \frac{x^2}{l^2} \tag{4-26}$$

式中 ε_c——试验时产生的最大压缩标称应变，以此值表示；

x——取决于试样的形状、圆柱的直径、管的外径或棱柱的厚度（横截面的最小侧），mm；

l——平行于压缩力轴测量试样厚度，mm。

通常进行压缩试验时，推荐的比值 $x/l > 0.4$，相应于约 6% 的最大压缩应变。测量压缩模量 E_c，推荐的比值 $x/l > 0.08$。

式（4-25）是基于被试材料的应力-应变行为是线性的而得出。随着材料韧性和压缩应变的增加，选择的值应高于最大应变的 2～3 倍。

优选试样可由多用途试样进行切取（参见国家标准 GB/T 11997—2008），试样尺寸见表 4-14。

表 4-14 优选类型和试样尺寸 单位：mm

类型	测量	长度 l	宽度 b	厚度 h
A	压缩模量	50±2	10.0±0.2	4.0±0.2
B	压缩强度	10.0±0.2		

当缺乏材料或因受试产品特殊几何形状的限制不能使用优选试样时，在这种情况下允许使用小试样进行试验，小试样的尺寸见表 4-15。

表 4-15 小试样的尺寸 单位：mm

尺寸	Ⅰ型	Ⅱ型
厚度	3	3
宽度	5	5
长度	6	35

注：Ⅱ型试样仅用于作压缩模量的测定，在这种情况下，推荐使用 15mm 的标距，以便于测量。

需要注意的是用小试样所得结果与用标准尺寸试样所得结果将不同。使用小试样需经有关各方商定，并存试验报告中注明。

压缩试验的试样可用注塑、模塑成型制作或机械加工制备。采用机加工制备时，特别要注意机加工应保证试样的端面平整光滑、边缘锐利清晰，端而垂直于试样的纵轴，其垂直度在 0.025mm 以内。试样的最终表而推荐使用车床或铣床加工。试样应无翘曲，所有表面和边缘应无划伤、麻点、缩痕、飞边或其他可能影响结果的可见缺陷。朝向压缩板的两个表面应平行并与纵轴成直角。

试样的各向同性材料每组试样至少 5 个，各向异性材料每组取 10 个试样，垂直和平行于各向异性的主轴方向各取 5 个试样。

② 设备　能以规定恒定速率移动，并具有压缩夹具、负荷指示器、变形指示器及测微计的实验机均可使用，现用的主流设备为万能电子材料实验机，如图 4-34 所示，试样压缩示意图如图 4-35 所示。

图 4-34　万能电子材料实验机

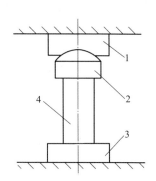

图 4-35　试样压缩示意图
1—上压板；2—球座；3—下压板；4—试样

a. 压缩夹具　能准确地沿试样轴向施加负荷，采用表面粗糙度为 $R_a0.8$ 的硬化钢压板，并应装有自动对中装置。

b. 负荷指示器　指示试样所承受的压缩负荷，在规定的实验速率内没有惯性滞后，指示负荷的精度为指示值的 ±1% 或更高。

c. 变形指示器　测定在实验过程中任何时刻两个压板与试样接触面之间或试样两固定点之间距离的装置。在规定负荷速率下不应有滞后，其精确度应为指示值的 ±1% 或更高。

d. 测微计　适用于测量试样的尺寸，精度为 0.01mm。

（3）测试步骤

① 除非受试材料标准另有规定，试验应在 23℃ 和 50% 相对湿度下至少进行 16h 状态调节，或按有关各方协商的条件进行状态调节，并在与状态调节相同的环境下进行试验。

② 沿试样长度方向测量其宽度、厚度和直径三处截面尺寸，并计算横截面积的平均值。测量每个试样的长度并精确到 0.01mm。

③ 把试样放在试验机两压板的表面之间，并使试样中心线与两压板表面中心线一致，应确保试样端面与压板表面相平行。调整试验机，使压板表面恰好与试样端面接触，并把此时定为测定变形的零点。

④ 根据材料的规定调整试验速率。若没有规定，则调整速率为 1mm/min。对于优选试样，试验速率如下。

1mm/min（$l=50$mm），用于压缩模量的测量。

1mm/min（$l=10$mm），用于屈服前就破坏的材料压缩强度测量。

5mm/min（$l=10$mm），用于具有屈服的材料的压缩强度测量。

⑤ 开动试验机并记录下列各项：

a. 记录适当应变间隔时的负荷及相应的压缩应变；

b. 试样破裂瞬间所承受的负荷，单位为 N；

c. 如试样不破裂，记录在屈服或偏置屈服点及规定应变值为 25％时的压缩负荷，单位为 N。

在测定压缩模量时，应在试验过程中以适当间隔读取施加的负荷值和对应的变形值，并以负荷为纵坐标，形变为横坐标绘出负荷-形变曲线。

在试验过程中，测定试样的力（应力）和相应的压缩量（应变），计算机控制的试验机具有可自动记录系统，可获得一条完整的负荷-形变或应力-应变曲线，然后由初始直线部分的斜率求得压缩模量。

（4）测试结果表示　压缩应力按式(4-27)计算：

$$\sigma = \frac{F}{A} \tag{4-27}$$

式中　σ——压缩应力，MPa；

　　　F——测出的力，N；

　　　A——试样的原始横截面积，mm^2。

压缩应变按式(4-28)计算。

$$\varepsilon = \frac{\Delta L_0}{L_0} \times 100\% \tag{4-28}$$

式中　ε——计算的应变值，％；

　　ΔL_0——试样标距间长度的减量，mm；

　　　L_0——试样的标距，mm。

（5）压缩模量按式(4-29)计算。

$$E_c = \frac{\sigma_2 - \sigma_1}{\varepsilon_2 - \varepsilon_1} \tag{4-29}$$

式中　E_c——压缩模量，MPa；

　　　σ_1——应变值 $\varepsilon_1 = 0.0005$ 时测量的应力值，MPa；

　　　σ_2——应变值 $\varepsilon_2 = 0.0025$ 时测量的应力值，MPa。

以上结果均以每组 5 个试样的算术平均值表示，并取三位有效数字。

若要计算标准偏差，可按式(4-30)计算，取三位有效数字。

$$s = \sqrt{\frac{\sum (X_i - \overline{X})^2}{n-1}} \tag{4-30}$$

式中　s——标准偏差；

　　　X_i——单个试样测定值；

　　　$\overline{X}$——一组试样测定值的算数平均值；

　　　n——测定个数。

（6）实验报告

① 材料名称、规格、来源及生产厂；

② 试样的形状、尺寸和制备方法；

③ 在试样上施加压力的方向；

④ 实验机型号和实验速率；

⑤ 所用的变形指示器的类型；

⑥ 所测试样的数量和报废的数目；

⑦ 实验环境条件；

⑧ 单个实验结果及平均值。

4.6.2　如何对塑料的剪切性能进行测试？

塑料抗剪切强度测试执行 HG/T 3839—2006 化工行业标准（原 GB/T 15598—1995 国家标准废止），该标准规定了采用圆形穿孔器，以压缩穿孔方式测定塑料的剪切强度，主要适合于硬质热塑性塑料和热固性塑料的剪切强度的测试，但不适用于泡沫塑料剪切强度的测试。

（1）测试设备　化工行业标准确定，任何一种有使十字头恒速运动，有自动对中和变形测量装置的拉伸试验机均可做压缩使用。在试验过程中，负荷指示计应能指示任一时刻施加于试样的剪切负荷，精度为标值的 ±1%。对于变形测量装置，应能测量试验过程中，任一时刻穿孔器压入试样的深度，准确到 0.01mm。剪切夹具是将剪切负荷施加于试样的器具，由穿孔器的压模构成。要求具有能把试样正确地固定在夹具的穿孔器和压模上的功能，并能将负荷均匀地施加于试样，其尺寸见表 4-16，示意图如图 4-36 所示，夹具材质为碳素工具钢 T10，洛氏硬 HRC>62，或与之相当的材料。测微计应能测定试样厚度，精度为 0.01mm。

表 4-16　剪切夹具关键部位的尺寸　　　　　　　　　　　　　　　　单位：mm

压模内径 d	25.40
穿孔器直径 D	25.37
压模内径 d 与穿孔器直径 D 之差	0.03

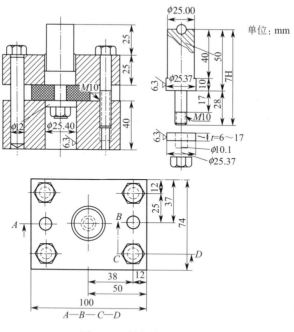

图 4-36　剪切夹具示意图

（2）试样　试样厚度应均匀，表面光洁、平整，无机械损伤杂质；试样是边长为 50mm 的正方形或直径为 50mm 的圆饼，厚度为 1.0mm~12.5mm，中心有一个直径为 11mm 的圆孔，如图 4-37 所示。试样的制备可按有关标准或双方协议采用注塑、压制或挤出成型等方法，也可用机械加工方法从成型板材上切取，不同加工方法所测结果不能相互比较。每组试样不少于 5 个。

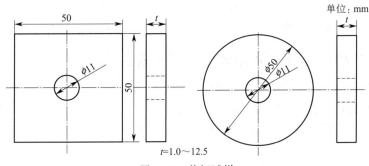

图 4-37 剪切试样

（3）测试步骤

① 按 GB/T 1039 的规定检查试样，按 GB/T 2918 的规定调节试样环境，状态调节时间至少 40h。

② 在试样受剪切部位均匀取四点测量厚度，精确至 0.01mm，取平均值为试样厚度。

③ 试验速率为 1mm/min±50%。

④ 将穿孔器插入试样的圆孔中，放上垫圈，用螺母固定，然后把穿孔器装在夹具中，再将夹具用四个螺栓均匀固定，以使试样在试验过程中不会弯曲。

⑤ 安装夹具时，应使剪切夹具的中心线与试验机的中心线重合。

⑥ 启动试验机，对穿孔器施加压力，记录最大负荷（或破坏负荷、屈服负荷、定变形率负荷）。需要时可记录变形，然后卸去压力，取出试样。

（4）结果计算

① 剪切强度按式(4-31)计算。

$$\sigma_\tau = \frac{P}{\pi D t} \tag{4-31}$$

式中：σ_τ——剪切强度（或破坏剪切强度、屈服剪切强度、定变形剪切强度），MPa；

P——剪切负荷，N；

π——圆周率；

D——穿孔器直径，mm；

t——试样厚度，mm。

② 测定剪切强度时，P 为最大负荷；测定破坏剪切强度时，P 为破坏负荷；测定屈服剪切强度时，P 为屈服负荷；测定规定变形率剪切强度时，P 为规定变形率的剪切负荷。规定变形率的数值应经有关双方协商确定。

③ 试验结果以算术平均值表示，取三位有效数字。

④ 若要求标准偏差，按式(4-32)计算：

$$s = \sqrt{\frac{\sum_{i=1}^{n}(x_i - \bar{x})^2}{n-1}} \tag{4-32}$$

式中 s——标准偏差；

x_i——单个测定值；

$\bar{x}$——一组测定值的算术平均值；

n——测定次数。

（5）试验报告　试验报告应包括如下内容：测试使用标准；材料名称、规格及生产厂家；试样形状、尺寸及制备方法；试验环境温度、湿度、状态调节时间；试验速率；剪切强度、破坏剪切强度、屈服剪切强度、定变形剪切强度、标准偏差；测试人员及日期。

4.6.3　如何对塑料的拉伸蠕变性能进行测试？

塑料的拉伸蠕变性能测试由 GB/T 11546.1—2008 国家标准规定，该标准规定了在预处理、温度和湿度等给定条件下测定塑料标准试样拉伸蠕变的方法，适用于硬质和半硬质的非增强、填充和纤维增强塑料，以及直接模塑和哑铃形试样，或从薄片或模塑制品机加工所得的试样。

（1）测试设备　可采用计算机控制塑料蠕变万能试验机对塑料进行拉伸蠕变性能测试，也可使用万能电子材料实验机，其基本结构如图 4-11 所示。夹具应尽可能保证加载轴线与试样纵轴方向一致，确保试样只承受单一应力，可认为试样受载部分所受应力均匀分布在垂直于加载方向的横截面上，使用加载前就能将试样对中固定的夹具，增加载荷时，试样和夹具不允许有任何位移，自锁夹具不能用于测试塑料的蠕变性能。

加载系统应保证能平稳加载荷，不产生瞬间过载，并且施加的载荷在所需载荷的 ±1% 以内，在蠕变破断试验中，应采取措施防止试样破断时产生的振动传递到相邻的加载系统，加载机构应能施加快速、平稳和重复性载荷。

伸长测量装置由能够测量载荷下试样标距伸长量或夹具间距离伸长量的非接触式或接触式装置构成，此装置不应通过力学效应（如不应有的变形、缺口等）与其他物理效应或化学效应对试样性能产生影响。

使用非接触式（光学）装置测量应变时，应使试样纵轴垂直于测量装置的光轴，为测定试样长度伸长，应使用引伸计记录夹具间距变化，伸长测量装置的精确度应在 ±0.01mm 以内。对于蠕变破断试验，建议使用按测量仪原理制成的非接触式光学系统测量伸长，最好能自动指示试样破断时间，应采用刻有标记的金属夹子或者惰性耐热漆在试样上标出标距。

只有受试材料允许使用电阻应变计所用的粘接剂时，以及蠕变持续时间较短时，电阻应变计才适用。计时器的精确度要达到 0.1%；测微计测量试样厚度和宽度，精确要求达到 0.01mm 或更小。

（2）试样　要求使用相关材料标准或 GB/T 1040.2—2006 中规定的测定拉伸性能试样。

（3）测试步骤

① 状态调节和试验环境　按照材料标准的规定对试样进行状态调节。若材料标准中未规定，且相关方未协商一致，应使用 GB/T 2918—1998 中最适宜的一组状态调节条件。

蠕变性能不仅受试样的热历史影响，而且受状态调节时的温度和湿度的影响。如果试样未达到湿度平衡，蠕变将会受到影响。当试样过于干燥时，由于吸水会产生正应变；而当试样过于潮湿，由于脱水会产生负应变。推荐状态调节时间大于 t_{90}（参考 GB/T 1034—2008）。除非相关方协商一致，如在高温或低温下试验，否则应在与状态调节相同的环境下进行试验，应保证试验时间内温度偏差在 ±2℃ 以内。

② 测量试样尺寸　按 GB/T 1040.1—2006 中 9.2 的内容规定测量状态调节后的试样尺寸。

③ 安装试样　将状态调节后并已测量尺寸的试样安装在夹具上，并按要求安装伸长测量装置。

④ 选择应力值　选择与材料预期应用相当的应力值，并按应力计算公式计算施加在试样上的载荷。若规定初始应变值，应力值可以用材料的杨氏模量计算（参考 GB/T 1040.1—2006）。

⑤ 加载步骤　先进行预加载：如为消除试验中传动装置的齿间偏移，可在增加试验负荷前向试样施加预载荷，但应保证预加载不对试验结果产生影响。夹好试样后，待温度和湿度平衡时方可预加载，再测量标距。保证预加载过程中预载荷不变。

再加载：向试样平稳加载，加载过程应在1～5s内完成。某种材料的一系列试验应使用相同的加载速度。计算总载荷（包括预载荷）作为试验载荷。

⑥ 测量伸长　记录试样加满载荷点作为$t=0$点，若伸长测量不是自动和（或）连续记录的，则要求按下列时间间隔测量应变；

a. 1min、3min、6min、12min、30min。

b. 1h、2h、5h、10h、20h、50h、100h、200h、500h、1000h等。

如果认为时间点太宽，应提高计数频率。

⑦ 测量时间　测量每个蠕变试验的总时间，准确至±0.1％或±2s以内（应小于此公差）。

⑧ 控制温度和湿度　若温度和湿度不是自动记录的，开始试验时应记录，最初一天至少三次。当在规定时间内试验条件是稳定的，可以不再频繁检查温度和湿度（至少每天一次）。

⑨ 测量蠕变恢复率（可选）　试验超过预定时间而试样不破断，应迅速、平稳地卸去载荷。使用与蠕变测量中相同的时间间隔测量恢复率。

（4）结果表示　蠕变测试结果有两种表示法，即计算法与图解法。

① 计算法　拉伸蠕变模量E_t，单位为MPa，按式(4-33)计算。

$$E_t = \frac{\sigma}{\varepsilon_t} = \frac{FL_0}{A(\Delta L)_t} \tag{4-33}$$

式中　F——载荷，N；

L_0——初始标距，mm；

A——试样初始横截面积，mm^2；

$(\Delta L)_t$——时间t时的伸长，mm。

标称拉伸蠕变模量E_t^*，单位为兆帕（MPa），按式(4-34)计算。

$$E_t^* = \frac{\sigma}{\varepsilon_t^*} = \frac{FL_0^*}{A(\Delta L_t^*)} \tag{4-34}$$

式中　F——载荷，N；

L_0^*——夹具间初始标距，mm；

B——试样初始横截面积，mm^2；

$(\Delta L)_t^*$——时间t时的标称伸长，mm。

② 图解法

a. 蠕变曲线　如果试验是在不同温度下进行的，那么原始数据将按每个温度表示一系列拉伸蠕变应力对时间对数的蠕变曲线，每条曲线代表所用的某一初始应力，如图4-38所示，图中1表示应力增加。

b. 蠕变模量-时间曲线　对每一个所用的初始应力，可画出计算出的拉伸蠕变模量对时间对数的曲线，如图4-39所示。如果试验是在不同温度下进行的，对每一温度给出一组曲线，图中1表示应力增加。

c. 等时应力-应变曲线　等时应力-应

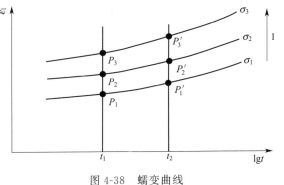

图 4-38　蠕变曲线

变曲线是施加试验载荷后，在某规定时时刻直角坐标中应力对蠕变的曲线。通常绘制载荷下 1h、10h、100h、1000h 和 10000h 几条曲线。由于每一蠕变试验在每一曲线上只绘出一个点，因此有必要在至少三个不同的应力下进行试验，得到等时曲线。

要从如图 4-39 所示的一系列蠕变曲线上得到负荷下某一特定时间（如 10h）的等时应力-应变曲线，可从每一蠕变曲线上读出 10h 时的应变，然后在直角坐标中标出对应于应力值（y 轴）的应变值（x 轴）。对其他时间重复这些步骤以得到一系列等时曲线，如图 4-40 所示。

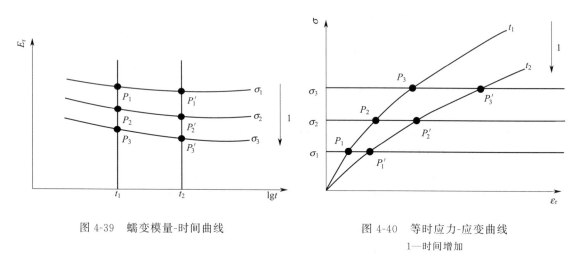

图 4-39 蠕变模量-时间曲线

图 4-40 等时应力-应变曲线

1—时间增加

如果试验是在不同温度下进行的，对每一温度绘出一组曲线。

d. 精密度 因未获得实验室间数据，本试验方法的精密度还不可知。以后获得实验室数据后将可获得其精密度。

（5）测试报告 本测试报告应包括如下内容：注明测试采用标准；测试材料的详细说明，包括材料组成、制备、生产厂家、商品名、牌号、生产日期、模塑类型和退火等信息；试样尺寸；试样制备方法；试样主轴方向；状态调节和试验环境条件；计算拉伸模量或标称拉伸蠕变模量；每一试验温度下的蠕变试验数据；如进行恢复率测定，报告试样卸荷后应变与时间的关系。

Chapter 05

第5章

塑料电性能测试疑难解答

5.1 塑料介电强度与耐电压测试疑难解答

5.1.1 什么是塑料的电击穿？

塑料材料在一定电压范围内是绝缘体，但随着施加电压的升高，绝缘性能会逐渐下降。当电压升到一定值时变成局部导电，此时称塑料材料被电击穿。

塑料发生电气击穿的机理很复杂，试验表明这种击穿与温度有关，在低于某一温度时，其介电强度与温度无关，但当高于这一温度时，随温度增加而介电强度迅速降低。通常把击穿电压不随温度变化的击穿称为电击穿，把随温度变化的击穿称为热击穿。

（1）热击穿　这种击穿的外部表现是介电强度随温度升高而迅速下降；与电压作用时间的长短有关；与电场畸变及周围介质的电性能关系不大；击穿点多发生在电极内部。

其原因在于介质在电场中产生的热量大于它能散发的热量，使其内容温度不断升高。温度升高导致其电阻下降，流经试样的电流增大，产生的热量更多，如此循环不已，致使介质转变为另一种聚集态，失去了耐电压能力，材料破坏。

（2）电击穿　这种击穿的特点是介电强度受温度的影响不大；作用时间对结果无影响；与周围介质的电性能有关；击穿点常常出现在电极边缘甚至电极以外。研究了多种塑料材料后，依据撞击游离过程解释这种击穿的某些现象：在固体介质中，总有一些自由电子存在，它们在外电场作用下，被加速而撞击中性原子，致使原子电离，在这种作用下造成材料击穿。

然而任何一种塑料材料，很难说击穿过程一定是某种击穿。一般来说，工作温度高、散热条件差，介质电导及损耗大的材料，发生热击穿的概率高。

5.1.2 如何测定塑料的介电强度？

击穿电压值除以试样的厚度称为介电强度。

在规定试验条件下，对试验试样施加规定的电压及时间，试样不被击穿所能承受的最高电压为耐电压值。

（1）测试原理　介电强度的测试原理是使电压以连续升压的方式或逐级升压的方式升高，记取试样被击穿时的电压值。升压装置基本电路图如图 5-1 所示。T_1 为自耦变压器，T_2 为升压变压器。T_2 变压比不同，其输出最高电压不同，当 T_1 升压时，T_2 高压输出也升高，直至试样被击穿。

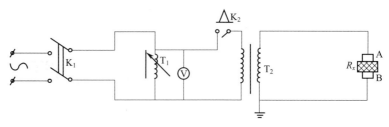

图 5-1　升压装置基本电路图

K$_1$—电源开关；T$_1$—自耦变压器；V—电压表；

K$_2$—过电流继电器；T$_2$—升压变压器；A、B 和 R$_x$—电极与试样

如测试的是耐电压值，则当升压达到规定电压时停止升压，使电压恒定在规定值，测试达到规定时间不被击穿的电压值。

击穿电压用 U_b 表示，单位为 kV；介电强度用 E_b 表示，单位为 kV/mm，耐电压值以 kV 和 min 进行描述。

测试标准按 GB 1408—2006 进行测试。

（2）原材料试样及处理　试样的几何形状和尺寸见表 5-1。

表 5-1　试样的几何形状和尺寸

项目	试样	尺寸/mm	适 用 范 围
一般实验	板状	方形：边长≥100	包括箔片、漆片、漆布、板材及型材试样
	型材	圆形：直径≥100	
	管状	长 100～300	
	带状	长≥150 宽≥5	
沿层实验	板状	长 100 宽 25	板对板电极
		长 60 宽 30	针销对板电极及锥销电极
	管棒状	高 25.0±0.2、弧长≤100 的一段环	
		长 100	锥销电极
		高 30	针销对板电极
表面耐电压实验	管棒状	长 150±5	

试样外观要求表面平整、均匀，无裂纹、气泡和机械杂质等缺陷。试样数量不得少于 3 个。试样处理过程如下。

① 试样的清洁处理　用蘸有溶剂（对试样不起腐蚀作用）的绸布擦洗试样。

② 试样的预处理　为减小试样以往放置条件的不同而产生的影响，使实验结果有较好的重复性和可比性。预处理条件可按表 5-2 选取。

表 5-2　试样预处理条件

温度/℃	相对湿度/%	时间/h
20±5	65±5	≥24
70±2	<40	4
105	<40	1

③ 条件处理　指实验前试样在规定的温度下，在一定湿度的大气中或完全浸于水（或其他液体）中，放置规定的时间后进行实验，以考核材料性能受温度、湿度等各种因素影响的程度。处理条件和方法按产品标准规定。

④ 试样的正常化处理　在一般情况下，经过加热预处理或高温处理后的试样，应在温度为 20℃±5℃和相对湿度为 65%±5% 的条件下放置不少于 16h，方能进行常态实验。

（3）测试设备　介电强度测试所用设备为介电强度测试仪,如图 5-2 所示。

该测试仪采用计算机控制,试验过程自动控制,并可动态绘制出试验曲线,试验条件与实验结果可自动保存,其主要组成是:试验主机、控制装置、电极及试验测控分析处理测试软件等。另外,需要有测量试样厚度的仪器,即厚度测量仪。

① 厚度测量仪　用厚度测量仪在试样测量电极面积下沿直径测量不少于 3 个点,取其算术平均值作为试样厚度,测量误差为 ±0.001mm。

图 5-2　介电强度测试仪

② 电极　常用的电极材料见表 5-3,板状试样电极如图 5-3 所示,管状试样电极如图 5-4 所示,电极尺寸见表 5-4。

表 5-3　常用的电极材料

电极材料	技术要求	适用范围
黄铜及不锈钢	工作面粗糙度在 6.3μm 以上	板装、带状试样电极;沿层实验用电极以及直径较小的管状试样的内电极
退火铝箔	厚度不超过 0.01mm,用极少量的精炼凡士林、电容器油、硅油或其他合适的材料贴到试样上	管、棒实验的内外电极
弹性金属片	有一定弹性且导电性良好的铜片、钢片或银片	直径较大的管状试样的内电极
导电粉末	银粉、未氧化的铜粉或石墨粉	直径较小的管状试样的内电极
烧银	银膏应当保证所得的导电层与试样牢固地结合,没有气泡、鳞皮、裂纹等缺陷	能耐受高温的实验玻璃、陶瓷类材料的电极

表 5-4　电极尺寸　　　　　　　　　　　　　　　　单位：mm

试样	电极尺寸
板状试样	$D=25.0\pm0.1;H=25.0\pm0.1;r=2.5$
管状试样	$L_1=25;L_2=50$

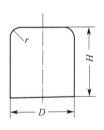

图 5-3　板状试样电极

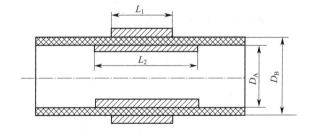

图 5-4　管状试样电极

电压测量仪一般用于在高压侧用精度不低于 1.5 级的静电计、球隙或通过精度不低于 0.5 级的电压互感器来测量。在低压侧用精度不低于 0.5 级的伏特表来测量,其测量衰差不就超过 ±4%。对测试电路的基本要求如下。

a. 过电流继电器应有足够的灵敏感,保证试样击穿时在 0.1s 内切断电源,动作电流应使高压实验变压器的次级电流小于其额定值。

b. 电源的电压应为波形失真率不大于 5% 的正弦波。

c. 高压变压器的容量必须保证其次级额定电流为 0.03～0.1A。

d. 调压器能均匀地调节电压，其容量与实验变压器的容量相同。

（4）测试条件

① 实验媒质

a. 液体媒质   常态实验及 90℃以下的热态实验采用清洁的变压器油，90～300℃以内的热态实验采用清洁的过热气缸油。

b. 气体媒质   采用空气，如有飞弧，可在电极周围加用柔软硅橡胶之类的防飞弧圈。防飞弧圈与电极之间有 1mm 左右的环状间隙，其环宽为 30mm 左右。

② 实验环境   常态实验环境温度为 20℃±5℃，相对湿度为 65%±5%。热态实验或潮湿环境实验条件由产品标准予以规定。

（5）测试步骤

① 介电强度实验

a. 连续均匀升压法   采用连续均匀升压法时的升压速率见表 5-5。

表 5-5   采用连续均匀升压法时的升压速率

试样击穿电压/kV	升压速率/(kV/s)	试样击穿电压/kV	升压速率/(kV/s)
<1.0	0.1	5.1～20	1.0
1.0～5.0	0.5	>20	2.0

b. 1min 逐级升压   按下列方式升压：第一级加电压值为标准规定击穿电压的 50%，保持 1min，以后每级升压后保持 1min，直至击穿，级间升压时间不超过 10s，升压时间应计在 1min 内，每级电压值采用表 5-6 规定的数值。如果击穿发生在升压过程中，则以击穿前开始升压的那一级电压作为击穿值，如果击穿发生在保持不变的电压级上，则以该级电压作为击穿电压。

表 5-6   逐级升压法每级电压值

击穿电压/kV	<5	5～25	26～50	51～100	>100
每级升压电压值/kV	0.5	1	2	5	10

② 耐电压实验   在试样上连续均匀升压到一定的实验电压后保持一定的时间，试样若不击穿则将此电压定为耐电压值。实验电压和时间由产品标准规定。

（6）测试结果与报告   测试结果表示如下。

① 击穿的判断：试样沿施加电压方向及位置有贯穿小孔、开裂、烧集等痕迹为击穿，如痕迹不清，可用重复施加实验电压的方法来判断。

② 击穿电压单位为 kV，以各次实验的算术平均值作为实验结果，取三位有效数字。

③ 介电强度 E_b 由式（5-1）计算：

$$E_b = \frac{U_b}{d} \tag{5-1}$$

式中 E_b——介电强度，kV/mm；

U_b——击穿电压，kV；

d——试样厚度，mm。

以各次实验的算术平均值作为实验结果，取三位有效数字。

④ 数据处理按产品标准规定。如无规定，可将实验结果取 5 次实验的平均值，如个别实验值对平均值的相对误差超过 15%，则另取样进行 5 次实验，实验结果由 10 次实验的算术平均值计算。

实验报告应包括下列内容：材料型号、名称和规格、制造厂名称和日期；试样形状、尺寸、数量和处理条件；电极形式及尺寸；实验环境温度及湿度；测试仪器和外施电压；测量数据及计算结果。

5.2　塑料介电常数与介电损耗角正切的测试疑难解答

5.2.1　如何对塑料介电常数与介电损耗角正切值进行测试？

介电常数是表征绝缘材料在交流电场下介质极化程度的一个参数，是充满绝缘材料的电容器的电容量 C_x 与真空为电介质时同样电极尺寸的电容器的电容量 C_0 和比值。

$$\varepsilon = \frac{C_x}{C_0}$$

式中　ε——绝缘材料的介电常数。

介电损耗角正切 $\tan\delta$ 是表征该绝缘材料在交流电场下能量损耗的一个参数，是指在由介电损耗的电介质组成的电容器中，电流和电压相位差 ϕ 的余角 δ 的正切（$\tan\delta$），介电损耗角正切又可以表示为每个周期内介电损耗的能量与储存的能量之比。

（1）测试原理

① 电桥原理　可以采用工频高压电桥法对塑料的介电常数和介电损耗角正切值进行测量，其原理如图5-5所示。被测试样与无损耗标准电容 C_0 是电桥的两相邻桥臂，桥臂 R_3 是无感电阻，与它相邻的臂由电容 C_4 和恒定电阻 R_4 并联构成。在电阻 R_4 的中点和屏蔽间接有一个可调电容 C_a 来完成线路的对称操作。线路的对称在这里理解为使"臂 R_3 对屏蔽"及"臂 R_4 对屏蔽"的寄生电容固定且相等。由于电阻线圈 R_3 中的金属线比电阻 R_4 长得多，臂 R_3 的寄生电容也将大于臂 R_4 的寄生电容。附加电容 C_a 可以增大臂 R_4 的电容泄漏，使其数值与臂 R_3 的泄漏相等。臂 C_a 和 C_0 的寄生电容不大，因此不用对它们加以平衡。

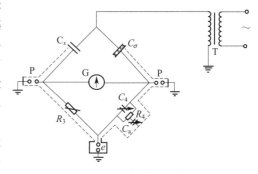

图 5-5　工频高压电桥

C_4—可变电容；R_3—可调电阻；

R_4—固定电阻；G—电桥平衡指示器；P—放电器

保护电压 e 的作用是消除放电器 P 处顶点可能存在的泄漏电流，为此 e 是一个将桥 P 处顶点的电位引向地电位的装置。

根据电桥平衡原理可以得出：

$$\tan\delta = 2\pi f\, C_4 R_4 \times 10^{-12} \tag{5-2}$$

当 $f=50\text{Hz}$、$R_4=(10000/\pi)\ \Omega$ 时，$\tan\delta = C_4 \times 10^{-6}$，即可由 C_4 直接表示 $\tan\delta$ 值。

$$\varepsilon = \frac{C_x h}{\varepsilon_0 S} \tag{5-3}$$

式中　h——试样的厚度，mm；

　　　　S——电极测试面积，mm^2；

　　　　ε_0——真空介质的介电常数。

本方法适用于测试固体电工绝缘材料，如绝缘漆、树脂和胶、浸渍纤维制品、层压制品、云母及其制品、塑料、薄膜复合制品、陶瓷和玻璃等的相对介电常数与介质损耗角正切

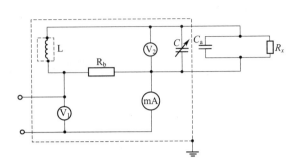

图 5-6 Q 表测量原理

V_1—输入电压表；mA—毫安表；R_b—耦合电阻；

L—辅助线圈；V_2—电压表（用 Q 值标示）；

C—标准电容；C_a—试样电容；R_x—试样电阻

以及由它们计算出来的相关参数，例如损耗因数。

有些绝缘材料如薄膜、橡胶及橡胶制品等的实验可按有关标准进行。

② 谐振原理 利用高频 Q 表进行介电常数及介电损耗角正切值测试所依据的原理即是谐振原理，Q 表测量原理如图 5-6 所示。

图 5-6 中 R_b 是耦合元件，被设计成无感的，假如保持回路电流不变，那么当回路发生谐振时，其谐振电压比输入电压高 Q 倍，即 $U_2 = QU_1$，这样可以把输入电压刻成 Q 值，由此就能直接读出回路的 Q 值。

根据谐振原理可得介电常数及介电损耗角正切值的计算式(5-4) 和式(5-5)。

$$\varepsilon = \frac{11.3Ch}{S} = \frac{14.4Ch}{D^2} \tag{5-4}$$

$$\tan\delta = \frac{C_1(Q_1 - Q_2)}{Q_1 Q_2 (C_1 - C_2)} \tag{5-5}$$

式中 C——测试电容，pF；

S——试样的测试面积，mm²；

H——试样的厚度，mm；

D——圆形试样的直径，mm；

C_1——没接试样时 Q 表谐振时的电容，pF；

Q_1——没接试样时 Q 表谐振时的 Q 值；

C_2——接入试样时 Q 表谐振时的 Q 值；

Q_2——接入试样时 Q 表谐振时的 Q 值。

用 Q 表可以在 50kHz 到 100MHz 的范围内对塑料材料的介电常数和介电损耗角正切值进行测试。

(2) 测试试样及处理

① 试样 一般试样的尺寸参见表 5-7 和表 5-8，试样厚度一般不大于 3mm。也可按产品标准确定试样的几何形状及尺寸。试样表面应平整、均匀，无裂纹、气泡和机械杂质等缺陷。试样数量不少于 3 个。

表 5-7 三电极与试样尺寸   单位：mm

试样	试样尺寸	电极尺寸			保护间隙	频率范围
		测量电极	高压电极	保护电极宽度		
板状	方形：100×100 圆形：直径 100	直径 70.0±0.1	直径 ≥94	≥10	1.0±0.1 2.0±0.2	工频
	方形：100×100 圆形：直径 100	直径 50.0±0.1	直径 ≥74	≥10	1.0±0.1 2.0±0.2	音频
	方形：80×80 圆形：直径 80	直径 37.0±0.1	直径 ≥60	≥10	1.0±0.1 2.0±0.2	高频
管状	长 100	宽 50.0±0.1	宽≥74	≥10	1.0±0.1 2.0±0.2	工频

注：表中保护间隙 2.0±0.2mm 为常用尺寸；1.0±0.1mm 为推荐尺寸。

表 5-8　两电极与试样尺寸

试　样	试样尺寸	电极尺寸		频率范围
		测量电极	接地电极	
板状	直径≥(50+4t)	直径 50.0±0.1	直径 50.0±0.1 直径≥(50+4t)	音频、高频
	直径 50	直径 50.0±0.1	直径 50.0±0.1	
	直径≥(38+4t)	直径 38.0±0.1	直径 38.0±0.1 直径≥(38+4t)	
	直径 38	直径 38.0±0.1	直径 38.0±0.1	
管状	长 50	外电极宽 18.0±0.5	内电极宽 30.0±0.5	音频、高频

注：t 为板状试样的厚度，mm。

② 试样处理

a. 试样的清洁处理　用蘸有溶剂（对试样不起腐蚀作用）的绸布擦洗试样。

b. 试样的环境状态调节　试样应在温度为 20℃±5℃和相对湿度为 65%±5%的条件下放置不少于 16h，方能进行常态实验。

（3）测试设备　对塑料材料的介电常数及介电损耗角正切值进行测试的设备有介电常数测试仪及高频 Q 表。工频电桥介电常数测试仪如图 5-7 所示。高频 Q 表如图 5-8 所示。

图 5-7　工频电桥介电常数测试仪

图 5-8　高频 Q 表

如前所述，这两种测试设备所依据的原理是不一样的，在此以工频电桥介电常数测试仪所用的电极、工频高压电桥及测试中要用的厚度测量仪的要求作简要说明。

① 厚度测量仪　用厚度测量仪在试样测量电极面积下沿直径测量不少于三点，取其算术平均值作为试样厚度，测量误差为±0.01mm。

② 电极　两电极（不带保护电极）和三电极（带保护电极）均可适用于平板试样和管试样，平板试样采用圆形平板电极，管试样采用圆柱形电极，各种电极配置及其试样的几何电容见表 5-9。

表 5-9　各种电极配置及其试样的几何电容　　　　　　　　　　单位：cm

序号	电　极　配　置	试样的几何电容（单位为 pF）
1	三电极系统平板电极	$C_{a0}=\varepsilon_0(A_\varepsilon/t)=0.08854\times(A_\varepsilon/t)$ $A_\varepsilon=\pi/4(d_1+g)^2$ 式中　A_ε——平板试样测量电极有效面积

序号	电极配置	试样的几何电容（单位为 pF）
2	两电极系统平板电极 （1）电极尺寸与试样相等 （2）上、下电极相等 （3）上、下电极不等	$C_{a0}=\varepsilon_0(\pi/4)(d_1^2/t)$ $=0.06954(d_1^2/t)$
3	三电极系统圆柱形电极	$C_{a0}=\varepsilon_0[2\pi(l+g)/\ln(D_2/D_1)]$ $=0.2416[(l+g)/\lg(D_2/D_1)]$ 式中　$(l+g)$——管状试样测量电极有效长度

注：表中 t 为平板试样厚度；g 为保护间隙宽度；d_1 为平板电极测量电极直径；l 为圆柱形电极测量电极宽度；D_1 为管试样内直径；D_2 为管试样外直径；a 为电极厚度。

③ 工频高压电桥　工频高压电桥如图 5-5 所示，实验电压为 $500\sim2000$V，实验电压的选择应保证测量系统不致发生局部放电，又能保证仪器的灵敏度。将试样接入电桥 C_x 的桥臂中，加上实验电压，根据电桥使用方法进行平衡，读取 R_3 和 $\tan\delta$。

（4）测试结果及报告

① 测试结果表示　介电常数 ε 和介电损耗角正切 $\tan\delta$ 按所用测试方法或仪说明书中的公式计算，以各项实验的算术平均值作为实验结果，取两位有效数字。

以工频高压电桥为例，介电损耗角正切值（$\tan\delta$）可在电桥上直接读取，介电常数（ε）按式（5-6）计算。

$$\varepsilon=\frac{R_4}{R_3}\times\frac{C_0}{C_{a0}} \tag{5-6}$$

式中　R_4——电桥中与试样相对臂上的电阻，即固定电阻，Ω；

R_3——电桥中与标准电容器相对臂上的可调电阻，即测试值，Ω；

C_0——标准电容器电容；

C_{a0}——试样的几何电容，见表 5-9，pF。

② 测试报告　测试报告包括的主要内容应有：

a. 材料型号、名称和规格、制造厂名称和日期；

b. 试样形状、尺寸、数量和处理条件；

c. 电极装置和类型；

d. 实验环境温度及湿度；

e. 测试仪器、外施电压和频率；

f. 测量数据及计算结果；

g. 测试时间及测试人员。

5.2.2 塑料介电常数测试的影响因素有哪些?

(1) 塑料中含有杂质 塑料中含有杂质会导致介电常数增大,导电介质或极性杂质的存在,会增加高聚物的导电电流和极化率,因而使介电损耗增大,特别是对于非极性高聚物来说,杂质成了引起介电损耗的主要原因。

(2) 测试温度 温度变化会引起高聚物的黏度变化,因而极化建立过程所需要的时间也起变化。温度对取向极化(介电常数)有两种相反的作用:一方面温度升高,分子间相互作用减弱,黏度下降,使偶极转动取向容易进行,介电常数增加;另一方面,温度升高,分子热运动加剧,对偶极转动干扰增加,使极化减弱,介电系数下降。对于一般的高聚物来说,在温度不太高时,前者占主导地位,因而温度升高,介电常数增大,到一定范围,后者超过前者,介电常数即开始随温度升高而减小。

(3) 测试环境湿度 湿度越大,水分越多,能明显增加高聚物介电损耗的极性杂质。在低频下,它主要以离子电导形式增加电导电流,引起介电损耗;在微波频率范围,水分子本身发生偶极松弛,出现损耗峰。对于极性高聚物,水有不同程度的增塑作用,尤其是聚酰胺类和聚丙烯酸酯类等,结果将使高聚物的介电损耗峰向较低温度移动。水对热固性塑料也有影响。

5.3 塑料电阻率测试疑难解答

5.3.1 如何测试塑料材料的电阻率?

塑料的电阻率分为体积电阻率与表面电阻率,其测试方法可按 GB/T 1410—2006 国家标准进行,该标准规定了固体绝缘材料体各电阻率和表面电阻率的测试方法,这些测试方法包括对固体绝缘材料体积电阻和表面电阻的测定程序及体积电阻率和表面电阻率的计算方法。

(1) 测试设备 测试设备一般可选用高阻仪,如 ZC36 型高阻仪常可用于塑料材料的体积电阻率与表面电阻率的测定,其外部结构如图 5-9 所示。

以用 ZC36 型高阻仪高阻仪测定酚醛塑料体积电阻率与表面电阻率为例来说明塑料材料电阻率的测定,试样尺寸规格为 $100mm \times 100mm \times 2mm$。

(2) 测试原理 将平板状试样放在两电极之间,施于两电极上的直流电压和流过电极间试样表面层上的电

图 5-9 ZC36 型高阻仪

流之比,称为表面电阻 R_s。若试样长度为 1cm,两电极间的试样宽度为 1cm,则这时的 R_s 就是该试样的比表面电阻 ρ_s,单位为 Ω。

同理,施于两电极上的直流电压和流过电极间试样体积内的电流之比,称为体积电阻 R_v。若试样厚度为 1cm,测量电极面积为 $1cm^2$,则这时的 R_v 值即为该试样的比体积电阻 ρ_v,单位为 $\Omega \cdot cm$。通常,在提到"比电阻"而又没有特别注明的时候就是指 ρ_v。ρ_s 和 ρ_v 一般用绝缘电阻测试仪(超高阻仪)法和检流计法测定。

绝缘电阻测试仪的主要原理如图 5-10 所示。测试时,被测试样 R_x 与高阻抗直流放大器的输入电阻 R_0 串联,并跨接于直流高压测试电源上。放大器将其输入电阻 R_0 上的分压信号经放大后输出给指示仪表 CB,由指示仪表可直接读出 R_x 值。

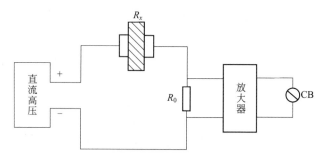

图 5-10 绝缘电阻测试仪的主要原理

在本测试实验中，体积电阻率与表面电阻率计算公式如下。

$$R_v = \frac{U}{U_0} R_0 \tag{5-7}$$

$$\rho_v = R_v \frac{Ae}{t} \tag{5-8}$$

$$Ae = \frac{\pi}{4}(d_1 + g)^2 = 21.237 \text{cm}^2 \tag{5-9}$$

式中　　R_v——体积电阻；

　　　　t——被测试样厚度，cm；

　　　　d_1——测量电极直径，5cm；

　　　　g——测量电极与保护电极的间隙，0.2cm。

$$\rho_s = R_s \frac{2\pi}{\varphi} \tag{5-10}$$

$$\phi = \ln \frac{d_2}{d_1} \tag{5-11}$$

式中　　d_1——测量电极直径，5cm；

　　　　d_2——保护电极（环电极）内径，5.4cm。

（3）测试步骤

① 观察仪器面板，熟悉各开关、旋钮。

② 将体积电阻-表面电阻转换开关指在所需位置：当指在 R_v 时，高压电极加上测试电压，保护电极接地；当指在 R_s 时，保护电极加上测试电压，高压电极接地，如图 5-11 所示。

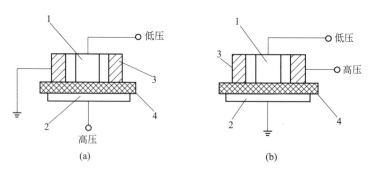

图 5-11　体积电阻率与表面电阻率测定接线图

1—测量电极；2—高压电极；3—保护电极；4—被测试样

③ 校正高阻仪的灵敏度。

④ 将被测试样用导线（屏蔽线）接至 R_x 测试端钮。

⑤ 将测试电压选择开关置于所需的测试电压位置上。在测试前需再注意一下仪表的指针所指的"∞"有否变动，如有变动，可再借"∞"及"0"校正器将其调至"∞"。

⑥ 把"放电-测试"转换开关，自"放电"位置转至"测试"位置，进行充电。这时输入端短路按钮仍处于将放大器输入端短路，在试样经一定时间充电后（一般 15s 左右），即可将输入端短路按钮打开，进行读数。如发现指示仪表很快打出满度，则马上把输入端短路按钮回复到使放大器输入端短路的位置。"放电-测试"开关也转回"放电"位置，待查明情况后，再做试验。

⑦ 当输入端短路按钮打开后，如发现仪表尚无读数，或指示很小，可将倍率开关升高一挡，并重复以上③、④的操作步骤。这样逐挡地升高倍率开关，直至试样的被测绝缘电阻读数能清晰读出为止（尽量读取在仪表刻度 1～10 间的读数）。一般情况下，可读取合上测试开关后的 1min 时的读数，作为试样的绝缘电阻。

⑧ 将仪表上的读数（单位是 MΩ）乘以倍率开关所指示的倍率及测试电压开关所指的系数（10V 为 0.01，100V 为 0.1，250V 为 0.25，500V 为 0.5，1000V 为 1.0）即为被测试样的绝缘电阻值。

⑨ 测试完毕，即将"放电-测试"开关退回至"放电"位置，输入端短路按钮也需回复到使放大器输入端短路的位置，然后可卸下试样。

（4）测试注意事项

① 在测试电阻率较大的材料时，由于材料易极化，应采用较高测试电压。在进行体积电阻和表面电阻测量时，应先测体积电阻；反之，由于材料被极化和影响体积电阻。当材料连续多次测量后容易产生极化，会使测量无法进行下去，这时需停止对这种材料的测试，置干净处 8～10h 后再测量或者放在无水酒精内清洗，烘干，等冷却后再进行测量。

② 在对同一块试样采用不同的测试电压时，一般情况下所选择的测试电压越高所测得的电阻值偏低。

③ 测试时，人体不能接触仪器的高压输出端及其连接物，防止高压触电危险，同时也不能碰地，否则引起高压短路。

④ 换检测样品时需先放电，断开高压输出电源。

5.3.2　影响塑料材料电阻率测试的主要因素有哪些？

影响电阻或电阻率测试的主要因素如下。

（1）环境温湿度　一般材料的电阻值随环境温湿度的升高而减小。相对而言，表面电阻（率）对环境湿度比较敏感，而体电阻（率）则对温度较为敏感。湿度增加，表面泄漏增大，体电导电流也会增加。温度升高，载流子的运动速率加快，介质材料的吸收电流和电导电流会相应增加，据有关资料报道，一般介质在 70℃时的电阻值仅有 20℃时的 10%。因此，测量材料的电阻时，必须指明试样与环境达到平衡的温湿度。

（2）测试电压（电场强度）　介质材料的电阻（率）值一般不能在很宽的电压范围内保持不变，即欧姆定律对此并不适用。常温条件下，在较低的电压范围内，电导电流随外加电压的增加而线性增加，材料的电阻值保持不变。超过一定电压后，由于离子化运动加剧，电导电流的增加远比测试电压增加的快，材料呈现的电阻值迅速降低。由此可见，外加测试电压越高，材料的电阻值越低，以致在不同电压下测试得到的材料电阻值可能有较大的差别。

值得注意的是，导致材料电阻值变化的决定因素是测试时的电场强度，而不是测试电压。对相同的测试电压，若测试电极之间的距离不同，对材料电阻率的测试结果也将不同，正负电极之间的距离越小，测试值也越小。

（3）测试时间　用一定的直流电压对被测材料加压时，被测材料上的电流不是瞬时达到稳定值的，而是有一个衰减过程。在加压的同时，流过较大的充电电流，接着是比较长时间缓慢减小的吸收电流，最后达到比较平稳的电导电流。被测电阻值越高，达到平衡的时间则越长。因此，测量时为了正确读取被测电阻值，应在稳定后读取数值或取加压 1min 后的读数值。

另外，高绝缘材料的电阻值还与其带电的历史有关。为准确评价材料的静电性能，在对材料进行电阻（率）测试时，应首先对其进行消电处理，并静置一定的时间，静置时间可取 5min，然后，再按测量程序测试。一般而言，对一种材料的测试，至少应随机抽取 3～5 个试样进行测试，以其平均值作为测试结果。

（4）测试设备的泄漏　在测试中，线路中绝缘电阻不高的连线，往往会不适当地与被测试样、取样电阻等并联，对测量结果可能带来较大的影响。为此，为减小测量误差，应采用保护技术，在漏电流大的线路上安装保护导体，以基本消除杂散电流对测试结果的影响；高电压线由于表面电离，对地有一定泄漏，所以尽量采用高绝缘、大线径的高压导线作为高压输出线并尽量缩短连线，减少尖端，杜绝电晕放电；采用聚乙烯、聚四氟乙烯等绝缘材料制作测试台和支撑体，以避免由于该类原因导致测试值偏低。

（5）外界干扰　高绝缘材料加上直流电压后，通过试样的电流是很微小的，极易受到外界干扰的影响，造成较大的测试误差。热电势、接触电势一般很小，可以忽略；电解电势主要是潮湿试样与不同金属接触产生的，大约只有 20mV，况且在静电测试中均要求相对湿度较低，在干燥环境中测试时，可以消除电解电势。因此，外界干扰主要是杂散电流的耦合或静电感应产生的电势。在测试电流小于 10^{-10} A 或测量电阻阻值超过 10^{11} Ω 时；被测试样、测试电极和测试系统均应采取严格的屏蔽措施，消除外界干扰带来的影响。

5.4　塑料耐电弧性测试疑难解答

5.4.1　如何对塑料的耐电弧性进行测试？

塑料的耐电弧性是指在规定的试验条件下，塑料材料耐受沿着它的表面电弧作用的能力，通常用电弧焰在塑料材料表面引起炭化至表面导电所需的时间表示。测定干固体绝缘材料耐高电压、小电流电弧放电的试验，采用 GB/T 1411—2002 标准方法进行。

电弧放电引起局部热的和化学的分解与腐蚀并最终在绝缘材料上形成导电通道。试验条件的严酷程度逐渐增加：开始几个阶段，小电流电弧放电反复中断，到后来几个阶段，电弧电流逐级增大。本试验方法操作方便、试验时间短，适用于热固性材料的初步筛选检查材料组分变化的影响和质量控制检验。

当被试材料内形成导电通道时，认为材料已经失效，如果电弧引起某一材料燃烧和当电弧被切断后材料还继续燃烧，则也认为材料已经失效。耐电弧时间为从试验开始直至试样失效的总时间。

（1）测试原理　塑料耐电弧性测试原理是以工频高压小电流在电极间产生的电弧、间歇作用塑料材料表面，通过电弧间歇时间的逐渐缩短，然后加大电弧电流的方法，使材料经受逐渐加大的燃弧条件，从而分辨材料的耐电弧性，以电弧产生直至材料破坏所经历的时间来衡量塑料的耐电弧性。如图 5-12 所示为耐电弧性测试原理。

（2）测试试样　试样厚度应是 3.0～3.4mm，长宽皆为 100mm，如果试样使用其他厚

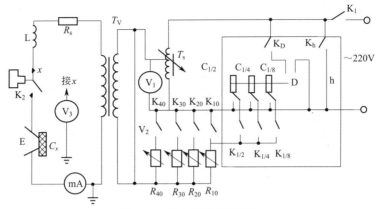

图 5-12　耐电弧性测试原理

T_v—试验变压器；T_s—自耦调压器；V_1，V_2—电压表；V_3—静电计；mA—变流毫安表；L—空心电感；
R_s—保护电阻；D—同步电极；h—计时器；K_1—门安全开关；K_D—高压开关；C_x—试样；E—电极；
$C_{1/8}$，$C_{1/4}$，$C_{1/2}$—断续控制器常开触点；$K_{1/8}$，$K_{1/4}$，$K_{1/2}$，K_{10}，K_{20}，
K_{30}，K_{40}，K_h—手控开关；R_{10}，R_{20}，R_{30}，R_{40}—限流电阻

度，需要在报告中说明。

　　每一试样要有必要的尺寸，使试验在平坦表面上进行并可使电极装置既应该距试样边缘不少于 6mm，又应该距离先前试验过的地方不少于 12mm。如果试验薄的材料，要预先把它们紧紧地夹在一起，使形成的试样厚度尽可能接近推荐的厚度。如果试验模塑部件时，施加电弧应在被认为最有意义的位置，部件的比较试验应在类似的位置进行。

　　对材料作正规比较时，应在每一材料的试样上至少做 5 次试验。

　　（3）测试设备　耐电弧性测试设备主要是耐电弧测试仪，目前的主流设备是计算机控制耐电弧测试仪，如图 5-13 所示。

图 5-13　计算机耐电弧试验机

　　一套测试装置主要包括：试验主机一台、万伏高压发生器一台、全自动微电脑电压调压装置一套（串口方式）、电压采集及电流采集隔离式变送装置一套、试验电极两套、放电棒一支（树脂式）、计算机耐电弧测控软件一套、计算机一套等。

　　电极尺寸及安装如图 5-14 所示。电极用没有龟裂和损伤的钨棒制成，电极的一端要磨成一个和轴线成 30°角的椭圆面。电极应处在与试样相垂直的平面内，和水平面间夹角为 35°，电极椭圆面短轴应水平且对着样品，两电极尖端间距为 6.0mm±0.1mm。

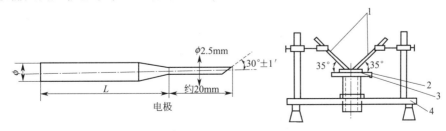

图 5-14　电极尺寸及安装

1—电极；2—试样；3—支架托盘；4—绝缘支柱

（4）测试步骤

① 对试样进行状态调节，试样应在温度为 20℃±2℃、相对湿度为 50%±5% 的标准大气中曝露 24h 以上，另有规定，按规定进行。

② 将试样放入电极装置内，同时调节电极间距离至 6.35mm±0.10mm。

③ 接通试验回路并观察（注意：在观察电弧过程中，操作人员要配戴防红外线眼镜或应用紫外线遮护板）起始电弧、漏电起痕进展和被试材料的任何试验现象，观察起始电弧时，如果电弧没有保持在电极尖端处或者发生了不规则的闪烁，表明回路常数不正确或者材料正在以极大速率释放出气体产物。

④ 每次 1min 试验结束时，电弧严酷程度将按表 5-10 所示顺序增加，直至当被试材料内形成导电通道时或如果电弧引起某一材料燃烧和当电弧被切断后材料还继续燃烧时失效。失效时，应立即切断电弧电流并停止计时。记录每一次到达失效的时间。

表 5-10　每阶段 1min 的程序

阶　　段	电流/mA	时间周期/s	总时间/s
1/8	10	1/8 通,7/8 断	60
1/4	10	1/4 通,3/4 断	120
1/2	10	1/4 通,1/4 断	180
10	10	连续	240
20	20	连续	300
30	30	连续	360
40	40	连续	420

注：在开头的三个阶段，规定了中断电弧，目的是使试验不如连续电弧那么严酷。电流规定为 10mA，再小可能会使电弧不稳定或闪烁。

（5）测试结果与报告

① 测试结果　试验的结果用"s"表示失效时间。

对材料的耐电弧作比较时，两者差异处于两个阶段交替的那几秒要比处于单个阶段内所经过的相同的那几秒时间重要得多。因此，耐电弧在 178s 与 182s 之间和耐电弧在 174s 与 178s 之间两者存在很大差异。通常可以观察到的失效类型有以下四种：

a. 许多无机电介质变成白热状态时，致使它们能够导电。当冷却时，它们又恢复到其原先的绝缘状态。

b. 某些有机复合物突然产生火焰，但在材料内不形成明显的导电通道。

c. 有些材料可见到因漏电起痕而导致失效，即当电弧消失时，在电极间形成一条细金属似的线。

d. 表面发生炭化直到出现足够的炭而形成导电。

塑料的耐电弧性与材料种类有关，如酚醛树脂易于炭化，因此耐电弧性差；氟树脂则有优良的耐电弧性；而通过加入填料如玻璃纤维、木粉、石棉和其他无机填料，可以大大改善塑料的耐电弧性。

② 测试报告　试验报告的主要内容包括：采用的方法标准；被试材料的鉴别和试样的厚度；试验前的清洗和状态调节的细节；耐电弧时间的中值、最小值和最大值；观察到的特殊现象，如燃烧和软化等。

5.4.2　塑料的耐电弧性与耐漏电痕迹性有何区别？

塑料的耐电弧性和耐漏电痕迹性都是表征塑料材料电性能的重要参数。两者有相似的性质，它们都是在一定的电场作用下，在塑料材料表面放电，发生炭化或局部的热分解，形成导电通路或机械损伤（如龟裂、变形、熔融等），从而使塑料材料的绝缘性能下降。

两者也有不同的地方，耐电弧性是在一定的电场作用下，两电极之间的气体击穿产生电弧，塑料材料在电弧作用下耐受表面破坏的能力称为耐电弧性。耐漏电痕迹性是指塑料材料在两电极之间，在材料的表面有导电污染液或污秽杂质，在一定的电场作用下，这些导电污染液或污秽杂质产生微小放电火花，继而使材料发生局部过热而破坏，所以耐漏电痕迹性是塑料材料表面施加可离解的导电污染液或污秽杂质时对电场作用的抵抗能力。

因此，对于不同用途的塑料材料，所要测定的这两个性能也各不相同。例如：对于切断回路电流用的断路器、熔断器和负载开关等，当切断电流时，在互相分离的触头上会产生电弧，隔弧板上的绝缘材料就要受到电弧作用，因此需要有较好的耐电弧性。户外用的塑料材料，因常受到尘埃、盐雾、雨水或其他导电污染杂质的作用，使带电体之间在绝缘材料表面形成微小的火花放电，因此这些材料有必要测定其耐漏电痕迹性。根据它们的这些特性，相应的试验方法也各有不同。不论它们的试验方法有多少种，基本出发点都是在塑料材料表面形成电弧使材料产生破坏来评定。耐漏电痕迹性即是在两电极间人为地施加导电污染液或污秽杂质，使塑料材料表面形成火花放电产生破坏来评定。

第6章

塑料老化性能测试疑难解答

6.1 塑料热老化性能的测试疑难解答

6.1.1 如何进行塑料热老化性能测试？

塑料热老化性能测试按 GB/T 7141—2008 国家标准实施，该标准对实验方法与实验试样没作规定，但该标准规定了塑料在不同温度的热空气中暴露较长时间时的暴露条件及热暴露方法作了规定。热对塑料任何性能的影响都可以通过选择适合的试验方法和试样来测定，该标准推荐使用 ASTM D 3826 标准来测定脆化终点，脆化终点是指在 0.1mm/min 的初始应变速率下，当 75% 的被测试试样断裂伸长率为 5% 或更小值时，材料即达到其脆化终点。

（1）测试原理 热空气老化试验通常在烘箱中进行，箱内保持给定风速和温度，由于热和氧的共同作用，塑料材料发生热分解或热氧化，引起外观变化和一系列性能的劣化。此外，在长时间的受热过程中，由一些低分子添加剂的作用及加热损耗，也给外观与物理性能造成很大的影响。不同的塑料，不同的添加剂配方，存在热稳定性方面的差别。通过周期性地对试样进行观察、检查和性能测试，便可对试样抵御热老化的能力给出定性或定量的结果。

（2）测试设备 塑料热空气老化性能测试试验所用设备为热老化试验箱，如图 6-1 所示，其基本结构如图 6-2 所示。

热空气老化试验箱有多种型号，但基本结构相同，都是由箱体、加热调温装置、鼓风装置以及试样架等组成。热老化试验箱应满足以下要求。

① 工作温度：40～200℃或 40～300℃。

② 温度波动度：±1℃，应备有防超温装置。

③ 温度均匀性：温度分布的偏差应≤1%。

④ 平均风速：0.5～1.0m/s，允许偏差±20%。

⑤ 换气率：1～100 次/h。

⑥ 工作容积为 0.1～0.3m³，室内备有安置试样的网板或旋转架。

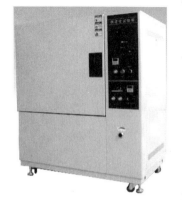

图 6-1 塑料热空气老化试验箱

⑦ 旋转架转速：单轴式为 10～12r/min，双轴式的水平

轴和垂直轴均为 1～3r/min，两轴的转速比应不成整数或整数分之一。

⑧ 双轴式试样架的旋转方式：一边以水平轴作中心，同时水平轴又绕垂直轴旋转。

（3）测试步骤

① 制样　热老化测试所用试样其形状根据测试指标和测试方法而定，加工方法仍按常规的三种方法进行，即直接模塑成型、由板材机械加工成型和直接从制品上取样。试样要有代表性，制作的工艺条件、色泽和厚度要保持一致，数量应满足各试验周期的对比、贮存需要，一般不少于 5 个。

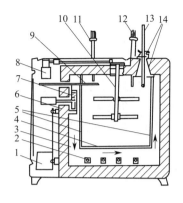

图 6-2　热空气老化试验箱的基本结构
1—进线；2—电热丝；3—风道；4—底板；5—开孔隔板；6—保温层；7—离心式鼓风机；8—转盘电机；9—温度控制器感温孔；10—试样转盘；11—超低温控制导电计；12—超高温控制导电计；13—温度计；14—排风道与排风阀

值得注意的是对于板材或薄膜试样，加工程序有两种：一是从板或膜中直接截取出试样，然后装入老化箱转架；另一种是将试样的粗形或整块板或膜在老化箱内先进行老化，再截取试样。实验证明这两种制样所得结果有差异，特别是板材相差更大，所以试样选用哪种加工程序要根据材料的使用情况、测试指标等具体分析，不能一概而论。例如，作塑料板材老化寿命试验，用力学性能作评价指标，则选后一种程序加工试样较为合理。

② 测试

a. 调节试验箱　试验箱温度测量点共 9 点，其中 1～8 点分别置于箱内的 8 个角上，每点离内壁 70mm，第 9 点在工作室的几何中心处。

从试验箱的温度计插入孔放入热电偶，热电偶的各条引线放在工作室内的长度不应少于 30cm。打开通风孔，启动鼓风机，箱内不挂试样。

将温度升到试验温度，恒温 1h 以上，至温度达到稳定状态后开始测定。每隔 5min 记录一次各点温度读数，共 5 次。计算这 45 个读数的平均值作为箱温。从 45 个读数中选择两个最高读数各自减去箱温，同样用箱温减去两个最低读数，然后选其中两个最大差值求平均值，此平均值对于箱温的百分数应符合温度均匀性的规定。

如果上述所测温度均匀性不符合要求，可以缩小测定区域，使工作空间符合要求。

试验箱风速的测定是在距离工作室顶部 70mm 处的水平面、中央高度的水平面及距离底部 70mm 处的水平面上各取 9 点，共 27 个点。以测定风速时的室温作为测定温度，测定各点风速后，计算 27 点测定位置的风速平均值作为试验箱的平均风速。此值应符合风速试验条件的要求。试验箱换气率是通过调节进出气门的位置，达到所需要求的。

b. 安置试样　试验前，试样需统一编号、测量尺寸，将清洁的试样用包有惰性材料的金属夹或金属丝挂置于试验箱的网板或试样架上。试样与工作室内壁之间距离不小于 70mm，试样间距不小于 10mm。

c. 升温计时　将试样置于常温的试验箱中，逐渐升温到规定温度后开始计时，若已知温度突变对试样无有害影响及对试验结果无明显影响，也可将试样放置于达到试验温度的箱中，温度恢复到规定值时开始计时。

d. 周期取样　按规定或预定的试验周期依次从试验箱中取样，直至结束。取样要快，并暂停通风，尽可能减少箱内温度变化。

e. 性能测试　根据所选定的项目，按有关塑料性能试验方法，检测暴露前后试样性能的变化。

（4）测试结果与报告

① 测试结果　应选择对塑料材料应用最适宜或反映老化变化较敏感的下列一种或几种性能的变化来评价其老化性能。

a. 通过目测，试件发生局部粉化、龟裂、斑点、起泡、变形等外观的变化。

b. 质量的变化。

c. 拉伸强度、断裂伸长率、弯曲强度、冲击强度等力学性能的变化。

d. 变色、褪色及透光率等光学性能变化。

e. 电阻率、耐电压强度及介电常数等电性能变化。

f. 其他性能变化。

② 测试报告　根据有关材料的标准或试验协议处理试验结果。试验结果应包括试样暴露前后各周期性能的测定值、保持率或变化百分率等，并做出详细的报告。

6.1.2　塑料热老化性能测试结果与哪些因素有关？

（1）测试温度选择　在测试时以不造成严重变形、不改变老化反应历程的前提下，尽可能提高试验温度，以期在较短的时间内获得可靠的结果。通常选取的温度上限：对热塑性塑料应低于软化点，对热固性塑料应低于其热变形温度；易分解的塑料应低于其分解温度。

（2）试验箱温度变动、风速、换气率的影响　温度的变动是影响热老化结果最重要的因素，所以在确定温度后要保持温度恒定；风速对热交换率影响明显，风速大，热交换率高，老化速度快，所以要选择适当的风速而且要保证风速稳定；换气量大，耗电量大，温度分布也不均匀，所以换气量不宜过大，换气量过小则会导致塑料氧化反应不充分，导致测试结果偏低，所以换气量也要适当选择且保持稳定。

（3）试样放置　试样间距一般小于 10mm，试样与箱体内壁距离不小于 70mm，工作室容积与试样总体积不小于 5∶1，否则影响空气流通，挥发物不容易排除，影响温度分布的均匀性。所以，试样放置位置要适当，过于靠近电热器则会导致测试结果偏小，远离电热器则会导致测试结果偏大，所以试样在老化箱中的位置要适当分布。

6.2　塑料自然气候老化性能测试疑难解答

6.2.1　如何进行塑料自然气候老化性能的测试？

塑料自然气候老化测试也称为自然气候暴露试验，就是将塑料置于自然气候环境下暴露，使其经受阳光、空气、温度等气候的综合作用，通过测定其理化性能变化来评价塑料的耐候性。

该测试标准主要是 GB 3681—2011 塑料自然气候暴露试验方法。

（1）测试原理　自然气候因素很多，其中对塑料老化起作用的主要是阳光、空气（氧）、热、水和湿度五要素。

阳光通过大气层时，波长小于 290nm 的短波部分被高空臭氧层吸收，到达地球表面的仅为大于 290nm 的辐射。波长在 290～400nm 的近紫外部分对塑料有强烈的作用，波长为 400～700nm 的可见光部分对高聚物的破坏作用较小。阳光照射到高聚物上，有三种情况：一部分能量被吸收；一部分能量被反射；一部分能量透过高聚物。光化学第一定律指出：如果光辐射能不被高聚物吸收，则不会引起化学反应。这样被高聚物吸收的那一部分光量子对高聚物的老化才可能有效。实验证明，不同的高聚物对各种波长的光敏性不同，也就是说某种高聚物对某种波长的光敏感，此波长附近的光对该高聚物的结构才有较强烈的破坏作用，见表6-1。

表6-1　引起光老化的最敏感紫外光波长　　　　　　单位：nm

高聚物	敏感波长	高聚物	敏感波长
聚酯	325	氯乙烯/乙酸酯	322～364
聚苯乙烯	318	聚碳酸酯	295
聚乙烯	300	聚甲基丙烯酸甲酯	290～315
聚丙烯	310	聚甲醛	300～320
聚氯乙烯	310		

塑料的大气老化主要是光氧老化，光氧老化和热氧老化类似，都是按自由基链式反应机理进行的。

水和湿气对塑料的作用有物理作用也有化学作用，或者这两者的综合。塑料暴露在大气中，雨水对塑料中的某些助剂有萃取作用，助剂被逐渐除去加快了塑料的老化。另外，若高聚物中含有亲水基团和易水解基团，在光、氧、水的联合作用下，分子的降解和水解反应就变得更快、更复杂。

试验中的气温变化对材料的老化影响也很大，即使同一地区，白天与黑夜、阴天和晴天、冬季与夏季气温的差异很大，大自然气候瞬息万变，正是这种经常而突然的气候变化，加快了塑料老化过程，也给人工老化与自然老化结果之间的推算带来了一定的困难。

（2）试样与试验场地及装置

① 试样与试验期限

a. 试样的形状尺寸按有关性能测试方法规定。其制备方法除按标准规定注塑、模压等方法制备外，层压材料、板材及管材可经机械加工制样，或直接用整块材料进行暴露（按测试周期取下后再加工成试样）。

b. 试样的数量由有关试验方法和测试周期要求的数量来确定。

c. 试验期限应根据试验目的、要求和结果而定。通常在暴露前先预估试样的老化寿命而预定试验期限。测试周期则根据预定的试验期限而划分，一般取12个左右，试验过程中，应视性能变化的快慢酌情缩短或延长测试周期。测试指标应根据材料的品种、用途以及特性来选择。

② 试验场地与装置

a. 暴露试验场地　选择在能代表某一气候类型的最严酷地区或近于实际应用的地区建立。应根据试验目的、要求、结合我国的气候类型来选择，我国主要气候类型见表6-2。

表6-2　我国主要气候类型

气候类型	特　征	地　区
热带气候	气候炎热，湿度大 年太阳辐射总量 130～140kcal/cm² 年积温＞8000℃ 年降水量＞1500mm	雷州半岛以南 海南岛 台湾南部等地
亚热带气候	湿热程度亚于热带，阴雨天多 年太阳辐射总量 90～120kcal/cm² 年积温 8000～4500℃ 年降水量 1000～1500mm	长江流域以南 四川盆地 台湾北部等地

续表

气候类型	特 征	地 区
温带气候	气候温和,没有湿热月 年太阳辐射总量 110～130kcal/cm² 年积温 4500～1600℃ 年降水量 600～700mm	秦岭、淮河以北 黄河流域 东北南部等地
寒带气候	气候寒冷,冬季长 年太阳辐射总量 120～140kcal/cm² 年积温＜1600℃ 年降水量 400～600mm	东北北部 内蒙古北部 新疆北部部分地区
高原气候	气候变化大,气压低,紫外辐射强烈 年太阳辐射总量 160～190kcal/cm² 年积温＜2000℃ 年降水量＜400mm	青海、西藏等地
沙漠气候	气候极端干燥,风沙大,夏热冬冷,温差大 年太阳辐射总量 150～160kcal/cm² 年积温＞4000℃ 年降水量＜100mm	新疆南部塔里木盆地 内蒙古西部等沙漠地区

注：1kcal=4.2kJ。

　　场地应平坦、空旷,保持该地区自然植被状态,草高不超过 30cm,用朝南 45°角暴露时,暴露面的东、南及西方应设有仰角大于 20°的障碍物,而北方应设有仰角大于 45°的障碍物。场地应无有害气体和尘粒的影响。

　　b. 试验装置　试验装置主要是暴露架,具有一定倾角的支架,固定架面倾角及可调架面倾角结构均可,如图 6-3 和图 6-4 所示。结构力求简便牢固,所用材料应不影响试样结果表面惰性。暴露架固定在暴露场内,应经得起当地最大风力的吹刮。

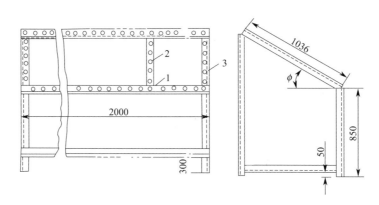

图 6-3　固定角度暴露架

1—螺栓；2—扁钢（40mm×4mm 或不等边角钢 35mm×20mm×4mm）；
3—骨架（30mm×30mm×4mm 的角钢）架面倾斜角 φ=45°或当地地理纬度

　　c. 暴露角　架面方位朝正南与水平面的仰角,一般采用 45°,为使试样获得最大年辐射量,暴露角应等于场地的地理纬度。

　　d. 试样安装　试样用固定框架（不易变形的木条或其他惰性材料制成,木条质量至少经得起一次暴露试验）固定后,再将框架定置在暴露架上。框架上试样离地面（或任何障碍

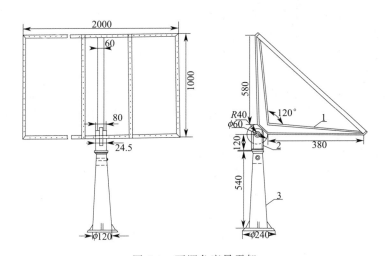

图 6-4　可调角度暴露架

1—三角架支撑（灰口铸铁）；2—角度调节叉轴（灰口生铁）；3—架座（灰口生铁）

物）最近距离不少于 50cm。暴露架的行距以不遮阳光和便于工作为原则，北纬 30°以南地区行距取 1m，30°以北地区行距按式(6-1) 计算。

$$L=H\tan(\phi+23°27')$$ (6-1)

式中　L——两行暴露架间的距离，m；

　　　H——暴露架面上下两端高度差，m；

　　　ϕ——当地地理纬度；

23°27'——太阳赤纬最大绝对值。

（3）测试步骤

① 试验前将一个周期的试样按规定进行状态调节后测定原始值。

② 试样固定于暴露架上，开始计时，以日、月、年为单位（有条件可以太阳辐射总量作计时单位）。

③ 到达测试周期时，从暴露架上取样，用湿纱布抹去表面尘污，按规定对试样进行状态调节后，测定有关性能。非破坏性测试后的试样仍放回（按原暴露面）继续试验，扣除未暴露时间，直至试验结束。

④ 外观检查的试样，每周期应留样一片（进行拍照）以便对比各周期外观变化。

⑤ 试验同时要长期连续进行气象观测，收集气象资料。

（4）测试结果与报告　塑料的耐候性，以其试样在该试验场气候条件下被测指标的变化达到规定值（实际使用的最低允许值或某一保留率）时的暴露试验时间表示。耐候性用图解法确定，以被测性能指标值作纵坐标（y 轴），以暴露试验时间或其对数值作横坐标（x 轴），绘出被测指标变化曲线，过指标下降至规定的值做平行于 x 轴的直线，两线的交点的横坐标，即为塑料耐候性的量度。

6.2.2　塑料自然气候老化性能测试影响因素有哪些？

塑料自然气候老化性能测试影响因素主要有：气候区域、开始暴露季节与暴露角、测试性能三个方面。

（1）气候区域的影响　在不同的气候类型地区，塑料的耐候性是不同的，因此在试验方法中对气候类型均作了划分，国家标准 GB 3681—2011 划分为门类，国际标准划分得更细。

为了得到可靠的数据，自然老化试验尽可能选与使用条件接近的场地进行测试，需要时应在各种不同气候环境地区的场地进行，并按分类类型的规定要求同时进行气候观测。

（2）开始暴露季节与暴露角　由于我国处于北半球东北季风区，冬季气候与夏季气候有明显差别。夏季 4～9 月太阳辐射强、气温高、降雨充沛且湿度大，冬季 10 月至来年 3 月则相反。由此显而易见，塑料自然老化夏季肯定比冬季强烈。因此，测试最好从春末夏初开始。

采用不同的暴露角，塑料的老化进程有所不同，采用 90°者最慢。为了使试样获得最大的年辐射量，采用纬度角（试样平面与水平面的倾角应恰好为场地的地理纬度）暴露。

（3）测试性能　测试性有不同，所测得的耐候性结果对同一品种塑料也是不同的，因此要按选定的每项性能指标和每一个暴露角来确定耐候性。对于一般薄膜的断裂伸长率而言，注塑标准试样的冲击强度（缺口）较灵敏。选择老化试验的测试性能项目，不仅应当选择那些老化过程中变化比较灵敏的性能，而且应根据不同塑料的老化机理及老化特征对不同材料、制品结合其使用场合，选择能真实反映其老化过程的相关测试性能，依据所得到的全部结果，可以作出较为准确的综合评价。

6.3　塑料人工气候老化性能测试疑难解答

6.3.1　如何对塑料进行人工气候老化性能测试？

塑料人工气候老化测试试验与称为塑料人工气候暴露试验，该试验是模拟和强化天然气候中的太阳光、热、降水、湿度等因素的环境里研究塑料老化的方法，目的是希望在较短的时间内获得近似于自然气候暴露试验的结果。该测试试验采用的方法主要是 GB/T 1642—1996《塑料实验室光源暴露试验方法》。

（1）测试原理　在自然气候暴露试验中，试样在太阳光、氧和湿气的共同作用下氧化老化，然而这是一种十分费时间的试验方法。较为有效的自然气候暴露试验至少需要 6 个月以上的时间。这是因为尽管塑料对紫外区的波长特别敏感，但在到达地面的太阳辐射中，波长小于 400nm 的紫外光的能量只占总能量的 5% 左右，为了缩短试验周期，人工气候暴露试验装置中的光源能模拟太阳光并辐射出特别强的紫外光。

为了模拟大气中的水分作用，采取喷淋雾化水的方法，模拟自然气候中雨水和露水，并通过重复点灯-熄灯周期作用，在熄灯时，机内保持高湿状态，使试样表面结露，开灯并让其蒸发，这样的重复双循环方式使加速效果更加明显。

由于采用了模拟并强化阳光、降水、昼夜交替的措施，使人们能够在较短的时间内研究实际户外气候的影响。此外，有些仪器还能在温湿度可控的条件下，产生臭氧、二氧化硫和氮的氧化物，从而模拟了工业环境和大气中存在的其他有害因素的影响。

（2）测试试样与设备

① 测试试样

a. 形状与制备　暴露试样的尺寸是根据暴露后测试性能有关试验方法要求确定的。某些试验的试样（如边缘易分层的层合制品样），也可以片状或其他方式暴露，然后按试验要求裁样。对粒状、碎片状、粉状或其他未加工状态的塑料用树脂等则按规定的（或协商的）制样方法制成标准试样。

b. 试样数量　试样数量对每个试验条件或暴露阶段而言，由暴露后测试性能的试验方法确定。以此乘以暴露阶段数并加上测定初始值的需要量可确定所需试样总数。如果有关试验方法没有规定暴露试样数量，则每个暴露阶段的每种材料至少准备三个重复试验的试样

（力学性能的测试推荐准备两倍于相应测试方法所需的试样量，因为塑料老化后的力学性能在测试时会有较大的分散性）。每个暴露试验应包括一个已知耐候性的参照试样。

c. 贮存和状态调节　试样在测试前要进行适当的状态调节。对比试样应贮存在正常实验室条件下的黑暗处，或按 GB 2918—1998《塑料试样状态调节和试验标准环境》规定的某一标准环境中。对贮存在黑暗中会改变颜色的试样，暴露后要尽快目测对比颜色改变。

② 设备

a. 试验箱　根据试验时选择的光源不同，设备有所区别。氙弧灯人工老化试验箱如图 6-5 所示，紫外线人工老化试验箱如图 6-6 所示，如图 6-7 所示为人工气候老化箱的结构原理。

图 6-5　氙弧灯人工老化试验箱　　　　　　图 6-6　紫外线人工老化试验箱

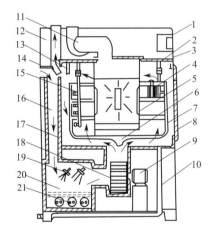

图 6-7　人工气候老化箱的结构原理

1—控制仪表；2—冷却喷水管；3—光源；4—黑板温度计；5—玻璃滤光器；6—十字转轴；7—试样转动架；
8—试验室门；9—鼓风电机；10—排气管；11—抽风机；12—排风机；13—干湿球温度计；14—活门；
15—降水管；16—风道；17—试验室保温层；18—鼓风机；19—喷雾器；20—空气给湿箱；21—水加热器

无论是哪种人工老化试验箱，都应包括以下几个主要部分。

ⓐ 光源　光源是暴露试验的辐射能量源，它是决定模拟性能的关键因素，光源应使试样表面得到的辐照度符合标准（ISO 4892—1994）中各种光源暴露试验方法的要求，并保持稳定。国内常采用的光源有紫外型碳弧灯、阳光型碳弧灯和氙气型灯三种。

ⓑ 试样架　用于安放试样及规定的传感装置。

ⓒ 润湿及控湿装置　给试样表面提供均匀润湿，控制箱内的相对湿度（可使用喷水管或冷凝蒸汽来实现喷水或凝露）。

ⓓ 温度传感器　测量及控制箱内空气温度。

ⓔ 程控装置　控制试验湿润或非湿润及有无辐射（光照）时间程序装置。

b. 记录测量装置

ⓐ 辐射测量仪　测量试样表面辐照度与辐照量。

ⓑ 黑标准温度计或黑板温度计　黑标准温度计与试样在相同位置接受辐射时显示热导性差的深色试样暴露面的温度。黑板温度计则由一块近似于"黑体"吸收特性的涂黑吸收金属板组成，板的温度由热接触良好的温度计或热电偶指示。相同操作时所示温度低于黑标准温度。

ⓒ 指示或记录装置　试验有关操作要素的指示与记录。

（3）测试条件与步骤

① 测试条件　人工气候暴露试验条件主要包括：光源、温度、相对湿度及喷水（降雨）或凝露周期等。

a. 光源　光源的选择原则是要求人工光源的光谱特性应与导致塑料老化破坏最敏感的光的波长相近，并结合试验目的和塑料材料使用环境来考虑，国际标准推荐三种人工光源，其光谱特性如下。

ⓐ 氙弧灯　氙弧灯简称氙灯，分光辐照照度分布在现用的人工光源中模拟最好。氙灯紫外线分布增加较少，加倍速率较低。氙灯在 1000～2000nm 近红外区氙弧辐射很高，发热明显加剧，因此氙灯光源必须有冷却装置，以免试样过热。氙灯辐射经适当滤光后，可减少紫外短波辐射，并尽可能去掉红外辐射，其光能量分布与阳光中紫外、可见光部分最相似。

ⓑ 碳弧灯　国际标准只推荐开放式阳光型碳弧灯，碳弧灯的光谱能量分布比较接近太阳光，但在 370～390nm 波段的紫外线比较集中。碳弧灯模拟性虽不及氙灯，但加倍速率比氙灯高。碳弧灯选择合适的滤光器能滤掉大部分短波辐射。

ⓒ 荧光紫外灯　主要推荐 UV-A 和 UV-B 两种灯型，其中 UV-B 型应用较多。UV-A 灯灯光波长位于 317～365nm 附近，且在到达地面的太阳光中所不存在的 300nm 以下波段具有相当的能量，因此，荧光灯常会产生与太阳光不同的反应机理，模拟性较差，但加倍速率很高。

b. 温度　空气温度的选择以材料使用环境最高气温为依据，比其稍高一些，常选 50℃左右。黑板温度的选择以材料在使用环境中材料表面最高温度为依据，比其稍高，多选 63℃±3℃。

c. 相对湿度　相对湿度对塑料材料老化的影响因材料品种不同而异，以材料在使用环境所在地年平均相对湿度为依据，通常在 50%～70% 范围内选择。

d. 喷水（降雨）或凝露周期喷水（降雨）　条件的选择以自然气候的降雨数据为依据，国际上喷水（降雨）周期（降雨时间/不降雨时间）多选 18min/102min 或 12min/48min，也有选 3min/17min 及 5min/25min。人工老化降雨不用自来水，采用蒸馏水或去离子水。

② 测试步骤　以不受到任何应力的方式把试样安放到设备的试样夹具上；保证光源在有效寿命时间内稳定工作；试样应周期地变换位置，使试样均匀地接受各种因素考验；定期取样及测试。

（4）测试结果与报告　测试结果可由试样的外观和性能变化来来评定塑料的耐候性，外观可定性描述，而性能变化可定量。外观变化主要包括颜色、色泽、龟裂、开裂、起泡、分层等，性能主要包括试样物理性能、力学性能、光学性能及电性能人工老化的前后差别或变化百分率。

① 以单位面积上的质量变化率来表示，计算公式见式（6-2）和式（6-3）。

$$p_1 = \frac{m_2 - m_1}{S} \tag{6-2}$$

$$p_2 = \frac{m_3 - m_1}{S} \qquad (6-3)$$

式中 m_1——试样暴露试验前的质量，g；

$\quad m_2$——试样暴露试验后的质量，g；

$\quad m_3$——试样暴露试验后经干燥的质量，g；

$\quad S$——试样暴露前的总面积（包括试样的侧面），m^2。

② 以质量变化百分率表示，计算公式见式(6-4) 和式(6-5)。

$$H_1 = \frac{m_2 - m_1}{m_1} \times 100\% \qquad (6-4)$$

$$H_2 = \frac{m_3 - m_1}{m_1} \times 100\% \qquad (6-5)$$

式中各符号意义同前。

③ 以性能变化率来表示，计算公式见式(6-6)。

$$P = \frac{A - Q}{Q} \times 100\% \qquad (6-6)$$

式中 P——试样性能变化百分率；

$\quad Q$——老化试验前试样的性能初始值；

$\quad A$——老化试验后试样的性能值。

测试报告主要包括：试样产品型号、试验温度、实验时间、老化实验开始、结束时间及根据测试目的记录每个试样的尺寸、老化前后性能，并在报告中给出定性与定量的描述。

6.3.2 塑料人工气候老化性能测试影响因素有哪些？

（1）光强度的稳定性 为了保证测试数据可靠，再现性好，光源发射的光谱强度应稳定。氙灯及荧光灯在使用过程中随点燃时间的延长而逐步老化、变质，使辐照度衰减。因此，应按有关测试方法规定定期更换新灯。光源电流或电压的变化会引起光源辐照度的波动，辐照度随电功率的增大而升高，故要求光源的电流和电压应保持稳定。

氙灯与碳弧灯的玻璃滤光套（片）在使用过程中也会老化变质或沾污，应使用2000h 后即更换，并经常清洗保洁。

（2）受试温度 试样的辐照温度不可选得过高，特别是对易于被单纯热效应引起变化的材料。因在此种情况下，试验表示的结果可能不是光谱暴露的效应，而是热效应。选用氙弧灯要注意防止试样过热（冷却必须有效），选用开放式碳弧灯，要加强空气流动，以免温升过大。

6.4 塑料环境应力开裂性能测试疑难解答

6.4.1 什么是塑料环境应力开裂？

应力开裂是指材料受到低于其屈服点的应力或者在低于其短期强度的应力（包括内应力、外应力以及两种应力的组合）的长期作用下，发生开裂现破坏的现象。

但这种应力开裂，可能需要很长时间才会发生，当材料暴露于化学介质中，发生应力开裂而破坏的时间就会大大缩短，因此环境应力开裂是指材料暴露于化学介质中，受低于其屈服点的应力或者在低于其短期强度的应力（包括内应力、外应力以及两种应力的组合）的长期作用下，发生开裂而破坏的现象。

塑料环境应力开裂的测量方法，根据试样暴露于介质中所受到低于其短期强度的应力或应变的方式不同可分为弯曲试样法、球或针压痕法及恒定拉伸应力法。

6.4.2　如何用弯曲试样法测塑料环境应力开裂性能？

弯曲试样法可用来测试塑料环境应力开裂性，是将适用于测定表征性能的试样的一个面夹紧在固定半径的型条上，并放入试验环境，如图 6-8 所示为 ISO 4599 规定的弯曲法测量塑料环境应力开裂性能。由于应变的存在，经过与试验环境接触商定的时间后，可能产生裂纹，松开夹具，用肉眼观察。

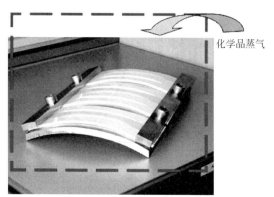

图 6-8　ISO 4599 规定的弯曲法测量
塑料环境应力开裂性能

在 GB/T 1842—2008《聚乙烯环境应力开裂试验方法》中叙述了具体产品的方法原理。试样长为 38mm±2mm，宽为 13mm±1mm；在试样一面的中部刻有深度为 0.50～0.60mm、长度为 19.0mm±0.2mm 的刻痕。将表面带有刻痕的试样向未刻痕的一面弯曲180°后，转移至试样架，然后将试样架置入一定温度的环境介质中，放入一定的时间，观察试样，并每隔一定的时间，观察试样发生开裂的情况及破损概率。得到破损概率50%的时间 F_{50} 即为试样在该介质中耐环境应力开裂的时间。

（1）测试仪器及试剂

① 恒温水浴　能达到 50.0℃±0.5℃。

② 刻痕刀架　能按照要求在试样上刻痕，如图 6-9 所示。

③ 试样保持架　不锈钢、黄铜或黄铜镀铬装置，起保持试样弯曲的作用，尺寸要求如图 6-10 所示。

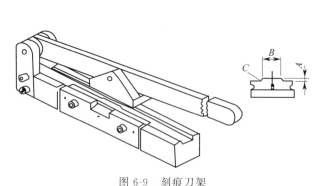

图 6-9　刻痕刀架
A—刀刃高度，3mm；B—刀刃宽度，
18.9～19.2mm；C—半径≤1.5mm

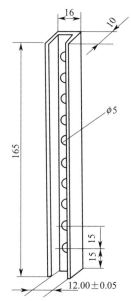

图 6-10　试样保持架（单位：mm）

④ 硬质玻璃管　内径为 30～32mm，长度为 220mm。

⑤ 试样弯曲装置　如图 6-11 所示。

⑥ 试样转移装置　如图 6-12 所示。

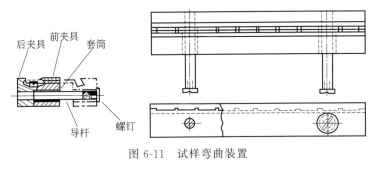

图 6-11　试样弯曲装置

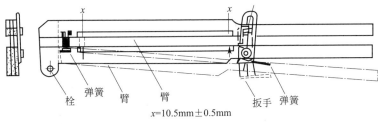

$x=10.5\text{mm}\pm0.5\text{mm}$

图 6-12　试样转移装置

⑦ 试剂　可用表面活性剂、洗涤剂、皂类、油类、酸、碱、盐类及不使试样有显著溶胀的有机溶剂。通常情况下，特别是在检测耐环境应力开裂能力时，使用仲辛基苯基聚乙烯醚。

（2）测试步骤　除非特别指出，否则试样应按照 GB/T 2918—1998 规定，在温度23℃±2℃、相对湿度50％±10％的条件下至少进行 40h 的状态调节，但最多不超过 96h，试样刻痕、弯曲后立即开始测试。

① 该方法实验条件见表 6-3。密度小于或等于 925kg/m³ 的聚乙烯选择条件 A，密度大于 925kg/m³ 的聚乙烯选择条件 B，对于部分密度大于 940kg/m³ 的聚乙烯选择条件 C。对试样进行刻痕的深度要符合表 6-3 的要求。

表 6-3　环境应力开裂试验条件

条件	试样厚度/mm	刻痕深度/mm	恒温浴温度/℃	试剂浓度/％
A	3.00～3.30	0.50～0.65	50	10
B	1.84～1.97	0.30～0.40	50	10
C	1.84～1.97	0.30～0.40	100	100

注：1. 可以在显微镜下观察试样横截面的切片，测量刻痕深度。也可以通过在显微镜下观察经液氮冷冻的已刻痕试样的表面来测量。

2. 在偏光显微镜下观察试验的横截面，来检查刻痕质量（边缘是否平直、锋利及是否存在应力集中区域）。

② 将 10 个刻痕面向上的试样放在试样弯曲装置上，在台钳、平板压床或其他适当的工具上合拢弯曲装置，整个操作过程在 30s 内完成。用试样转移工具把已弯曲好的试样转移到试样保持架中，并使试样两端紧贴试样保持架底部。

③ 试样保持架需要在 10min 内放入已盛有预热到规定温度试剂的试管内，试剂液面应高于保持架约 10mm，用包有铝箔的塞子塞紧试管，迅速放入已达到温度要求的恒温浴槽中，并开始计时。在操作过程中刻痕不应与试管壁接触。

④ 按下列观察时间检查试样并记录试样破损数目及相应的破损时间：0.1h，0.25h，

0.5h，1.0h，1.5h，2h，3h，4h，5h，6h，7h，8h，12h，16h，20h，24h，32h，40h，48h。48h 以后，每 24h 观察一次。

⑤ 通过以下 3 种方法之一得到试验结果：一是试样在规定的时间间隔终点时的破坏百分率，例如 24h 时破坏 50%；二是试样在达到规定的破坏百分率时的时间，单位为小时 (h)，用 f_p 表示，p 为试样破坏的百分数；三是采用对数-概率坐标绘图法确定试样环境应力开裂时间，单位为小时 (h)，用 F_p 表示，p 是试样破坏的百分率。如图 6-13 所示，F_{50} 为概率图中 50% 线计算的破坏时间，单位为小时 (h)。

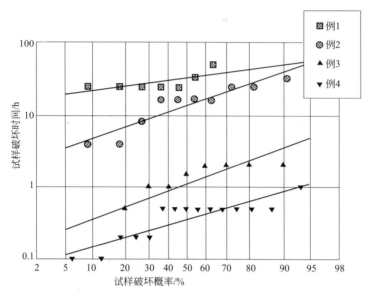

图 6-13　对数-概率坐标作图法求 F_{50} 图例

（3）测试精密度　本测试方法给出了 3 种聚乙烯材料在 10 个实验室测定的精密度，见表 6-4。每种聚乙烯在同一实验室压缩试片，在不同的实验室冲切试样、刻痕及实验，每种材料做 2 组平行测试。

表 6-4　部分聚乙烯材料环境应力开裂试验的精密度

材料	密度/(kg/m³)	试验条件	F_{50} 平均值/h	S_r	S_R	r	R
1	921	A	4.8	0.2	1.2	0.6	3.4
2	951	B	5.4	0.5	1.5	1.4	4.2
3	945	B	582.6	54.5	95.5	152.6	267.4

注：

S_r 为实验室内平均值的标准偏差。

S_R 为实验室间平均值的标准偏差。

重现性，$r = 2.8 \times S_r$。

再现性，$R = 2.8 \times S_R$。

注：本方法的精密度按 GB/T 6379.2 进行计算，用 r 和 R 表征。表中的数据只是有限的试验的结果，并不能覆盖所有材料、批号、试验条件及实验室，因此，严格地说，不能将其视为判别接收或拒收的依据。

对于某种特定的聚乙烯材料，应通过足够的数据确定重现性（r）和再现性（R）。该类材料再进行试验时，若 2 个测试结果之差大于 r 或 R，则认为 2 个测试结果不一致。该判定方法的置信概率为 95%。

（4）测试报告　测试报告应包括以下内容：使用的测试标准；材料的完整标识，如名称、编号及送样单位等；试剂名称及浓度；试样数目；试验条件；试样破损时间及破损概率；试样环境应力开裂时间 F_p（h）或试样达到规定的破坏百分率时的时间 f_p（h）或试样在规定的时间间隔终点时的破坏百分率；测试日期及检验人同。

6.4.3　影响弯曲试样法测试塑料环境应力开裂结果的因素有哪些？

影响弯曲试样法测试塑料环境应力开裂结果的主要因素有环境介质、环境介质的浓度、刻痕及试验温度。

（1）环境介质　试验结果表明，在不同介质中，环境应力开裂有明显的不同。通常认为高极性、低黏度、低表面张力的试剂是最有效引起开裂的试剂。选择试验方法标准规定的环境介质。

（2）环境介质的浓度　试验证明，环境介质的浓度和放置时间对结果有影响。环境介质的配置浓度要按标准要求进行配制，每次试验要使用新配制的介质溶液。

（3）刻痕　试验证明，刻痕刀片、刻痕深度、试样刻痕、弯曲、置于试样保持架和放入玻璃管整个过程所用时间及刻痕时的温度对试验结果都有影响。刻痕刀片必须光滑、无卷刃；刻痕深度必须满足标准的要求；对试样刻痕、弯曲、置于试样保持架和放入玻璃管的过程需在 5min 内完成。刻痕时，如室温较低，可先将试片提高温度再刻痕。

（4）试验温度　试验温度必须是 $50.0℃±0.5℃$，温度过高、过低都会对结果产生影响，所以恒温浴面必须高于浸泡介质的液面，避免温度的影响。

6.4.4　如何用恒定拉伸应力法测试塑料环境应力开裂性能？

（1）方法原理　将试样浸在保持在选择试验温度下的规定液体中，同时使它受到恒定的低于屈服应力的某应力的拉力，记录试样破坏时间和（或）应力。测定在 100h 时引起断裂的拉伸应力或测定规定拉伸应力的断裂时间来测定试样的环境应力开裂。

（2）测试设备

① 试验装置：测量恒定拉伸应力的装置，如图 6-14 所示。

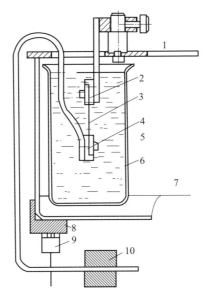

图 6-14　测量恒定拉伸应力下环境应力开裂装置

1—盖子支撑；2—上夹具；3—试样；4—下夹具；5—化学环境；

6—玻璃器；7—阻振基座；8—支撑；9—连接计时器的微型开关；10—砝码

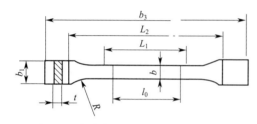

图 6-15　恒定拉伸应力试样尺寸与形状

b_3—总长, 最小值 75mm; b_1—端部宽度, 10.0mm±0.5mm; L_1—窄的平行部分长度, 30.0mm±0.5mm; b—窄的平行部分宽度, 5.0mm±0.5mm; R—半径, 最小值 30mm; t—厚度, 2.0mm±0.2mm; l_0—标线间距离, 25mm; L_2—夹具间的初始距离, 57mm

② 恒温水槽：室温至 105℃, 控制精度 ±0.5℃。

③ 计时器。

④ 卡尺：精度 0.01mm。

（3）测试步骤

① 选择好试验温度, 通常选择 23.0℃± 1℃与 55.0℃±0.5℃, 也可以从下列温度中选择：40.0℃±0.5℃、70.0℃±0.5℃、85.0℃ ±0.5℃、100.0℃±0.5℃。

② 按有关标准规定选择好化学介质。如果没有规定, 用材料在预期应用中将接触的化学品或由有关双方商定。

③ 制好试样, 每一拉伸应力下最少 5 个试样, 恒定拉伸应力试样尺寸与形状如图 6-15 所示。

④ 确定最大允许应力。施加于试样的最大允许应力应在试验温度下低于试样屈服时的拉伸应力, 可把试验进行 1h 后, 产生 2%伸长的应力作为最大允许应力。

⑤ 测量试样尺寸, 并根据尺寸计算所加力 P, P 由式(6-7) 计算。

$$P = GA \tag{6-7}$$

式中　G——测试试验所选定的应力, MPa;

　　　A——试样中部平行部分横截面面积, mm^2。

⑥ 加入化学介质至恒温槽, 调节恒温控制槽, 达到所需温度。

⑦ 装好试样, 加上所需力, 使试样浸入介质中。开始计时, 如果测试 100h 时引起断裂的拉伸应力, 需要测几个应力; 如测规定应力下的断裂时间, 则同时测 5 个试样即可。

（4）测试结果计算与表示

① 如测 100h 时的断裂应力, 首先计算每一应力的断裂时间的算术平均值, 用此值的对数作横坐标, 对拉伸应力（作纵坐标）作曲线图, 用内插法确定相应于 100h 时的应力。

② 如测试规定应力下的断裂时间, 则取 5 个试样的算术平均值即可。

第7章

塑料燃烧性能测试疑难解答

7.1 塑料闪燃温度与自燃温度测试疑难解答

7.1.1 什么是塑料的闪燃温度与自燃温度?

塑料的闪燃温度是指在特定的试验条件下,塑料材料放出的可燃气体能够被火焰点着,这时试样周围空气的最低温度称为该塑料材料的闪燃温度。由塑料材料慢慢分解和炭化引起的,材料的固相中无火焰,燃烧区域伴有发光现象的燃烧称为灼热燃烧。

自燃温度是指在特定试验条件下,无任何火源的情况下发生燃烧或灼热燃烧,这时周围空气的最低温度称为该材料的自燃温度。

7.1.2 如何测试塑料的闪燃温度与自燃温度?

塑料的闪燃温度与自燃温度按 GB/T 9343—2008 国家标准测定,该标准规定了用热空气炉测定塑料的闪燃温度与自燃温度,试验结果可比较不同材料在试验条件下的着火特性,可描述在试验条件下材料着火的最低周围空气温度;在实际使用条件中,该标准试验结果可以作为材料着火敏感等级划分的依据。但该标准不直接测量塑料的燃烧性能、燃烧速率或其安全使用的上限温度,也不能单独描述或评定实际火灾条件下的材料、产品或组合件的火灾危险性。尽管如此,试验的结果可作为火灾危险性的评价因素之一。

(1) 测试设备 对塑料的闪燃温度与自燃温度进行测试的主要设备为热空气炉,如图 7-1 和图 7-2 所示。主要由炉体、试样盘、加热控温装置测温热电偶、气源及点火装置组成。

图 7-1 塑料闪燃温度与自
燃温度测试热空气炉

(2) 测试步骤 热塑性塑料以通常的块状、粒状和粉状进行试验,热固性塑料以 20mm×20mm 的片状或膜状试样进行试验。试样质量为 3.0g±0.5g,若单片试样的质量不足 3.0g±0.5g,可将若干片或薄膜用金属丝扎在一起进行试验。试验前试样按国家标准规定，在温度 23℃±2℃、相对湿度 50％±5％的条件下，进行 4h 的状态调节，或按供需双方商定的条件进行处理。

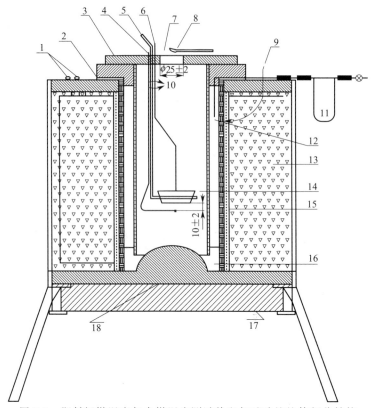

图 7-2　塑料闪燃温度与自燃温度测试热空气试验炉炉体部分结构

1—加热终端；2—垫圈；3—圆形耐火隔板；4—热电偶 TC_2；5—支杆；

6—热电偶 TC_1；7—空气供应器；8—引燃火焰；9—热电偶 TC_3

10—金属纽扣；11—空气流动仪表（不属于炉装置）；12—气流相切缸；

13—隔热层；14—试样盘；15—加热金属丝；16—耐火垫块；17—热绝缘

（可移动式）；18—检查塞（可移动式）

① 闪燃温度测定　把试样盘提到炉膛外，装入试样，将热电偶 TC_1 安放在试样中心，然后放入炉膛内，打开空气进气阀，将流速调节到 25mm/s。接通加热电源，开动温度控制仪，将炉管温度 T_2 的升温速率控制在 600℃±60℃的范围内。打开燃气阀，点燃点火器。将火焰置于炉盖试样分解气出口上方，距出口端面约 6.5mm。观察试样分解放出的气体被点火源点着时 T_2 指示的空气温度及 T_1 指示的试样温度。若试样温度迅速升高，此时 T_2 指示的就是闪燃温度的第一近似值。改变空气流速为 50mm/s 和 100mm/s，重复上述操作，分别测出另外两个闪燃温度的近似值。

选用上述三个测定的闪燃温度近似值中得到最低值时所采用的空气流速，控制空气温度的升温速率为 300℃±30℃，重复如上测试操作，测出的 T_2 指示值就是闪燃温度的第二近似值。以此温度值作为温度控制仪 T_2 的设定值，恒定 15min。把试样放入试验炉，点燃点火器，观察试样释放出的可燃气是否着火。

如果着火，把 T_2 指示值调低 10℃重复测定，直到 30min 内不着火。当在 T_2 指示的温度下不发生着火时，在此温度下重复一次试验。重复试验时若着火，则把 T_2 指示再调低 10℃重复测定。把 T_2 指示的发生着火的最低空气温度作为闪燃温度。

② 自燃温度测定　按照测定闪燃温度所规定的试验步骤操作，但不使用点火器点燃，把观察到的试样放出的分解气体着火时 T_2 指示的最低温度作为该塑料的自燃点。

（3）测试报告　测试报告包括如下内容：测试采用的标准；测试材料的详细说明，如材料名称、生产商、成分等；试样的质量（g）；试样的类型（粒、薄片等）；泡沫材料的密度；闪燃温度；自燃温度；观测到燃烧是火焰燃烧还是灼热燃烧；观察试样在测试中的状态，如燃烧如何发生、烟尘或烟雾形式、起泡、熔化、鼓泡、烟雾等。另还需声明：这些测试结果仅仅是在特定的试验条件下试样所产生的行为，不适用于材料在实际使用中潜在的火灾危险性的评价。

7.1.3　影响塑料的闪燃温度与自燃温度测试因素有哪些？

（1）空气流速对塑料着火性的影响　固定升温速率为 14.5℃/min，改变通入炉内的空气流速，测定聚丙烯的闪点和自燃点，结果见表 7-1，从表中数据可知，当升温速率一定时，空气流速对聚丙烯的闪点和自燃点有明显的影响。

表 7-1　升温速率固定，空气流速对聚丙烯闪燃温度
（闪点）和自燃温度（自燃点）的影响

空气流速 /(mm/s)	闪点/℃	自燃点/℃
60	405	
50	402	409
25	355	401
17	387	
8		425（闪燃几次）
5		425（闪燃一次）

（2）升温速率对塑料着火性的影响　固定空气流速为 25mm/s，改变升温速率，测定聚丙烯的闪点和自燃点，结果见表 7-2，从表中数据可以看出，当空气流速一定时，升温速率对聚丙烯的闪点和自燃点有较大影响。随升温速率的增大，闪点和自燃点均升高。

表 7-2　空气流速一定，升温速率对
聚丙烯闪燃温度与自燃温度的影响

升温速率/(℃/min)	闪点/℃	自燃点/℃
14.5	390	401
7.3	355	395
3.7	350	387
0	330	370

（3）试样质量对塑料着火性的影响　固定空气流速为 25mm/s，在恒温条件下改变试样质量，测定聚氯乙烯的闪点和自燃点，结果见表 7-3，从表中的数据看出，当聚氯乙烯试样质量小于 2.0g 时，闪点和自燃点测试值升高。

表 7-3　试样质量对闪燃温度与自燃温度的影响

试样质量/g	闪点/℃	自燃点/℃
2.0	＞425	＞450
2.5	425	450
3.0	425	450
3.5	425	450
4.0	425	450

（4）状态调节与否对塑料着火温度的影响　在温度 23℃±2℃、相对湿度 50%±5% 条件下，对聚丙烯、聚氯乙烯和玻璃纤维增强不饱和聚酯进行状态调节 40h，与未进行状态调节处理的试样进行比对试验，测定结果列于表 7-4。从表中所列数据可以看出，试样进行状态调节与否对以上三种塑料的闪点和自燃点没有明显的影响。

表 7-4　试样状态调节与否对闪点与自燃点的影响

试样名称	状态调节		未进行状态调节	
	闪点/℃	自燃点/℃	闪点/℃	自燃点/℃
聚丙烯	330	370	330	370
聚氯乙烯	425	450	420	450
玻纤增强不饱和聚酯	370	470	360	470

7.2　塑料氧指数测试疑难解答

7.2.1　如何测试塑料材料的氧指数？

氧指数（LOI）是指在规定的试验条件下，刚好能维持材料燃烧的、通入 23℃±2℃氧、氮混合气中以体积分数表示的最低氧的浓度。我国测试塑料氧指数按 GB/T 2406—2009 国家标准执行。

（1）测试原理　将试样竖直地固定在透明的燃烧筒中，使氧、氮混合气流由下向上流过，点燃试样顶端，观察试样随后的燃烧情况。把试样连续燃烧的时间或试样烧掉的长度与所规定的判据进行比较。在不同的氧气浓度中试验一组试样，以测定刚好维持试样平稳燃烧时的最低氧浓度，在该氧浓度下，受试材料的试样有 50% 其燃烧情况至少超过规定的判据之一。

（2）原材料试样　试样的类型、尺寸和用途见表 7-5。

表 7-5　试样的类型、尺寸和用途　　　　　　　　单位：mm

类型	型式	长		宽		厚		用途
		基本尺寸	极限偏差	基本尺寸	极限偏差	基本尺寸	极限偏差	
自撑材料	Ⅰ	80~150	—	10	±0.5	4	±0.25	用于模塑材料
	Ⅱ					10	±0.5	用于泡沫塑料
	Ⅲ					<10.5		用于原厚的片材
	Ⅳ	70~150	—	6.5		3	±0.25	用于电器用模塑材料和片材
非自撑材料	Ⅴ	140	−5	52	±0.5	≤10.5	—	用于软片和薄膜等

应该注意的是，不同形式、不同厚度的试样，其测试结果不可比。此外，还要注意非均质材料试样的位置和方向，因为材料的不均匀性会导致点火难易程度和燃烧行为的不同，例如，从各向异性薄膜上不同方向切取的试样在受热时呈现不同程度的收缩，对以氧指数试验的结果产生很大影响。

试样表面是否清洁和无有影响燃烧行为的缺陷，例如模塑制品的飞边或机加工毛刺。

对于 Ⅰ、Ⅱ、Ⅲ 和 Ⅳ 型试样，标线应画在距点燃端 50mm 处；对于 Ⅴ 型试样，标线应画在框架上或画在距点燃端 20mm 和 100mm 处。所取样品应至少能制备 15 根试样。

（3）测试设备　氧指数测试设备为氧指数测定仪，如图 7-3 所示，其工作原理如图 7-4 所示。

图 7-3　氧指数测定仪

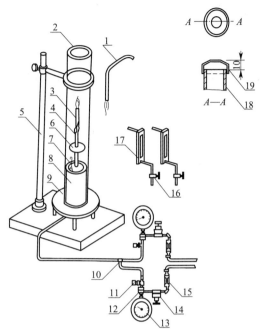

图 7-4　氧指数测定仪的工作原理

1—点火器；2—玻璃燃烧筒；3—燃烧着的试样；4—试样夹；5—燃烧筒支架；6—金属网；7—测温装置；8—装有玻璃珠的支座；9—基座架；10—气体预混合结点；11—截止阀；12—接头；13—压力表；14—精密压力控制器；15—过滤器；16—针阀；17—气体流量计；18—玻璃燃烧筒；19—限流盖

氧指数测定仪主要由试验燃烧筒、试样夹、气源、气体测量与控制装置、点火器、计时装置及排烟系统组成。

① 试验燃烧筒　试验燃烧筒是一根耐热玻璃管。垂直固定于可通入含氧混合气体的基座上。推荐的燃烧筒的最低高度为 450mm、最小直径 75mm 的圆管。其顶部出口必须按需要用一个有足够小出口的顶盖来限流，以便燃烧筒内 30mm/s 的气体能产生流速至少为 90mm/s 的排出速度。如果证明能得到相同的结果，也可使用其他尺寸的、有或没有限流出口的燃烧筒。

燃烧筒的底部或支持燃烧筒的基座上需安装使进入燃烧筒的混合气体分布均匀的装置。推荐的装置是一层厚 80～100mm、直径 3～5mm 的玻璃珠。如果实验证明能得到相同的结果，也可使用其他的装置，例如经向集流腔。可在低于试样夹的水平面上固定一块多孔隔网，以防止下落燃烧碎片阻塞气体入口和配气通路。

燃烧筒支座应安装有水平调整器和指示器，以便使圆筒和安在其中的试样垂直对中。为了便于观察燃烧筒内的火焰，可以安一个深暗色的背景。

② 试样夹　用于在燃烧筒中心垂直固定试样。

对于自撑材料，试样可用一个小夹子夹住，夹持处至少与燃烧范围可能烧到的最近的一点相距为 15mm。试样可能持续燃烧的长度由材料的标准估算。对于薄膜和薄片试样，应将两个垂直边共同固定，垂直边在低于框顶 100mm 和 20mm 处画有参照标记。夹子和它的支柱的轮廓应平滑，尽可能避免挑动上升气流。

③ 气源　应采用纯度不低于 98%（质量分数）的压缩氧气和（或）氮气和（或）清洁的空气作为气源。

除非已经证明结果对混合气体内较高的湿度是不敏感的，否则进入燃烧筒的混合气体的湿含量应<0.1%（质量分数）。气体供给系统应装有干燥装置，或装有检查供气湿含量的监测装置或取样装置，除非已知供气的湿含量是合格的。混合气供应管线连接的方式应使各种气体在进入燃烧筒底座的配气装置以前充分混合，使燃烧筒内低于试样水平面的混合上升气流中的氧浓度的变化<0.2%（体积分数）。

④ 气体测量和控制装置　在确定进入燃烧筒的混合气体的氧浓度时，应以混合气体准确度为±0.5%（体积分数）为限。并且，当通过燃烧筒的气体温度为 23℃±2℃、速度为 40mm/s±10mm/s 时，应以混合气体精密度为±0.1%（体积分数）来调节此时的氧浓度。必须装备检测和确保进入燃烧筒的混合气体的温度是 23℃±2℃ 的装置。该装置中有一个插入筒内的探头，探头位置和外形的设计应使探头对燃烧筒内气体的扰动程度减到最低。

⑤ 点火器　由一根管子构成。它能插入燃烧筒并从直径为 2mm±1mm 的尾端出口点燃试样。火焰的燃料必须是未混有空气的丙烷。当管子垂直插在燃烧筒内并在燃烧筒内大气中燃起火焰时，应调节燃料供量，使火焰垂直向下伸出出口 16mm±4mm。

⑥ 计时装置　能以±0.2s 的准确度测量 5min 以内的时间。

⑦ 排烟系统　应能充分通风或排风，排除燃烧筒中的烟尘或灰粒。但不干扰燃烧筒中的温度和气流速率。

（4）测试步骤

① 实验设备的环境温度保持在 23℃±2℃，必要时将试样放在维持温度 23℃±2℃ 和相对湿度 50%±5% 的密封箱内，使用时从中取出。

② 选择所要使用的初始氧浓度，可能时可用相似材料实验结果为根据。或者试着在空气里点燃试样，注意其燃烧行为。如果试样迅速燃烧，则初始氧浓度选为 18% 左右；如果试样缓慢燃烧或时断时续，初始氧浓度选为 21% 左右；如果试样在空气中不连续燃烧，则依据其在空气里熄灭前的燃烧时间或燃点的困难程度，初始氧浓度至少选为 25%。

③ 保证实验燃烧筒垂直（图 7-4）。将试样垂直地安放在燃烧筒的中心。其顶端低于燃烧筒开口顶端至少 100mm，其暴露部分的最低处应高出圆筒底部配气装置的顶端至少 100mm。

④ 调节气体混合装置和流量控制装置，使 23℃±2℃ 的氧符合要求的氧/氮混合气体可以 40mm/s±10mm/s 的速度流经燃烧筒。在点燃每根试样之前，用气流洗涤燃烧筒至少 30s。在每根试样点燃和燃烧的过程中应维持流速不变。依据燃烧柱的截面积，计算出气体的总流量，再分别计算出不同比例氧和氮的流量。根据计算，规定总流量为 10L/min。记下计算出的氧浓度，以体积分数表示。

⑤ 取标准试样 10 根，在试样一端 50mm 处画线，将另一端插入燃烧柱内试样夹中。对每根试样进行测量并记录。

⑥ 开启氧、氮钢瓶阀门，调节减压阀，压力为 0.2~0.3MPa。调节微量调节阀，得到稳定流速的氧、氮气流。通过转子流量计指示，看浮子浮上平面，调节至工作位置，检查仪器压力表指针是否在 0.1MPa 处，否则，应调节到规定压力。N_2+O_2 压力表不大于 0.03MPa 或不显示压力为正常，当压力超过此值时，应检查燃烧柱内是否有结炭、气路堵

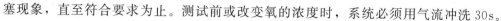

塞现象，直至符合要求为止。测试前或改变氧的浓度时，系统必须用气流冲洗30s。

⑦ 点燃试样，根据试样形式，从下述两种点燃方法中选用一种。对Ⅰ、Ⅱ、Ⅲ和Ⅳ型试样（表7-6），可使用顶端表面点燃的A法或使用扩散式点燃的B法。

a. 方法A　顶端表面点燃法是在试样上端的顶表面使用点火器引发燃烧，使火焰的最低可见部分接触试样顶端，必要时扭动着以覆盖整个表面，但注意勿使火焰碰到试样的棱边和垂直的侧表面。火焰作用时间为30s，每隔5s移开火焰一下。移开的时间以刚好能判明试样整个表面是否在燃烧为限。在增加5s接触时间后，若整个试样的顶面都烧着，即认为试样点燃。立即移去点火器，并开始测量燃烧距离和燃烧时间。

b. 方法B　扩散式点火法是使点火器主火焰通过顶面下移到试样的垂直面。充分降低和移动点火器，使可见火焰置于试样顶表面，并置于垂直表面约6mm之长。点火器施用时间最多为30s，每隔5s停一下，观察试样，直到它的垂直表面稳定燃烧或可见燃烧部分的前锋达到试样上的标线水平处为止。为了测定燃烧周期和范围，当可见燃烧部分的任一部分达到上参照线水平面时，就认定试样已点燃。

⑧ 评价燃烧行为按下列方式观察并终止试样的燃烧：点燃试样后，立即开始测量燃烧周期，同时观察其燃烧行为；如果燃烧中止，但在1s内又自发再燃，则继续观察和测量。

如果试样的燃烧范围和周期都不超过表7-6中规定的相应试样的对应极限值，记下燃烧的范围和时间，把这次实验记录为"○"反应。如果燃烧周期或燃烧范围越过了表7-6规定的相应极限，则相应地记录燃烧行为并扑灭火焰，把这次实验记录为"×"反应。还要记下材料的燃烧特征，例如滴落、结炭、漂游性燃烧、灼烧或余晖。

表7-6　试样点火方法及判断准则

试样型式	点火方式	判断准则(两者取一)	
		点燃后的燃烧周期/s	燃烧范围
Ⅰ	A法	180	试样顶面下50mm
Ⅱ			
Ⅲ	B法	180	上参照标记下50mm
Ⅳ			

取出试样，并按需要擦净燃烧筒内或点火器上被炭烟等沾污的表面，让燃烧筒恢复到23℃±2℃或用另一个同样状态调节的燃烧筒替换它。

⑨ 逐次选择氧浓度，根据"少量样品升-降法"，采取 $N_T-N_L=5$ 的特定条件，采用任意步长对所用氧浓度作一定的改变。实验下一个试样所用氧浓度，按下述规则选择：如果前一个试样的燃烧行为表现为"×"反应，则降低氧浓度；如果前一个试样表现为"○"反应，则增加氧浓度。选用合适的改变氧浓度步长的方法如下。

a. 初始氧浓度的测定　采用任意适宜的步长改变氧浓度，重复②～④各条规定的步骤，直到以体积分数表示的两次氧浓度值之差≤1.0，其中一次得到的是"○"反应，而另一次得到的是"×"反应为止。将这一对氧浓度中的"○"反应记作初始氧浓度，然后按b继续进行。

b. 氧浓度的改变

ⓐ 再一次用初始氧浓度，重复②～⑧各条所述步骤实验一个试样。记录所用的氧浓度（C_0）值；和"×"或"○"反应，作为 N_L 和 N_T 系列结果的第一个。

ⓑ 以总混合气体浓度的0.2%（体积分数）为改变量（d），改变氧浓度，按②～⑧所述步骤进一步实验试样。记下 C_0 值和相应的反应，直至得到不同于ⓐ所得反应的反应

为止。

得自ⓐ的结果加上得自ⓑ的相同反应的结果（若有的话），构成 N_L 系列结果。

ⓒ 保持 $d=0.2\%$，按②～⑧所述再实验 4 个试样，记下用于每个试样的反应。用 C_T 表示最后一个试样所用的氧浓度。

这 4 个结果和得自ⓑ的最后结果一起组成此系列的其余数据，因此，$N_T=5+N_L$。

ⓓ 用 N_T 系列最后 6 个反应（包括 C_T）计算氧浓度测量的估算标准偏差。如果条件 $\dfrac{2\hat{\sigma}}{3}<d<1.5\hat{\sigma}$ 得到满足，氧指数按式(7-1)进行计算。

如果 $d\leqslant\dfrac{2\hat{\sigma}}{3}$，则增大 d 值，重复②各步骤，直到满足条件为止。如果 $d>1.5\hat{\sigma}$，则减小 d 值，重复ⓐ～ⓓ各步骤，直到满足条件为止。除非相应的材料规格有要求，否则不应将 d 值减至小于 0.2。

⑩ 当采用顶端表面点燃法时，也可采用本观察方法确定氧浓度值。试样上端点燃后，马上开始计时，并注意观察。如试样燃烧 3mm 以上，或烧掉 50mm 以上，说明氧的浓度太高，必须降低。如果试样在 3min 以前或 50mm 之前熄灭，必须提高氧的浓度。必须测得试样正好在 3min 或 50mm 处熄灭时氧的体积分数。重复三次，取三次氧浓度的平均值计算。

（5）测试结果表示

① 氧指数　以体积分数表示的氧指数 OI 由式(7-1)计算。

$$OI=C_T+kd \tag{7-1}$$

式中　C_T——用于按操作步骤⑨a 完成的 N_T 测定值系列中记录的最后氧浓度值，用体积分数表示，取 1 位小数；

　　　　d——按操作步骤⑨a 使用和控制的两个氧浓度值间之差值，用体积分数表示，至少取 1 位小数；

　　　　k——按表 7-7 获得的系数。

OI 值算到 2 位小数，准确到 0.1。

② k 值的确定　k 的数值和符号取决于按①实验的试样的反应形式，可由下述规定及表 7-7 确定。

表 7-7　由"升-降"法则测定氧指数时所需 k 值

1	2	3	4	5	6
最后 5 次测定的反应	(a)○	○○	○○○	○○○○	
×○○○○	−0.55	−0.55	−0.55	−0.55	○××××
×○○○×	−1.25	−1.25	−1.25	−1.25	○×××○
×○○×○	0.37	0.38	0.38	0.38	○××○×
×○○××	−0.17	−0.14	−0.14	−0.14	○××○○
×○×○○	0.02	0.04	0.04	0.04	○×○××
×○×○×	−0.50	−0.46	−0.45	−0.45	○×○×○
×○××○	1.17	1.24	1.25	1.25	○×○○×
×○×××	0.61	0.73	0.76	0.76	○×○○○
××○○○	−0.30	−0.27	−0.26	−0.26	○○×××
××○○×	−0.83	−0.76	−0.75	−0.75	○○××○

1	2	3	4	5	6
最后5次测定的反应	(a)○	○○	○○○	○○○○	
××○×○	0.83	0.94	0.95	0.95	○○×○×
××○××	0.30	0.46	0.50	0.50	○○×○○
×××○○	0.50	0.65	0.68	0.68	○○○××
×××○×	−0.04	0.19	0.24	0.25	○○○×○
××××○	1.60	1.92	2.00	2.01	○○○○×
×××××	0.89	1.33	1.47	1.50	○○○○○
	(b)×	××	×××	××××	最后5次测定的反应

注：1. 如果按⑨b@实验的试样的反应是"○"，第一个相反的反应是"×"（见⑨b⑥），则查表7-7第一栏，找出其中后4个反应符号和按⑨b©实验所得者一致的那一行。k 的数值和符号即为示于该行2、3、4或5栏内者，该栏中列于表中（a）行的"○"反应数目与按⑨b@和⑨b⑥所得的 N_L 系列中的"○"反应数一致。

2. 如果按⑨b@实验的试样的反应是"×"，第一个相反的反应便是"○"（见⑨b⑥），则查表7-7第六栏，找出后4个反应符号和按⑨b©实验所得者一致的那一行。k 的数值即为示于该行的2、3、4或5栏内者，该栏中列于表中（b）行的"×"反应数目与按⑨b@和⑨b⑥所得的 N_L 数列中"×"反应数目相一致。但是 k 的符号必须相反，即示于表7-7中的负 k 值变为正 k 值，反之亦然。

③ 氧浓度测定的标准偏差　氧浓度测定的估算标准偏差 $\hat{\sigma}$ 由式(7-2)计算：

$$\hat{\sigma} = \left[\frac{\sum(c_i - OI)}{n-1}\right]^{\frac{1}{2}} \tag{7-2}$$

式中　c_i——逐一表示在测定 N_T 系列中最后六个反应时所用的每个氧浓度；

　　　OI——按式(7-1)计算的氧指数；

　　　n——计入 $\sum(c_i - OI)^2$ 的氧浓度测定次数。

（6）测试报告　测试报告应包括以下几项。

① 受试材料的鉴别说明，包括材料的类型、密度、先前的历史，以及与材料或样品内的不均匀性相关的试样取向。

② 试样的形状和尺寸。

③ 所用的点火方法。

④ 氧指数。

⑤ 估算的标准偏差和所用的氧浓度增量，如果不是用 0.2% 的话。

⑥ 描述有关的附属特征或行为，例如结炭、滴落、剧烈地收缩、漂游性的燃烧、余晖等。

7.2.2　塑料氧指数测试结果有哪些主要影响因素？

影响塑料氧指数测试结果的主要因素如下。

（1）气体流速　燃烧筒内混合气体的流速在 30～120mm/s 内变化时，对 OI 的测定没明显影响，但当混合气体中氧浓度低于空气中氧浓度（21%），流速偏低时，可能使空气进入筒内，使实际含氧量增加而导致 OI 测定结果偏低。

（2）试样的厚度及长度　试样 OI 测定值随试样厚度增加而略有增高，因为越薄的试样越易于燃烧。试样长度只要在标准所要求的范围（70～150mm）内，就不会影响 LOI 的测定。

（3）氧气、氮气纯度　玻璃转子流量计指示流量时，由于混气中的氧浓度是通过测量氧、氮两种气体的流量得出的，且视氧、氮均为纯气体，但实际使用的都是工业气，因此对

LOI 测定有影响，纯度越低误差越大。

（4）点燃方式　测定 LOI 时，一定要按照表格中自撑材料（Ⅰ～Ⅳ型）采用顶端点燃，非自撑材料（Ⅴ型）采用扩散点燃，因为点燃方式不同，传递给材料的热量不同，故测得的结果会略有差异。

（5）点燃气种类　测定 LOI 可采用丁烷、丙烷、液化气或人工煤气为点燃气体，结果基本相同，但仲裁时应使用未混空气的丙烷为点燃气。

（6）环境温度　随环境温度升高，大多数材料的 LOI 下降，但环境温度在 5～30℃内变化时，对大多数 LOI 的测定值没有什么影响。

（7）燃烧筒温度　试样在燃烧筒中的稳定燃烧，需要热量维持，如筒内与室内温差太大不利于保持热平衡，当燃烧筒温度升至 75℃以上时，可导致 LOI 测定值降低。

（8）其他原因　如试样存有气泡、裂纹、溶胀、飞边、毛刺等缺陷，对试样的点燃和燃烧行为均有影响，所以这些因素也会改变 LOI 的测定值。

7.3　塑料水平燃烧与垂直燃烧性测试疑难解答

7.3.1　如何对塑料水平燃烧与垂直燃烧性进行测试？

塑料燃烧性试验就是根据测试标准模拟塑料材料燃烧时的安全试验项目，在众多的塑料燃烧性能测试试验方法中，应用最广泛的方法是水平法和垂直法燃烧试验。用水平法与垂直法测试塑料的燃烧性采用的测试标准是 GB/T 2408—2008 标准方法，该法测试的结果并不能作为描述评价实际着火条件下具体塑料材料所出现的着火危险性，因为影响塑料材料着火的实际因素很多，如燃料的种类、火源的强度、材料暴露和环境及通风情况等。

本标准规定了塑料和非金属材料试样处于 50W 火焰条件下，水平或垂直方向燃烧性能的实验室测定方法。适用于表观密度不低于 0.25g/cm^3 的固体以及泡沫材料的燃烧性测试。同时规定了燃烧性能等级，可用来进行质量保证或产品组成材料的预选。而当试样厚度等于材料应用时的最小厚度时，可获得可靠的结果。可以对不同材料的相对燃烧行为进行比较，可以对材料制造工艺加以控制，或对材料燃烧特性的变化加以评价。

（1）测试原理　本测试试验依据的原理是水平或垂直夹住试样的一端，对试样自由端施加规定的气体火焰，通过测量线性燃烧速率（水平法）或有焰燃烧及无焰燃烧时间、燃烧范围和燃烧颗粒滴落情况（垂直法）等来评价试样的燃烧性能。

（2）原材料试样

① 试样制备　若从最终产品或板样中取样，应按照产品标准或 GB 2547 的有关规定进行。若从原料制备试样，应按 GB 5471、GB 9352 的有关规定压制或注射成所需形状，也可按有关各方商定的条件和方法制样。

试样表面应清洁、平整、光滑、没有影响燃烧行为的缺陷，如气泡、裂纹、飞边和毛刺等。

除非产品标准另有规定，试样均应按照 GB 2918 的规定，在温度 23℃±2℃、相对湿度 50%±5%的条件下至少调节 48h。

② 试样尺寸　试样长 125mm±5mm，宽 13.0mm±0.3mm，厚 3.0mm±0.2mm。经有关各方协商，也可采用其他厚度，但最大厚度不应超过 13mm，并应在实验报告中注明。

对于厚度、密度不同的原材料试样，或各向异性材料试样，或原材料中所含颜料、填料及阻燃剂种类和用量不同的试样，其实验结果不能相互比较。

③ 试样的数量 水平法每组三根试样，至少两组；垂直法每组五根试样，至少四组。如有特殊要求时应按需要增加试样数量。

（3）试验装置 该试验采用的设备主要是水平垂直燃烧测定仪，如 CZF-3 型水平垂直燃烧测定仪，如图 7-5 所示，其面板布置和结构分别如图 7-6 和 7-7 所示。

图 7-5 CZF-3 型水平垂直燃烧测定仪

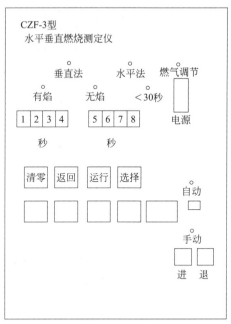

图 7-6 CZF-3 型水平垂直燃烧测定仪控制板面图

试验装置应满足如下要求。

① 本生灯管长 100mm，可倾斜 0°～45°；内径 9.5mm；本生灯蓝色火焰高度可调范围为 20～40mm，本生灯移动距离不小于 150mm。

② 水平试样夹具的最大夹持厚度为 13mm。

③ 金属筛网水平固定在试样下，金属筛网的边缘与试样自由端对齐。

④ 金属支承架与试样最下边间距离 10mm，用以支撑试样自由端下垂和弯曲的金属支架，支架应长出试样自由端 20mm。火焰沿试样向前推进，支架以同样速度退回。

⑤ 垂直试样夹具的最大夹持厚度为 13mm。

⑥ 试样下端离水平铺置的医用脱脂棉层距离 300mm；在试样下端 300mm 处水平铺置撕薄的脱脂棉层尺寸为 50mm×50mm，自然厚度为 6mm。

⑦ 试样夹垂直最大调整距离≤130mm。

⑧ 试样夹水平最大调整距离≥70mm。

⑨ 电源：220V±10%，50Hz，功率<100W。

仪器面板按键的功能和使用说明如下。

① 第 1 个数码管为实验次数显示位置，用 A、B、C、D、E 五个符号来分别表示五个试样。选用垂直法时，在实验或读出过程中，该数码管右下角的亮点分别表示施加火焰的次数。该点暗时表示对某个试样第一次施加火焰，此时只记录焰燃烧时间。该点亮时，表示对某个试样第二次施加火焰，此时既要记录有焰燃烧时间，又要记录无焰燃烧时间。

② 第 2～4 个数码管组成一组时间计数器，在垂直燃烧实验时，用以显示本次实验的有

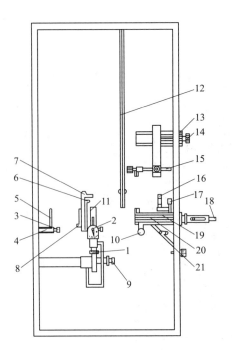

图 7-7　CZF-3 型水平垂直燃烧测定仪燃烧室结构示意图

1—风量调节螺母；2—角度标牌；3—长明灯阀体；4—长明灯火焰调节螺母；
5—长明灯管理器；6，7—火焰标示；8—25mm 高火焰调节手柄；9—进气
调节手柄；10—小拉杆；11—本生灯管理器；12—纺织物试样；13—横向
调节手柄；14—纵向调节手柄；15—垂直试样夹；16—试样扳手；17—手柄；
18—支承件拉杆；19—支承件；20—金属筛网；21—水平支承架

焰燃烧时间（精度为 0.1s）。

③ 第 5~8 个数码管组成一组时间计数器，在垂直燃烧实验时，用以显示各次有焰燃烧的积累时间；与无焰燃烧指示灯配合，用以显示无焰燃烧时间。在水平燃烧实验时，用以显示测量的时间，在两种实验方法的施加火焰时，均采用倒计数的方式显示施加火焰的剩余时间（精度 0.1s）。

④ 面板上各开关和按键的意义如下。 复位 ——强制复位键。 清零 ——清零键，用以清除机器内部不必要的信息，以利于精确计时。该键仅在数码显示器显示 "P" 的初始状态时，才起清零的作用，显示为其他状态时，该键起不到清零的作用。 不合格 ——不合格键，在垂直燃烧法实验中，在施加火焰的时间内，火焰蔓延到支架夹具时，按此键判定该试样的实验结束，在水平燃烧法中，此键无效。 返回 ——返回初始状态键，按此键使仪器返回到初始状态 "P"。 退火 ——在垂直燃烧实验中，如果有滴落物并引燃脱脂棉时，按此键结束该试样的实验，该试样定在水平燃烧实验中，在施焰时间内，火焰前沿已燃至第一标记立即开始记录时间。 运行 ——当显示器显示出垂直或水平符号时，按此键用以确定某种实验方式。当显示点火信息时，用以启动电机，向试样施加火焰。 读出 ——当某一个试样实验结束或某一组实验结束后，按此键用以读出实验数据。 选择 ——在仪器的初始状态 P 时，按此键用以选择水平或垂直燃烧实验方法。 计时控制 ——用以控制记录时间的开始与终止。 电源 ——电源开关。 进 、 退 ——当选择手动状态时，按进或退

两个键，可控制本生灯的进火和退回。

⑤ 燃烧室（参见图7-7）的火焰标尺高度为20mm.

（4）水平法试验操作步骤及实验结果的评定与表示

① 水平法试验操作步骤

a. 在距离试样一端25mm和100mm处，垂直于长轴两条标线，在25mm标记的另一端，用试样夹夹住试样，夹持的方位为：试样与纵轴平行，与横轴倾斜45°。

b. 在试样下部约300mm处放一个水盘。

c. 点着本生灯并调节火焰，使灯管在垂直位置时产生20mm高的蓝色火焰，并将本生灯倾斜45°。

d. 开电源 → 复位 → 返回 → 清零 ，显示初始状态P。

e. 按 选择 键，显示"−F"? 意思为用水平法吗？

f. 按 运行 键，显示，"A，dH"；水平法的指示灯亮，表示选择水平法，进行第一个试样实验，安装上试样。

g. 当准备工作完成后，按 运行 键，将本生灯移至试样一端，对试样施加火焰。显示A、SYXX，X表示正在施焰，并以倒计数的方式显示施焰剩余的时间，在这一步骤里，可能出现以下两种情况。

第一种情况：当施焰时间剩余3s时，蜂鸣器响，提醒操作者做好下一步的准备。施焰时间结束，本生灯自动退回，显示"A，d-b"?，意思是火焰前沿到第一标线了吗?，这时可能出现两种靠近。

ⓐ 火焰未燃到第一标线即熄灭，按 计时控制 键，立即再按2次 计时控制 键，显示"b、dH"，表明A试样符合最好的标准。

ⓑ 火焰前沿燃到第一标线时按 计时控制 键，显示"A、XXX、X"，开始计时，下面有两种选择。

火焰前沿燃至第二标线，按 计时控制 键，显示"b、dH"，计时停止。这时操作者应记录实际燃烧长度，以便于算出燃烧速率。

火焰在燃烧途中熄灭，按 计时控制 键，显示"b、dH"，计时停止，这时操作者应记录实际燃烧长度，按式(7-4)计算燃烧速率。

$$v = 60\frac{L}{t} \tag{7-3}$$

式中　v——线性燃烧速率，mm/min；

　　　L——烧损长度，mm；

　　　t——烧损L长度所用的时间，s。

第二种情况：施加火焰时间未到30s，火焰前沿已燃到第一标线时，按退回键，本生灯退回，"<30s"灯亮，时间计数器开始自动计数，显示A、XXX、X。

对以上出现的两种情况分别进行计算。当完成A试样测试后需要继续做B试样实验时，安装试样并点火，按前述g步骤进行重复操作。

h. 当一组实验结束后，仪器显示"End"，这时可用 读出 键，连续地读出各个试样的实验参数。

i. 在读出各个试样实验参数并加以记录之前，严禁按 清零 键。在每一个试样实验完毕后，如需读出实验数据，可依次按 读出 键，依次显示试样的数据，直至显示 "dc-End"。

② 水平法试验结果的评定与表示 按水平法燃烧行为，材料的燃烧性能可分为下列四级（符号 FH 表示水平燃烧）。

a. FH-1 移开点火源后，火焰即灭，或燃烧前沿未达到 25mm 标线。

b. FH-2 移开点火源后，燃烧前沿越过 25mm 标线，但未达到 100mm 标线。在 FH-2 级中，烧损长度应写进分级标志，如 FH-2-55mm。

c. FH-3 移开点火源后，燃烧前沿越过 100mm 标线，对于厚度为 3～13mm 的试样，其燃烧速率不大于 40mm/min；对于厚度小于 3mm 的试样，燃烧速率不大于 75mm/min；在 FH-3 级中，线性燃烧速率应写进分级标志，如 FH-3-30mm/min。

d. FH-4 除线性燃烧速率大于规定值外，其余与 FH-3 级相同，其燃烧速率也应写进分级标志。

如果被试材料的三根试样分级标志数字不完全一样，则应报告其中数字最高的类级作为该材料的分级标志。

（5）垂直法试验操作步骤及实验结果的评定与表示

① 垂直法试验操作步骤

a. 用垂直夹具夹住试样一端，将本生灯移至试样底边中部，调节试样高度，使试样下端与灯管标尺平齐。

b. 点着本生灯并调节产生 20mm±2mm 高的蓝色火焰。

c. 开电源 → 复位 → 返回 → 清零 ，显示初始状态 P。

d. 按 选择 键；显示 "-F"？再按 选择 键，显示 "11F-10-"？意思为用施焰时间为 10s 的垂直吗？

e. 按 运行 键，显示 "A，dH"，垂直法的指示灯亮表示选择了垂直法。

f. 按 运行 键，将本生灯移至试样下端，对试样施加火焰，显示 "A、SYXXX、X"，表示正在施加火焰，并以倒计数的方式显示施焰的剩余时间，当施焰时间还剩 3s 时，蜂鸣器响，提醒操作者准备下一步操作，当施焰时间结束 10s 后，本生灯自动退回，"有焰燃烧"指示灯亮，显示信息为 "AXX、XXXX、X"，中间 2～4 三个数码管表示本次有焰燃烧时间，右边 5～8 四个数码管表示各次有焰燃烧的积累时间。

g. 当有焰燃烧结束后，按 计时控制 键，显示 "A、dH"，按 运行 键，开始本次试样的第二次施焰，显示 "A、SYXXX、X"。同样，当施焰时间还剩 3s 时，蜂鸣器响，施焰时间结束，本生灯自动退回，"有焰燃烧"指示灯亮，显示信息为 "A、XX、XXXX、X"，中间 2～4 三个数码管为第二次施焰后的有焰燃烧时间，右边 5～8 四个数码管表示各次有焰燃烧的积累时间。

h. 当有焰燃烧结束后，按 计时控制 键，"有焰燃烧"指示灯灭，"无焰燃烧"指示灯亮，显示信息为 "A、XXX、X"，表示无焰燃烧时间。

i. 当无焰燃烧结束，又没有无焰燃烧，按 计时控制 键，显示 "b，dH"，表示 A 试样实验结束。

j. 重复 f～i 各步骤，直至一组试样结束。

k. 在实验过程中，若有滴落物引燃脱脂棉的现象，按 退火 键，仪器显示 "X、dH"，表示该试样停止实验。

l. 在施焰时间内，若出现火焰蔓延至夹具的现象，按 不合格 键，此试样实验结束。

m. 实验后，需读出试样的实验数据时，按 读出 键。先显示的是与第一次数码管所对应的实验次数的第一次施焰后的有焰燃烧时间；再按 读出 键，则显示第二次施焰的有焰燃烧时间，第三次按 读出 键，则显示第二次施焰的无焰燃烧时间；直至显示"dc-End"（表示实验数据全部读完）。若有蔓延到夹具的现象时，显示"X、bHg"，若有滴落物引燃脱脂棉现象，显示"X92V-2"。

n. 结果表示在自动状态下，仪器可直接读出总的有焰燃烧时间。当采用手动时，实验结果按式(7-4)计算。

$$t_f = \sum_{i=1}^{5} (t_{1i} + t_{2i}) \tag{7-4}$$

式中　t_{1i}——第 i 根试样第一次有焰燃烧时间，s；

　　　t_{2i}——第 i 根试样第二次有焰燃烧时间，s；

　　　i——实验次数 $i = 1 \sim 5$。

② 垂直法实验结果的评定表表示　按点燃后的燃烧行为，材料的燃烧性能分为三个等级（符号 FV 表示垂直燃烧），详细内容见表 7-8。

表 7-8　垂直法燃烧评定材料燃烧性的级别与表示

判据	级别			
	FV-0	FV-1	FV-2	X
每根试样的有焰燃烧时间$(t_1 + t_2)$/s	≤10	≤30	≤30	>30
对于任何状态调节条件，每组五根试样有焰燃烧时间总和 t_f/s	≤50	≤250	≤250	>250
每根试样第二次施焰后有焰加上无焰燃烧时间$(t_2 + t_3)$/s	≤30	≤60	≤30	>60
每根试样有焰或无焰燃烧蔓延到夹具现象	无	无	无	有
滴落物引燃脱脂棉现象	无	无	有	有或无

注：X 表示该材料不能用垂直法分级，而应采用水平法对其燃烧性能分级。

(6) 试验报告　试验报告应包括如下主要内容。

① 材料的鉴别特征：名称、牌号、批号、生产厂和生产日期等。

② 试样的制备方法、试样厚度、各向异性试样的方向和标称表观密度（仅用于硬质泡沫材料）等。

③ 试样的状态调节条件及实验环境。

④ 燃料气体种类。

⑤ 水平或垂直燃烧性能，即线性燃烧速率、有焰或无焰燃烧时间及燃烧等级。

⑥ 其他需要注明的事项。

值得说明的是，水平法与垂直法的试验报告内容略有不同，具体区别可参考国家标准GB/T 2408—2008。

7.3.2　影响塑料水平燃烧与垂直燃烧性测试主要因素有哪些？

影响塑料水平燃烧与垂直燃烧性测试的主要因素如下。

(1) 试样厚度　试样厚度对其燃烧速率有明显影响。当试样厚度小于 3mm 时，其燃烧速率随厚度的增加而急剧减少；当试样厚度达到 3mm 以后，燃烧速率随厚度的变化则比较小。一方面是由于在加热阶段，把试样加热至分解温度所需的时间与其质量（或厚度）基本成正比；另一方面，试样的着火、燃烧和传播主要发生在表面上，厚度越小的试样，单位质量具有的表面积就越大的缘故。

同样的厚度变化，对不同材料燃烧速率的影响程度也有很大的差别。对于比热容和热导率较小，又没有熔融滴落行为的塑料，如聚甲基丙烯酸甲酯，影响较小；反之，对比热容和热导率较大，又有熔融滴落现象的聚乙烯，影响较大。

试样厚度对垂直燃烧试验结果也有很大影响。在同样条件下，试样越薄，其总的有焰燃烧时间越长；当试样厚度相差较大时，其试验结果甚至相关一两个级别。厚度小于 3mm 的试样，燃烧时易出现卷曲现象，从而影响了试验的稳定性与重复性。

由于上述原因，标准中对试样厚度做了严格规定，指出厚度不同的试样，其试验结果不能相互比较。

（2）试样密度　如前所述的材料燃烧过程分析可知，在相同的试验条件下，水平燃烧试验试样的燃烧速率随其密度的增大而减小；对垂直燃烧试验来说，试样的燃烧时间也受其密度很大的影响。因此，标准规定，密度不同的试样，其实验结果不能相互比较。

（3）各向异性材料　由于塑料材料在成型过程中受力及取向不同而产生各向异性。各向异性材料的不同方向对试样的水平、垂直燃烧性能有一定的影响。因此标准规定，方向不同的试样，其试验结果不可相互比较，并要求在试验报告中对与试样尺寸有关的各向异性的方向加以说明。

（4）试样放置形式　在水平法中，试样的长轴是呈水平方向放置的。而其横截面轴线与水平方向夹角不同时也会影响同样尺寸试样的试验结果。为了避免放置形式不同对测试结果的影响，在标准中规定采用横截面轴线与水平成 45°角的放置形式。除了由于这种形式的受热条件最佳、燃烧速率最快外，还由于这种形式测量燃烧长度和时间较为准确与方便。

（5）试样状态调节条件　试样的状态调节条件对材料的水平和垂直燃烧性能有不同程度的影响。一般来说，温度高些、湿度小些，其平均燃烧速率（水平法）或总的有焰燃烧时间（垂直法）相对要大一些。这与前面提到的高聚物燃烧过程分析是一致的。对于不同类型的材料，状态调节条件对"纯"塑料试样，影响较小；而对层压材料和泡沫塑料影响程度则相对大些。

在标准中还规定了另外一种状态调节条件，即把试样在 70℃±1℃ 的温度下老化处理 168h±2h，然后放在干燥器中，在室温下至少冷却 4h。这是由于有些材料，如泡沫塑料、层压材料等，其燃烧性能会随存放时间而变化的缘故。

（6）燃料气体种类　燃料气体种类不同，其所含热值不相同。在 ISO 1210—1992 标准中除规定使用工业级甲烷气作为燃料气体外，还指出"其他含热值约 37MJ/m³ 的混合气，也可提供相似的结果"。

一般情况下，无论使用天然气、液化石油气、煤气或其他燃料气体，只要本生灯的规格、火焰高度与颜色以及点火时间都符合标准规定，试验结果都基本相同。我国标准规定也可采用天然气、液化石油气、煤气等可燃气体，但仲裁试验必须采用工业级甲烷气体。

（7）火焰高度和火焰颜色　火焰高度不同对材料的水平和垂直燃烧试验结果有较大的影响。对于不同的材料，其影响程度也有一定差别。从理论上讲，火焰颜色不同，其温度有一定差别；蓝色火焰时燃烧完全，温度较高；反之，带有黄色顶部的火焰，温度要相对低些。但从试验结果来看，火焰颜色不同对水平和垂直燃烧试验结果影响并不明显。为避免不必要的争议并与国际标准统一，国标中也同样规定火焰颜色应调成蓝色。

（8）点火时间长短　水平法中多数试样的着火时间为 3～5s，最多的为 10s 左右，施焰时间为 30s 和 60s 的试验结果基本一致。对垂直法，点火时间太短，试样不易点燃；而点火时间长了，对多数材料的测试结果有很大的影响。因此标准对两次施焰的时间都严格规定为 10s。

（9）熔融或燃烧着的滴落物　实践证明，材料燃烧时熔融滴落物与燃烧着的碎块常常是火灾蔓延和扩大的重要原因。为了使试验结果更加符合材料的燃烧性能，修订后的国家标准在水平法的试验装置中，在试样最低边下面 10mm 处水平放置了规定尺寸和网孔的金属网。对于垂直燃烧法，则在试样下方约 300mm 处铺放置了干燥的医用脱脂棉薄层，只要试样有滴落物引燃脱脂棉，尽管其有焰或无焰燃烧时间只达到 FV-1 级，甚至 FV-0 级，也要被判定为 FV-2 级。

（10）设备与仪器　进行燃烧试验，维持燃烧的氧气充足与否十分重要。为避免氧不足或通风不当对试验结果的影响，标准对通风柜或通风橱的尺寸、结构及排风装置的使用方法都做了细致的规定。另外，本生灯的结构和灯管口径、各种量具特别是计时装置的精度对试验结果当然有很大的影响，标准对此也做了严格规定。

（11）操作人员主观因素　水平和垂直燃烧试验被诊断是主观性很强的测试试验。只要稍不留意，用同样的设备，对相同试样采用相同的操作，也会产生一定偏差，甚至会得到不同的可燃性级别。因此，试验时严格操作规程，观察要特别认真仔细是十分重要的。

7.4　塑料燃烧烟密度测试疑难解答

7.4.1　塑料在燃烧室燃烧时可分为哪三个阶段？

塑料的燃烧是一种复杂的并相互影响的物理和化学想象。因此，在实验仪器中模拟真实燃烧的所有情况是不可能的。塑料材料被点燃后，由于环境条件以及燃烧材料自身的特性不同，燃烧的发展情况也不同，在燃烧室内，可以对燃烧的发展情况建立一种通用模式，在温度-时间曲线上显示为三个阶段，如图 7-8 所示。

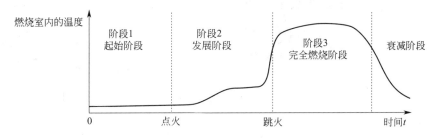

图 7-8　燃烧室中不同的燃烧发展阶段示意图

阶段 1 是稳定燃烧的起始阶段，燃烧室的温度略有上升。在该阶段点燃和产生烟雾是主要危害。

阶段 2 是发展阶段，由点燃开始，到燃烧室的温度成指数上升阶段结束。火焰的蔓延和热释放，以及产生的烟雾是这一阶段的主要危害。

阶段 3 是完全燃烧阶段，当燃烧室的所有易燃物的表面开始分解且出现突然着火且蔓延到整个燃烧室内，并伴随温度快速升高。

当阶段 3 结束时，易燃物和/或氧气已经被大量消耗，温度下降的速率由系统的通风及热质传递性能决定。

每一个阶段可形成不同的分解产物混合物，并影响该阶段的烟密度。另外，还需要提供燃烧情况的信息，特别是相关热流条件、氧气含量和排烟设备。

7.4.2 如何测试塑料燃烧的烟密度？

塑料燃烧过程中的发烟量及发烟速率是材料安全特性的重要参数，是造成火灾中人员伤亡的主要原因。塑料广泛应用于交通、建筑、电子电器等领域，对塑料发烟性能进行测试可掌握其发烟性能，为塑料的应用及研究新型不发烟或少发烟塑料提供指导。

塑料发烟密度测定采用 GB 8323—2008 国家标准进行。

（1）测试原理 烟密度测定是在一定条件下，通过光电系统测定材料燃烧或分解时产生的烟对光的吸收率，以烟对光的吸收率对实验时间作图，并将曲线函数对实验时间积分，得到材料燃烧或分解时产生烟的总量值。

（2）测试设备 烟密度测定采用的设备主要是烟密度测定箱，当前用的主流设备如图 7-9 所示，其中箱体为其主体，其结构如图 7-10 所示。

图 7-9 塑料烟密度测定箱

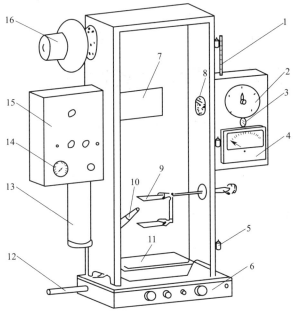

图 7-10 烟密度箱的结构

1—温度计；2—计时器；3—温度补偿器；4—光度计；5—烟箱门轴；6—操作板面；7—安全标志；8—光束入射口；9—试件支架；10—本生灯；11—接物盘；12—空气导入管；13—丙烷气瓶；14—压力表；15—光源箱；16—风机

从图 7-10 可以看出，烟密度箱主体结构由烟箱、排风扇、试件支架、燃烧系统、光电系统及计时装置等组成。

① 烟箱 由防锈蚀的合金板制成，并固定在外形尺寸为 350mm×400mm×57mm 的底座上，底座正面设有操作装置。烟箱外形尺寸为 300mm×300mm×790mm，烟箱正面镶装有耐热玻璃观察门。

烟箱内外表面涂有防腐蚀的黑漆；烟箱内部左右两侧距离底座 480mm 高处的中心各装有直径为 70mm 的不漏烟的玻璃圆窗，作为测量光线的出射和入射口；烟箱内部的背面装有一块可拆卸的白色塑料板，在其距离底座 480mm 的居中处有高 90mm、宽 150mm 的清晰区，通过这个清晰区可以看见白底背景上的红色安全标志。安全标志后

面装有两个功率为 8W 的日光灯；烟箱底部四边，有高 25mm、宽 230mm 的开口，烟箱其余部分均应密封。

② 排风扇　安装在烟箱左外侧，排风量为 1700L/min，由一个调节器控制气门开关。

③ 试件支架　试件支架固定在一个钢杯手柄的顶端，支架由上下两个规格相同的正方形（边长 64mm）框槽组成，上框槽内放有一块由 $\phi0.9mm$ 钢丝编成的 6mm×6mm 金属格网，下框槽内嵌一块石棉板。钢杯手柄位于烟箱右侧面距离底座 220mm 高的中心。

④ 燃烧系统　由稳压阀、过滤器、调节阀流量计、燃烧器组成。燃气采用纯度≥85%的丙烷气，丙烷气工作压力通过压力调节器调节，通过压力计读数。燃烧实验采用本生灯火焰，本生灯如图 7-11 所示。本生灯的喉径为 0.13mm，工作时本主灯与烟箱底面成 45°夹角。

底座左外侧设有一根长 150mm、内径 14mm 的导管，作为本生灯工作时所需空气的导入通道。

⑤ 光电系统　烟箱光路示意图如图 7-12 所示，光源

图 7-11　本生灯

安装在烟箱左外侧、距底座上表面 480mm 居中处的箱内，光源灯泡为灯丝密集型显微灯泡，功率为 15W。灯泡发射的光束由一个焦距为 60～65mm 的透镜聚焦在右侧光池上。

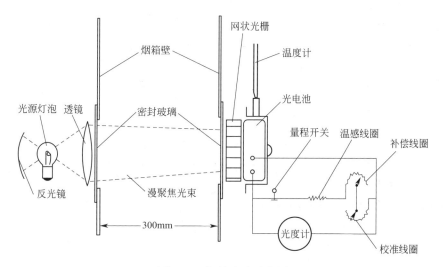

图 7-12　烟箱光路示意图

光电池应在 50℃ 以内工作。光电池的温度效应可由一个补偿装置来调节。

烟箱右外测装有光度计，用于指示光束通过烟箱之后的光强度，其读数为烟对光的吸收率值，量程为 0～100% 和 90%～100%。

⑥ 计时装置　计时装置采用一个以间隔 15s 发出蜂鸣声的计时器。当本生灯转动到工作位置时，计时器开始计时。

（3）测试操作

① 原材料试样　试样的外形尺寸见表 7-9，每组试样为 3 个，试样加工可采用机械切磨。要求取样部位具有代表性，试样应表面平整，厚度均匀，无飞边和毛刺等缺陷。在试验前，应将试样放置在温度 23℃±2℃、相对湿度 50%±6% 的环境中达 40h 以上。

表 7-9　试样的外形尺寸　　　　　　　　　　　　　　　　　单位：mm

材料密度/(kg/m³)	长		宽		厚	
	基本尺寸	极限偏差	基本尺寸	极限偏差	基本尺寸	极限偏差
≥100					6	
100~1000	30	±0.3	30	±0.3	10	±0.3
>1000					25	

② 操作步骤

a. 实验应在通风橱中进行，首先应打开排风机和安全标志灯。

b. 关闭排风机，打开丙烷气阀门，立即点燃本生灯，并把丙烷气的压力调至210kPa。

c. 根据光电池的温度指示，将温度补偿器调节到所示修正值的位置。

d. 打开测量光源开关，调节光源电位器，使光度计指示的光吸收率为0；然后用一块不透光的板挡住光束，使光度计指示的光吸收率为100%。

e. 将试件平放在实验支架的钢丝网上，其位置应处于本生灯工作时燃烧火焰刚好对准试件下表面的中心。

f. 将计时器调整到4min刻度位置。关闭烟箱门，将本生灯转入工作位置，实验开始计时。每隔15s记录一次烟对光的吸收率值，每次实验进行4min。

g. 用一台自动平衡记录仪绘制光吸收率与实验时间的曲线，并用一台曲线积分仪测算记录的结果，也可用计算机绘制光吸收率与时间的曲线和计算实验结果值。

（4）测试结果与准确性

① 测试结果表示

a. 最大烟密度（MSD）　根据三个平行试件在每隔15s所测得的光吸收率求出平均值，在曲线最高点的光吸收率读数为最大烟密度值。

b. 烟密度等级（SDR）　烟密度等级可用式（7-5）计算。

$$SDR = \frac{1}{16}(a_1 + a_2 + \cdots + a_{15} + \frac{1}{2}a_{16}) \times 100\% \qquad (7-5)$$

② 试验的准确性

a. 重复性　同一操作者在同一实验室所测得的两个独立数据（不是平均值）之间的差如果不大于18%（绝对值），则应该认为数据是可信的。

b. 再现性　由不同实验室所测得的两个数据（为三次平行实验的平均值）之差如果不大于15%（绝对值），则应该认为数据是可信的。

（5）测试报告

测试报告主要包括如下内容：

① 试样名称、密度、规格、种类、状态调节情况及生产厂家；

② 测试标准、测试仪器规格及操作过程；

③ 实验用燃气；

④ 最大烟密度（MSD）和烟密度等级（SDR）。

7.4.3　影响塑料燃烧时烟密度测试的主要因素有哪些？

塑料燃烧时产生烟雾的影响因素较多而且复杂，主要影响因素如下。

（1）塑料燃烧分解方式　烟基本上是不完全燃烧的产物。焰燃烧或发烟燃烧（无焰）时，燃烧可以产生完全不同类型的烟雾。无焰燃烧时，高温下挥发被物被释放出来，当它们与冷空气混合时，冷凝形成球形的浅色悬浮烟粒。有焰燃烧产生富含炭黑的烟雾，且烟雾粒子的形成非常为规则，在火焰中，富含炭黑的烟雾是黄色的。

无焰燃烧产生的球形烟粒尺寸通常在 $1\mu m$ 以内，有焰燃烧形成的无规则的烟粒尺寸通常难以测定，且测定取决于测试的水平。

木材燃烧时，有焰燃烧产生的烟雾量通常比无焰燃烧时少。但对塑料来说，很难说有焰燃烧时产生的烟雾大，还是无焰燃烧时产生的烟雾量大。因此，在测试烟雾时，应记录点燃的情况，同时还应记录点燃的时间及火焰熄灭的时间，另外，组合试样的背后可能产生冷烟，其颜色和组成与试样暴露面产生的烟雾不同。

暴露试样受到的热流可能会影响材料的燃烧，因此应同时测试试样在低辐射水平和高辐射水平下的发烟量，这样才可评价不同的燃烧阶段对发烟量的影响。

（2）通风和燃烧环境　烟雾的产生不仅取决于材料点燃时的情况，还取决于燃烧的情况。对于某些材料，随着对通风的限制，其发烟量增加。

在实际燃烧时，测定发烟量应考虑到燃烧的速率和面积。某单位燃烧面积发烟少的材料在实际燃烧时，由于火焰的快速蔓延并覆盖了较大的面积，实际上可能产生大量的烟雾。

（3）时间和温度　烟雾中悬浮粒子的粒径分布随时间而变化，随着时间的增加，烟雾粒子产凝聚。烟雾的某些特性也随温度而变化，例如长时间冷却后烟雾的性能有不同于燃烧初期烟的性能。在考虑大型建筑燃烧时烟雾发生的潜在行为时，这些因素十分重要。

Chapter **08**

塑料光学性能测试疑难解答

8.1 塑料透光率与雾度测试疑难解答

8.1.1 如何测定透明塑料的透光率与雾度？

透光率是指透过试样的光通量与射到试样上的光通量之比，用百分数表示；雾度是指透过试样而偏离入射光方向的散射光通量与透射光通量之比，用百分数表示，对于该标准方法来说，仅把偏离入射光方向 2.5°以上的散射光通量用于计算雾度。

塑料的透光率与雾度测试按 GB/T 2410—2008 国家标准实施，该标准规定了透明塑料透光率和雾度的测定有两种方法，即雾度计法与分光光度计法，适用于测定透明塑料板材、片材及薄膜的透光率与雾度。

（1）测试设备　根据测试选择的方法不同，所用设备有两种，即雾度计（图 8-1）与分光光度计（图 8-2），其工作原理分别如图 8-3 和图 8-4 所示。

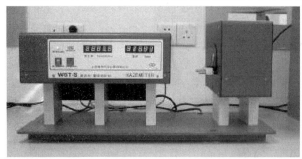

图 8-1　雾度计

图 8-2　分光光度计

（2）雾度法测试步骤

① 开启仪器，预热至少 20min。

② 放置标准板，调检流计为 100 刻度，挡住入射光，调检流计为 0，反复调 100 和 0 直至稳定，即 T_1 为 100。

③ 放置试样，此时透过的光通量在检流计上的刻度为 T_2，去掉标准板，置上陷阱，在检流计上所测出的光通量为试样与仪器的散射光通量 T_4。再去掉试样，此时检流计所测出的光通量为仪器的散射光通量 T_3。

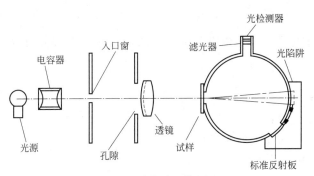

图 8-3　雾度计工作原理

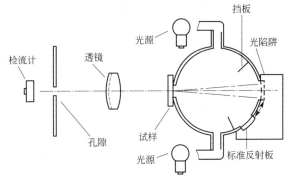

图 8-4　分光光度计工作原理

④ 按照③，重复测定 5 片试样，读取数据时按表 8-1 进行。

表 8-1　数据读取步骤

检流计读数	试样是否在位置上	光陷阱是否在位置上	标准反射板是否在位置上	得到的量
T_1	不在	不在	在	入射光通量
T_2	在	不在	在	通过试样的总透射光通量
T_3	不在	在	不在	仪器的散射光通量
T_4	在	在	不在	仪器和试样的散射光通量

注：反复读取 T_1、T_2、T_3 和 T_4 的值使数据均匀。

（3）分光光度计法测试步骤　分光光度计法测试步骤与雾度法相同，除非分光光度计使用说明书有特别要求。分光光度计测透明塑料雾度与透光率一般操作步骤如图 8-5 所示。

0	预热
1	校正波长准确度
2	改变波长
3	置参比样品和待测样品
4	置 $0(T)$
5	置 $100\%(T)$
6	选择透射比操作模式
7	记录测试数据

图 8-5　分光光度计测透明塑料雾度与透光率一般操作步骤

（4）计算结果

① 透光率　对于每个试样，以百分数表示的透光率按式(8-1)计算。

$$T_t = \frac{T_2}{T_1} \times 100\%$$ (8-1)

式中　T_t——透光率；

　　　T_1——入射光通量；

　　　T_2——通过试样的总透射光通量。

结果取平均值，精确到 0.1%。

② 雾度　对于每个试样，以百分数表示的雾度按式(8-2)计算。

$$H = \left(\frac{T_4}{T_2} - \frac{T_3}{T_1} \right) \times 100\%$$ (8-2)

式中　H——雾度；

　　　T_4——仪器和试样的散射光通量；

　　　T_2——通过试样的总透射光通量；

　　　T_3——仪器的散射光通量；

　　　T_1——入射光通量；

结果取平均值，精确到 0.1%。

（5）测试报告　测试报告应包括如下内容：应注意测试采用的标准；试样来源；材料的详细说明，包括试样尺寸和制备方法等；状态调节和试验环境；试样数量；试验仪器；光源类型；单个测试结果；试验结果的平均值及试验日期。

8.1.2　影响透明塑料透光率与雾度测试结果的主要因素有哪些？

① 塑料中添加的填料、阻燃剂、稳定剂等组分的折射率均影响透明度，有时甚至残留在树脂聚合过程用的助剂也会影响透明度。如 PVC（聚氯乙烯）折射率为 1.55，而大多数苯二甲酸酯类增塑剂的折射率为 1.48～1.55，因此一个 100 质量份 PVC、50 质量份 DOP（邻苯二甲酸二辛酯）配方产品的折射率为 1.53，如果在配方中加入一种折射率为 1.53 的活性填料，使该系统变成不均态，其最终的混合料基本上是透明的。如果加入物质的折射率和 1.53 相差越来越远时，材料的透明性也渐渐地下降，当折射率高于 1.7 时，这种 PVC 塑料一般是完全不透明的。

② 如果材料在应力作用下发生相分离，从而产生了微小的孔穴和空隙，它们的折射率不同，当光波经过这些区域时，相应地就会发生弯曲，这样外观就会产生"发白"现象。

③ 透明塑料只有在同一厚度下才可以比较其透光率和雾度。

8.2　塑料黄度指数测试疑难解答

8.2.1　如何测定塑料的黄色指数？

黄色指数用来表征白色样品的偏黄程度，样品可以是透明的，也可以是不透明的，透明样品如薄膜、化学助剂等，不透明样品如洗衣粉、面粉。黄色指数只能用来表征白色样品的偏黄程度，而看上去明显有颜色的样品不能用这个指数。黄色指数和在日光照射下观察到的黄色程度能较好地吻合，因而能用于评价塑料质量和老化程度。

(1) 测试设备 可采用色差计来测定塑料的黄色指数，如美国 HunterLab 色差计即可用来进行塑料黄色指数测试，如图 8-6 所示即为与计算机相连的色差计，适用于无色透明、半透明和近白色不透明塑料的黄色指数试验方法。适用于板状、片状、薄膜状和粉、粒状试样，不适用于含有荧光物质的塑料。测试原理：在标准 C 光源下以氧化镁标准白板作基准，从试样对红、绿、蓝三色光的反射率（或透射率）计算所得表示黄色深浅的一种量度。

图 8-6 与计算机相连的色差计

标准 C 光源：色温为 6774K，由 A 光源加罩 C 型 D-G 液体滤光器组成，光色相当于有云的天空光。标准光源 A：色温为 2856K 的充气螺旋钨丝灯，其光色偏黄。

(2) 测试步骤

① 校正仪器 按仪器提示先后用黑色玻璃板、白色校正板校正，至校正成功。计算机界面如图 8-7 与图 8-8 所示，首先出现面如图 8-7 所示的界面，接着出现如图 8-8 所示的界面，为进一步测试做好调试仪器的准备。另外，测试条件实验条件：温度 23℃±5℃；相对湿度 50%±20%。试验参数：粉状、颗粒状试样的测量容器用玻璃制成，外径约 60mm，高 30mm，其底板玻璃为光学玻璃，厚 1.5～2.0mm。光学参数：对紫外光线（波长＜270nm）透光率为 0；对可见光线（波长 380～780nm）透光率在 90% 以上。

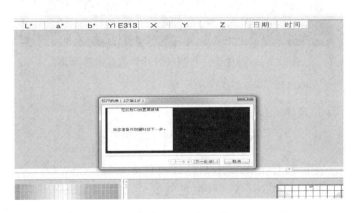

图 8-7 高校色差计第一步计算机显示界面

② 加样至仪器 将塑料原料加至样品杯，盖上光罩，如图 8-9 所示。

③ 测试 点击测试样品按钮，开始测样。待测试完，重复取样品测试，测定三次取平均值，记录数据，如图 8-10 所示。

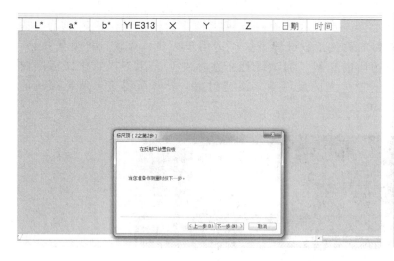

图 8-8　高校色差计第二步计算机显示界面　　　　图 8-9　加样至样品杯

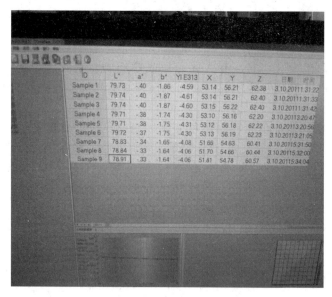

图 8-10　对样品进行测试时计算机显示屏界面

（3）数据处理

① 黄色指数计算公式如式(8-3)所示。

$$YI = \frac{100(1.28X - 1.06Z)}{Y} \tag{8-3}$$

式中　X，Y，Z——在标准 C 光源下用测色计或色差计、分光光度计测量的表示材料颜色的三刺激值 [X（红原色刺激量）、Y（绿原色刺激量）和 Z（蓝原色刺激量）]。

② 黄色指数 YI≤4，如是正值表示材料呈现黄色，负值则表示材料呈现蓝色。

（4）注意事项

① 不能用丙酮等化学试剂清理白色校正板。

② 眼睛不要直视光源。

③ 光学仪器应防止震动，避免空调直吹，防止温度变化。

④ 保证样品杯和标准板光学面的清洁，不能用手触摸样品杯和标准板的光学面。

⑤ 用完后将标准板放入盒中，以防磨损，保持清洁

8.2.2　影响塑料黄色指数测试结果的主要因素有哪些?

（1）湿度对黄色指数的影响　各国在测试塑料黄色指数时，对试样的状态调节和试验环境有不同的规定，同一试样不同湿度处理后测定黄色指数，结果见表8-2。从表中可以看出，相对湿度对塑料黄色指数的测试值影响极小。

表 8-2　相对湿度对塑料黄色指数测试值的影响

材料类型	厚度/mm	试样名称	不同相对湿度下的黄色指数		
			在盛有 $CaCl_2$ 干燥器中放 40h	相对湿度 50%～60%	相对湿度 约96%
板材	2.7	PC	4.1	4.1	4.0
	3.2	PMMA	0.7	0.5	0.8
	1.4	PS	1.7	1.4	1.3
胶片	1.8	有机硅胶片	3.7	3.7	3.6
片材	0.8	PE	—0.1	0.2	0.1
薄膜	0.07	聚酯	5.8	5.9	5.9
粉	30	PVC	3.4	3.3	3.5
珠	30	PS	1.5	1.3	1.4

（2）试样厚度的影响　透明材料的黄色指数与其厚度呈函数关系。

实验结果表明，同一透明塑料的黄色指数随厚度而发生变化。总体来说，厚度增加，黄色指数也增加；但不同塑料增加速率不同，见表8-3。一般情况下，透光率高的塑料如有机玻璃、有机硅胶、聚苯乙烯随厚度增加，黄色指数增加较少。所以只有在同一厚度下才能比较黄色指数大小。

表 8-3　试样厚度对黄色指数测定影响

材料类型	厚度/mm	名称	平均黄色指数
板材	1.7	PMMA	0.6
	8.2		0.6
	10.7		1.1
	2.7	PC	4.1
	5.7		7.5
	6.9		9.5
	1.4	PS	1.7
	4.3		2.1
	8.5		2.5
	12.0		2.8
胶片	2.8	有机硅胶片	0.9
	5.5		1.1
	10.0		1.3
	16.3		1.8

（3）试样表面状态对黄色指数的影响　试样表面状态对光学性能有影响，对黄色指数也有影响。试样经手接触后，黄色指数就会变化，说明了这点。为了定量地说明，将一组有机玻璃进行落砂，使表面受到不同程度的擦伤。表面受落砂冲击，透光性变差即雾度增大，其黄色指数也增大，见表8-4。因此，在进行黄色指数测试时对表面状

态要有严格要求。

表 8-4　试样表面状态对黄色指数的影响

试样名称	试样编号	落砂前		落砂后	
		雾度/%	黄色指数	雾度/%	黄色指数
1	有机玻璃(PMMA)	0.4	0.7	10.5	1.5
2		0.4	0.7	12.5	1.9
3		0.4	0.7	17.1	3.1
4		0.4	0.7	29.8	4.8

（4）粉料和颗粒料黄色指数的测量　粉料和颗粒料黄色指数的测量是在特制的、符合一定光学要求的玻璃容器中进行的。用反射法在容器底部进行测量，并且要将试样用黑罩罩起来。

8.3　塑料折射率测试疑难解答

8.3.1　如何测试塑料材料的折射率？

塑料材料的折射性能主要以折射率来表示，折射率也称为折光率或折光指数，是表明透明物质折射性能的重要光学常数。光在不同介质中的传播速率不同，当光由第一介质进入第二介质的分界面时，即产生反射及折射现象，如图 8-11 所示，折射率的测定有两种方法：一种是折射仪法，另一种是显微镜法；折射仪法精确度较高。下面以折射仪法为例说明塑料材料折射率的测试。

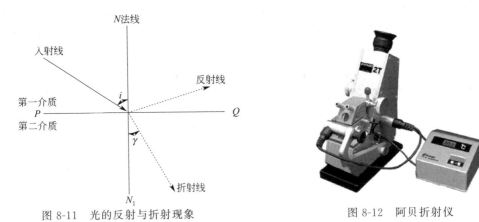

图 8-11　光的反射与折射现象

PQ—两介质界面；*i*—入射角；*γ*—折射角　　　　图 8-12　阿贝折射仪

（1）测试设备　塑料的折射率可采用阿贝折射仪进行测试，如图 8-12 和图 8-13 所示。

阿贝折射仪主要结构由光学系统和机械系统两部分组成；光学系统中有望远镜系统和读数系统；机械系统，包括底座、棱镜转动手轮等。附属部分还必须有光源系统和恒温系统。

（2）测试步骤

① 将折射仪置于靠窗的桌子或白炽灯前。但勿使仪器置于直照的日光中，以避免液体试样迅速蒸发。用硅胶管将测量棱镜和辅助棱镜上保温夹套的进水口与恒温水浴串联起来，如图 8-14 所示，恒温温度以折射仪上的温度计读数为准，一般选用 20℃。

② 松开棱镜锁紧扳手，开启辅助棱镜，使其磨砂的斜面处于水平位置，用滴定管加少

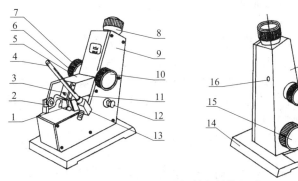

图 8-13　阿贝折射仪结构组成

1—反射镜；2—转轴；3—遮光板；4—温度计；5—进光棱镜座；
6—色散调节手轮；7—色散值刻度圈；8—目镜；9—盖板；10—手
轮；11—折射棱镜座；12—照明刻度盘座；13—温度计座；14—底
座；15—刻度调节手轮；16—小孔；17—壳体；18—恒温器接头

量乙醇或丙酮清洗镜面，必要时可用擦镜纸轻轻吸干镜面，但切勿用滤纸用力擦拭。待镜面干燥后，将样品加入仪器，与折射仪棱镜接触的表面必须平整并经过抛光。闭合辅助棱镜，旋紧扳手。

③ 调节反射镜，使入射光线达到最强，然后逐渐旋转棱镜转动手柄，使测量镜筒出现半明半暗，分界线位于十字线的交叉点，这时从读数镜筒中即可在标尺上读出液体的折射率。如出现彩色光带，调节消色补偿器，使彩色光带消失，阴暗界面清晰，如图 8-15 和图8-16 所示。

图 8-14　折射仪棱镜上保温夹
套进水口与恒温水浴串联图

(a) 未调节右边旋扭前
在右边目镜看到的
图像,此时颜色是散的

(b) 调节右边旋扭直到出现
有明显的分界线为止

(c) 调节左边旋扭使分界线
经过交叉点为止,并在
左边目镜中读数

图 8-15　调节过程在测量镜筒看到的图像颜色变化

图 8-16　测量镜筒实际观测图

④ 测试完毕后要清除试样，整理好仪器。

（3）注意事项

① 当室温高于 20℃且空气中湿度很大时，使用恒温水浴会使棱镜组及镜片上产生冷凝水，使读数产生误差，因此遇到这种情况推荐在大型恒温室进行测定。

② 测完之后，打开棱镜，取出试样并用丙酮洗净镜面，也可用吸耳球吹干镜面，切勿用滤纸擦拭镜面。实验结束后，除必须使镜面清洁外，还需夹上两层擦镜纸才能扭紧两棱镜的闭合螺钉，以防镜面受损。

③ 需定期用水来校准仪器，以确保结果的准确性。

8.3.2　影响塑料折射率的测定的主要因素有哪些？

（1）光波长的影响　物质的折射率因光的波长而异，波长较长，折射率较小；波长较短，折射率较大。测定时光源通常为白光。当白光经过棱镜和样液发生折射时，因各色光的波长不同，折射程度也不同，折射后分解成为多种色光，这种现象称为色散。光的色散会使视野明暗分界线不清，产生测定误差。为了消除色散，在阿贝折射仪观测镜筒的下端安装了色散补偿器。

（2）温度的影响　溶液的折射率随温度而改变，温度升高，折射率减小；温度降低，折射率增大。折射仪上的刻度是在标准温度 20℃下刻制的，所以最好在 20℃下测定折射率。否则，应对测定结果进行温度校正。超过 20℃时，加上校正数；低于 20℃时，减去校正数。

（3）表面接触　由于固体与棱镜表面接触不好，需要加接触液，要求接触液对试样和棱镜无腐蚀和影响，通常接触液的折射率大小介于试样与棱镜的折射率之间。

8.4　塑料白度测试疑难解答

8.4.1　如何对塑料的白度进行测试？

塑料白度是指不透明的白色或近白色粉末树脂和板状试样表面对规定蓝光漫反射的辐射能与同样条件理想的全反射漫射体的辐射能之比，以百分数表示。如聚氯乙烯为白色粉末，由于生产工艺及生产方法不同，所得树脂的外观色泽则有差异。可用树脂的白度测试来检测产品的质量。其原理是在白度测定仪上，用标准白度板与绝对黑体标定白度仪的白度基准点，再把试样在白度仪上测试，即可测得试样的白度值。

（1）试样　粉末状试样一般应通过 100 目的筛网过筛后取样，对于已经有目度规格或通过 100 目筛网有困难的试样也可按产品标准规定的目度进行取样，如果是粒料则按产品标准规定的技术条件压制试样。

板状试样直接由板材截取面积大于或等于 50mm×50mm 的试片，并根据国家标准 GB 2913—1982 规定选取试样厚度，或按产品标准规定厚度，试样应色泽均匀，两表面平整、互相平行，无凹凸、银纹、沾污和擦伤，内部无气泡等缺陷。

每组的试样不少于 3 个。

（2）仪器设备　白度测定所用仪器主要是白度测定仪（也称白度计），根据读数方式不同可分为刻度读数式与数显读数式。如图 8-17 和图 8-18 所示，刻度读数式白度仪是较老式的设备，其应用渐少，数显读数式白度仪应用越来越多。

无论使用哪种白度计，都应满足如下条件：

① 蓝光光谱特性曲线的峰值为 457mm、半高宽度在 40～60nm 之间。

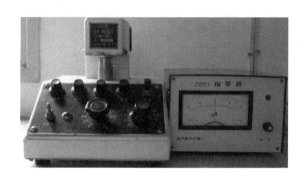

图 8-17　ZBD 型白度测定仪

图 8-18　数显白度测定仪

② 光学几何结构为 45/0（或符合国际照明委员会规定的其他类型的结构）。

③ 试样受光面积为直径大于或等于 20mm 的圆。

④ 光源包含紫外线成分，适于荧光试样的测定。

⑤ 仪器读数精度为 0.2%，稳定性 0.5%。

（3）标准白度板

① 基准白度板　用经中国计量科学研究院以绝对标准标定的漫反射体压制。推荐用硫酸钡作为传递标准的漫反射体。

② 校验白度板　在试验仪器上用基准白度板进行标定。

③ 工作白度板　在试验仪器上用校验白度板进行标定。

④ 工作白度板的清洗　受污染的工作白度板必须用不含荧光物质的洗涤剂与软毛刷洗涤。经蒸馏水冲洗干净后，先用纯净的丙酮荡涤，然后用滤纸吸去溶剂，置干燥器中阴干，待标定。

（4）试验步骤

① 仪器的调节　按仪器说明书规定的使用条件将仪器调节至工作状态。

② 粉末试样的试验步骤

a. 将试样均匀地置于深度大于或等于 6mm 的样品池中。使试样面超过池表面约 2mm，用光洁的玻璃覆盖在试样的表面上，压紧试样并稍加旋转，然后小心地移去玻璃板。用一支光滑的金属尺沿样品池框从一头向另一头移动，将超过样品池框表面多余的试样刮去，使试样表面光滑。

b. 沿水平方向目视观察试样，表面应无凹凸不平、疵点、斑痕等异常情况。

c. 将试样放入仪器的样品台上，测定白度值，读至 0.1%。

d. 将试样在样品台上水平旋转 90°，再测定白度值，读至 0.1%（如是数显则直接按显示读数）。

e. 另取两个试样，按以上步骤重复试验，测定白度值。

③ 单片试样的测试步骤　a. 将试样放入仪器样品台上，测定白度值，读至 0.1%。

a. 将试样取出并翻转，重新放入仪器样品台上，再测定白度值，读至 0.1%。

b. 另取两个试样，按以上各步骤操作，测定白度值。

④ 重叠试样的测试步骤

a. 将试样放入仪器样品台上，依次将最上面的一个试片移至底部，重复试验，测定白度值，如此进行测得全部试片的白度值为止，由此得到第一组数据。

b. 取出试样，将试样整体翻转，再按 a 操作，测定试样反面的白度值，由此得到第二组数据。

（5）结果表示　以三次平行实验的结果算术平均值表示测试的结果，即所测得的白度值。

8.4.2　塑料白度测试主要影响因素有哪些？

（1）光源的影响　国际照明学会规定用标准"C"光源，它具有规定的光谱能量分布，我国标准用规定的蓝光。光源不同，能谱能量分布不同，测得的白度自然也不相同。同一光源仪器使用久了，光源会发生变化，接受光的光电管或光电池也会发生变化，从而对测试结果产生影响。

（2）标准板的影响　标准规定用完全反射漫反射体作为标准板，即它的反射率为100%，实际现在还没有找到最理想的，氧化镁及硫酸钡接近于完全反射漫反射体，用它来作传递标准。当它受到污染或损伤时，就会给测试结果带来误差，传递标准板要定期校验。

（3）粉料松紧度的影响　试样压得越紧密，表面越均匀光滑，测试结果的重复性就好，数据也较为准确。

（4）半透明材料测量厚度与背景的影响　首先在测量中要选择一个合适的厚度，以其得到较为准确的白度值。同时标准规定对试样的背面用黑布包围。到目前为止，对半透明材料白度的测试，还需要进一步研究，目前也还不是很成熟。

参 考 文 献

[1] 杨中文. 实用塑料测试技术. 北京：印刷工业出版社，2011.
[2] 周维祥. 塑料测试技术. 北京：化学工业出版社，1997.
[3] 高炜斌，林雪春. 塑料分析与测试技术. 北京：化学工业出版社，2012.
[4] 余忠珍. 塑料性能测试. 北京：中国轻工业出版社，2009.
[5] 王加龙，孙燕清，麻丽华. 塑料测试工. 北京：化学工业出版社，2006.
[6] 谭寿再. 塑料测试技术. 北京：中国轻工业出版社，2013.
[7] 潘文群. 高分子材料分析与测试. 北京：化学工业出版社，2005.
[8] 吴智华. 高分子材料加工工程实验教程. 北京：化学工业出版，2004.
[9] 麻丽华，陈世耕，王加龙. 塑料原材料化学分析工. 北京：国防工业出版社，2007.
[10] 马承银. 塑料原材料分析与性能测试. 北京：中国轻工业出版社，1994.
[11] 马玉珍. 塑料性能测试. 北京：化学工业出版社，1993.
[12] 杨中文. 塑料用树脂与助剂. 北京：印刷工业出版社，2009.
[13] 杨中文. 塑料成型工艺. 北京：化学工业出版社，2008.
[14] 刘西文. 塑料成型设备. 北京：印刷工业出版社，2009.
[15] 刘西文. 塑料注射机操作实训教程. 北京：印刷工业出版社，2009.
[16] 焦剑，雷渭媛. 高聚物结构. 性能与测试. 北京：化学工业出版社，2003.
[17] ［美］Brown GR. 塑料测试方法手册. 第3版. 林明宝等译. 上海：上海科学技术文献出版社，1994.
[18] 历蕾，左逢兴. 塑料技术标准手册. 北京：化学工业出版社，1996.
[19] 张尧庭. 数据的统计处理和解释. 北京：中国标准出版社，1997.
[20] 董炎明. 高分子材料实用剖析技术. 北京：中国石化出版社，1997.
[21] 欧国荣，张德震. 高分子科学与工程实验. 上海：华东理工大学出版社，1997.
[22] 王加龙、孙燕清. 合成材料测试员. 北京：化学工业出版社，2009.
[23] 董炎明. 高分子分析手册. 北京：中国石化出版社，2004.
[24] 高家武. 高分子材料近代测试技术. 北京：北京航空航天大学出版社，1994.
[25] Alfreds Campo E. Selection of Polymeric Materials. New York：William Andrew Inc，2008.
[26] 朱诚身. 聚合物结构分析. 北京：科学出版社，2004。
[27] 丁浩. 塑料应用技术. 北京：化学工业出版社，1999.
[28] ［美］维苏·珊. 塑料测试技术手册. 徐定宇，王豪忠译. 北京：中国石化出版社，1991.
[29] 胥朝. 分析工. 北京：化学工业出版社，1997.